Lothar Behlau
Forschungsmanagement

Lothar Behlau

Forschungsmanagement

Ein praktischer Leitfaden

DE GRUYTER
OLDENBOURG

ISBN 978-3-11-051781-1
e-ISBN (PDF) 978-3-11-051782-8
e-ISBN (EPUB) 978-3-11-051790-3

Library of Congress Cataloging-in-Publication Data
A CIP catalog record for this book has been applied for at the Library of Congress.

Bibliografische Information der Deutschen Nationalbibliothek
Die Deutsche Nationalbibliothek verzeichnet diese Publikation in der Deutschen Nationalbibliografie;
detaillierte bibliografische Daten sind im Internet über http://dnb.dnb.de abrufbar.

© 2017 Walter de Gruyter GmbH, Berlin/Boston
Einbandabbildung: Sergey Nivens/iStock/Thinkstock
Satz: Konvertus, Haarlem
Druck und Bindung: CPI books GmbH, Leck
♾ Gedruckt auf säurefreiem Papier
Printed in Germany

www.degruyter.com

Vorwort

Dieses Buch ist eine erweiterte und modifizierte Fassung eines Vorlesungsskripts für das Modul „Forschungsmanagement" des Masterstudiengangs Bildungs- und Wissenschaftsmanagement der Carl von Ossietzky Universität Oldenburg.

Angeregt durch das positive Feedback der Studierenden, die in dem Skript anregende Ideen, nützlich Fakten und praktische Handlungsanleitungen gefunden haben, möchte ich dieses Erfahrungswissen aus 30 Jahren Forschungsmanagement einer größeren Leserschaft, insbesondere jungen Nachwuchswissenschaftlern und Forschungsmanagern zur Verfügung stellen. Ich selbst empfinde die Tätigkeit als Forschungsmanager jeden Tag als eine spannende Herausforderung, sei es bei der Gründung von Forschungseinrichtungen im Ausland, der Entwicklung eines Leitbilds, der Suche nach Forschungsthemen der Zukunft, der Evaluierung von Projekten und Einrichtungen oder der Ausrichtung der Forschung hin auf eine nachhaltige Entwicklung. Die Profession des Forschungsmanagers ist vielseitig und anspruchsvoll und sie ist essenziell für ein effektives und effizientes Forschungssystem; dazu möchte ich auch mit diesem Buch beitragen.

Die Breite und Tiefe der verschiedenen Kapitel ist einerseits den Anforderungen der Vorlesung geschuldet, andererseits meiner persönlichen Erfahrung. Ich habe versucht, die relevantesten Themen darzustellen oder zumindest anzureißen, um einen Gesamtüberblick zu geben. Ich bin nicht für alle behandelten Themen ein Experte: Ich bin kein Philosoph, wenn ich über Verantwortung der Forscher schreibe, kein Betriebswirt, wenn ich die Vollkostenrechnung erläutere und kein Jurist, wenn ich die Patentanmeldung darstelle. Trotzdem kommt man als Forschungsmanager mit all diesen Themen in Berührung – mal mehr, mal weniger – und ich wollte Zusammenhänge herstellen und in die Themen einführen. Dazu wähle ich auch die Sprache der Forschungsmanager und nicht die der Experten (u. a. mit diversen zusätzlichen Erklärungen in den Fußnoten und Beispielen in den Kästen). Zu jedem der einzelnen Kapitel und der jeweiligen Unterthemen gibt es umfangreiche Literatur und Fachbücher, die zur tieferen Befassung herangezogen werden sollten.

Dieses Buch ist somit kein Handbuch mit einer umfassenden Darstellung aller vorhandenen Methoden und Prozesse zum Thema Forschungsmanagement, sondern vielmehr eine Mischung aus Fakten zum deutschen Forschungssystem einerseits und Erfahrungen aus meiner langjährigen Haupttätigkeit in einer großen FuE-Organisation und Nebentätigkeiten für FuE-Einrichtungen im In- und Ausland andererseits. Persönliche Aussagen wie „oftmals, teilweise, in der Regel, üblicherweise, selten" oder beobachtete Abläufe von Prozessen sowie Verhaltensmuster von Personen sind nicht empirisch oder durch Quellen belegbar, sondern mit bestem Wissen und Gewissen aus meiner Erfahrung beschrieben. Deshalb werden einige Aussagen vielleicht nicht auf uneingeschränkte Zustimmung stoßen; aber vielleicht regen sie zu einer internen Diskussion an. Ich bin gerne dabei ...

Lothar Behlau
München, 2016

Hinweis zur Gender-Formulierung: Aus Gründen der besseren Lesbarkeit wird auf die gleichzeitige Verwendung männlicher und weiblicher Sprachformen verzichtet. Sämtliche Personenbezeichnungen gelten gleichermaßen für beiderlei Geschlecht.

Inhalt

Abbildungsverzeichnis

Tabellenverzeichnis

1 Grundlagen zur Wissenschaft und Forschung

– Was gehört zur Wissenschaft und Forschung?
– Welche Strukturen gibt es?
– Wie kann die Technologievielfalt übersichtlich dargestellt werden?

1.1 Wissenschaft, Forschung und Technologie – Definitionen

„Wissenschaft" und „Forschung" werden im alltäglichen Sprachgebrauch fast synonym gebraucht, obwohl es einen (kleinen) Unterschied gibt. Die Wissenschaft sucht nach Erkenntnisgewinn allgemeiner Art. Sie ist ein System von vielfältigen Erkenntnissen über die wesentlichen Eigenschaften, kausalen Zusammenhänge und Gesetzmäßigkeiten der Natur, der Technik und der Gesellschaft (im Sinne von: Wie hängt A mit B zusammen?). Diese gewonnenen Erkenntnisse müssen sich in der praktischen Erfahrung bewähren und dürfen nicht widerlegt werden. Die Wissenschaft ist prinzipiell zweckfrei und erhöht ständig das kulturelle Wissen der Menschheit, d. h. sie muss permanent über den aktuellen „Stand des Wissens" – also die gegenwärtigen Erkenntnisse der Wissenschaft – hinausgehen und diesen durch neue Erkenntnisse weiter treiben.

Die Forschung hingegen ist nicht zweckfrei, sondern sie beginnt mit einer Fragestellung und verfolgt ein konkretes Ziel. Es geht dort mithin nicht nur um kausale Zusammenhänge, sondern um angestrebte Ergebnisse (z. B. ein Smartphone, das Gerüche erkennt). Die Forschung basiert dabei auch auf früheren FuE-Ergebnissen und generiert – auf diesen aufbauend – weitere Entwicklungen oder neue Ideen der Umsetzung. Dabei kann der Stand des Wissens erhöht werden, das muss aber nicht der Fall sein; es kann z. B. auch ein neues Produkt nur mit dem bereits vorhandenen, frei verfügbaren Wissen entwickelt werden. Im Allgemeinen baut die Forschung also auf den wissenschaftlichen Erkenntnissen (Stand des Wissens) auf und generiert auf dieser Basis einen eigenen aktuellen Forschungsstand, den „Stand der Technik"[1].

Auch der Begriff der Technik oder Technologie wird heute meist synonym verwendet (was auch durch den englischsprachigen Begriff „Technology" herrührt, der semantisch sowohl die Technik als auch die Technologie beinhaltet). Während eine Technologie im Allgemeinen die wissenschaftlich fundierten (theoretischen) Erkenntnisse eines einzelnen ingenieurwissenschaftlichen Gebiets bezeichnet (z. B. Biotechnologie) adressiert die Technik entsprechende praktische Produkt- oder Verfahrensanwendungen einer Technologie (z. B. Gentechnik).

---

[1] Stand der Technik: Technikklausel, die die technischen Möglichkeiten zu einem bestimmten Zeitpunkt darstellt, basierend auf gesicherten Erkenntnissen von Wissenschaft und Technik. Darauf wird in vielen Vorschriften und Verträgen Bezug genommen. Der Stand der Technik beinhaltet auch, dass er wirtschaftlich machbar ist.

DOI 10.1515/9783110517828-001

Für das breite Tätigkeitsfeld, in dem sich Forscher und Wissenschaftler bewegen, wird der Begriff „Forschung und experimentelle Entwicklung (FuE)" (englisch: Research and Development (R&D)) verwendet (Frascati, 2015). Dieser umfasst sowohl alle schöpferischen Arbeiten, die in einer systematischen Art und Weise unternommen werden, um das Wissen zu vertiefen oder neue Erkenntnisse zu erlangen sowie auch die Kenntnisse über den Menschen, über die Kultur und die Gesellschaft sowie die Umsetzung des Wissens für neue Anwendungen. Die Aktivität muss dazu folgenden Kriterien genügen: Sie muss neu, kreativ, sicher, systematisch und transferierbar bzw. reproduzierbar sein.

Hinsichtlich der Klassifikationen von FuE wird (immer noch) auf die klassischen (Ausbildungs-) Disziplinen verwiesen (englische Originalbegriffe belassen):

– Natural Sciences (z. B. Mathematik, Physik, Chemie, Biologie)
– Engineering and Technology (z. B. Elektrotechnik, Maschinenbau, Verfahrenstechnik, Medizintechnik)
– Medical and Health Sciences (z. B. Medizin, Pharmazie)
– Agricultural and Veterinary Sciences (z. B. Tiermedizin)
– Social Sciences (z. B. Psychologie, Soziologie, Jura, Wirtschaftswissenschaften, Medien, Politik)
– Humanities and the Arts (Geschichte, Sprachen, Philosophie, Religion, Kunst)

Der Begriff „FuE" wird auch in diesem Buch verwendet; er soll das breite Spektrum der Wissenschaft adressieren, wenngleich sich einige Ausführungen (z. B. zur Verwertung) vorrangig auf den Bereich der ersten vier Wissenschaftsdisziplinen (s. o.) beziehen. Neben der inhaltlichen Differenzierung kann FuE auch in Aktivitäten unterschiedlicher Zielsetzungen untergliedert werden.

1.2 Zielsetzungen der Forschung

Forschungsaktivitäten können verschiedenen Zielsetzungen dienen, die sich insbesondere hinsichtlich ihrer Anwendungsreife unterscheiden. Diese Anwendungsreife wird durch den „Technology Readiness Level (TRL)"[2] adressiert. So unterscheidet man die Forschungsziele mit einer entsprechenden Zuordnung des TRL-Levels:

---

2 Technology Readiness Level (TRL): Adressiert die Reife einer Technologie hinsichtlich ihrer Markteinführung
TRL 0: Erste Idee ohne jegliche Verifizierung
TRL 1: „Grundlagenforschung"; Beobachtung des Funktionsprinzips und erste Erprobung; Bestätigung der generellen Prinzipien
TRL 2: Beschreibung der Anwendung einer Technologie; Formulierung des Konzepts und Verifizierung der Technologien
TRL 3: „Angewandte Forschung"; Nachweis der Funktionstüchtigkeit einer Technologie

- Neugierorientierte Grundlagenforschung (keine TRL-Zuordnung)
- Anwendungsorientierte Grundlagenforschung: TRL 0–3
- Angewandte Forschung: TRL 3–6
- Experimentelle Entwicklung: TRL 6–9

Diese Unterteilung ist insbesondere aus der Perspektive des Forschungsmanagements sinnvoll, weil einige Prozesse und Instrumente wie die Evaluierung der Forschungsergebnisse, die Finanzierung der Forschung und auch die Motivation der Forscher für diese Aktivitäten unterschiedliche Ausprägungen annehmen. Im Folgenden werden die Zielrichtungen der Forschung erläutert und ihre Unterschiede bezüglich des Forschungsmanagements dargestellt.

1.2.1 Grundlagenforschung

Die Grundlagenforschung wird getrieben durch die natürliche Neugier des Menschen. Der Mensch möchte wissen, woher er kommt, wie weit das Universum reicht und wie die Welt prinzipiell funktioniert. Diese Forschung ist nicht geleitet durch einen konkreten Nutzen oder eine spätere Anwendung, sondern dient zunächst nur der Erweiterung der Erkenntnis (Neugierorientierte Grundlagenforschung); sie ist somit der Kategorie der „Wissenschaft" zuzuordnen. Typische Projekttitel fangen dann mit Formulierungen wie „Untersuchungen zur ..." an, damit ist die Offenheit des Ergebnisses angedeutet.

Ebenso sind der Grundlagenforschung auch Projekte zuzuordnen, die durchaus konkrete Ziele verfolgen (sogar auch eine spätere Verwertung), aber der Erkenntnisstand noch sehr gering ist und noch sehr lange Entwicklungszeiten veranschlagt werden (Anwendungsorientierte Grundlagenforschung), z. B. der Quantencomputer oder der Fusionsreaktor. Auch bei anderen Projekten der Grundlagenforschung ist nicht ausgeschlossen, dass Ergebnisse in der Zukunft als „Grundlage" für Innovationen dienen, z. B. im Bereich der Systembiologie, wo die Stoffwechselzusammenhänge des Menschen erforscht und dann in Diagnose- und Therapieanwendungen überführt werden; aber solche Anwendungen sind nicht von vornherein intendiert. Um das Potenzial solcher FuE-Ergebnisse zu erkennen und sie ggf. einer Verwertung zuzuführen, werden in FuE-Einrichtungen der Grundlagenforschung entsprechende Forschungsmanager eingesetzt (vgl. Kap. 6, Nutzung und Transfer von FuE-Ergebnissen).

TRL 4: Laborversuche: Rudimentärer Prototyp bzw. Pilotanlage im Batch-Betrieb; Nachweis der Systemfähigkeit der Komponenten
TRL 5: Versuchsaufbau im Pilotmaßstab; Integration der Komponenten
TRL 6: Prototyp als Gesamtsystem nahe an endgültiger Leistung in Einsatzumgebung
TRL 7: Prototyp im Einsatz; Demonstration mit Nachweis der Funktionstüchtigkeit im Einsatzbereich
TRL 8: Funktionstüchtiges, qualifiziertes System auf kommerzieller Produktionslinie
TRL 9: System mit Nachweis des erfolgreichen Einsatzes und volle kommerzielle Produktion und Verfügbarkeit im Markt

Hinsichtlich der Finanzierung ist offensichtlich, dass die Neugierorientierte Forschung fast ausschließlich auf eine öffentliche Finanzierung angewiesen ist, weil es dafür keine „Auftraggeber" gibt. Das Gleiche gilt prinzipiell auch für die Anwendungsorientierte Grundlagenforschung, wobei teilweise große Unternehmen schon in sehr frühen Phasen in die Entwicklung neuer Technologien mit eigener Forschungskapazität einsteigen und auch Kooperationen mit FuE-Einrichtungen suchen, um frühzeitig entscheidende Patente zu sichern.

Für die Zivilgesellschaft ist die Förderung der (Grundlagen-)Forschung eine kulturelle Aufgabe, um ihren Erkenntnishorizont allgemein zu erweitern und den Wohlstand mittelfristig zu erhöhen. Gerade im Bereich der Lebenswissenschaften ist es auch für die Gesellschaft offensichtlich, dass aus Erkenntnissen der Grundlagenforschung (z. B.: Wie funktioniert das Gehirn?) direkte Anwendungen möglich sind (z. B. Vorsorge und Behandlung von degenerativen Krankheiten wie Alzheimer oder Parkinson). Teilweise sind diese dringend benötigten Anwendungen der Treiber für die Grundlagenforschung, teilweise ist es die wissenschaftliche Neugier, in solch komplexe und bisher unbekannte Gebiete vorzustoßen und sie zu ergründen.

Ein weiteres Charakteristikum der Grundlagenforschung ist die Veröffentlichung der Ergebnisse in wissenschaftlichen Fachjournalen. Durch den öffentlichen Zugang zum aktuellen Forschungsstand kann die global vernetzte Gemeinschaft aller Forscher (Scientific Community) simultan den Stand des Wissens vorantreiben. Deshalb gibt es teilweise auch sehr schnelle Fortschritte innerhalb eines Themengebiets (z. B. bei der Entschlüsselung des menschlichen Genoms), weil weltweit viele Forschergruppen gleichzeitig daran arbeiten (wobei diese nicht unbedingt untereinander koordiniert sind). Dieses teilweise gleichzeitige Forschen an verschiedenen Orten induziert einen weltweiten Wettbewerb zwischen den Forschergruppen, bei denen diejenige „das Rennen" gewinnt, die die Ergebnisse als Erste veröffentlicht hat. Deshalb sind auch die Anzahl Publikationen in wissenschaftlichen Journalen der wichtigste Indikator zur Bewertung von Grundlagenforschern.

Beispiel einer Anwendungsorientierten Grundlagenforschung
Der im Bau befindliche Versuchs-**Fusionsreaktor ITER** (International Thermonuclear Experimental Reactor) in Cadarache (Frankreich) hat eine eindeutige Anwendung, wobei allerdings bis zum Ziel noch Jahrzehnte intensiver Forschung benötigt werden: Die Anlage soll die großtechnische Nutzung der kontrollierten Kernfusion (vergleichbar mit den Vorgängen in der Sonne) zur Stromerzeugung ermöglichen. Das Problem der Fusion ist, dass sich zwei Wasserstoffkerne stark einander annähern müssen, um zu verschmelzen. Dem wirkt aber die abstoßende elektrische Kraft zwischen den Kernen entgegen. Deshalb muss das Produkt aus Temperatur und Druck einen gewissen Schwellenwert überschreiten. In der Sonne reicht aufgrund des hohen Gravitationsdrucks eine Temperatur von „nur" 15,6 Mio. Grad Celsius, um die Fusion in Gang zu halten. Solch ein Druck kann aber mit den vorhandenen technischen Mitteln auf der Erde bei weitem nicht erzeugt werden und deshalb muss die Zündtemperatur bei rd. 100 Mio. Grad Celsius liegen (Max Planck Institut für Plasmaphysik, 2015). Die Beherrschung dieser Technik würde das weltweite Problem der Energieversorgung zwar schlagartig lösen, aber ob der Prozess überhaupt technisch realisierbar ist und wann das Ziel

erreicht sein könnte, ist offen. An dem internationalen Großprojekt beteiligen sich die EU, Südkorea, Indien, USA, China, Japan, Russland und die USA.

Beispiel einer Neugierorientierten Grundlagenforschung
Prinzipiell ist fast die gesamte **astronomische Forschung** der Grundlagenforschung zuzurechnen, z. B. ein von der DFG geförderter Sonderforschungsbereich „The first 10 Million Years of the Solar System – a Planetary Materials Approach". Das Sonnensystem bildete sich vor 4,6 Mrd. Jahren aus einer Wolke von interstellarem Gas und Staub. Der wichtigste und kritischste Schritt der Planetenbildung ist das Wachstum kleinerer Planetesimale (nur einige Millimeter große Objekte) aus feinem Staub innerhalb der ersten Millionen Jahre nach der Geburt des Sonnensystems. Das Schwerpunktprogramm umfasst interdisziplinäre Studien, die sich mit den Schlüsselfragen der Planetesimalbildung im frühen Sonnensystem befassen. Es nutzt neue Entwicklungen der Forschung an planetarer Materie, z. B. die angestiegene Verfügbarkeit von extraterrestrischem Material durch neue Meteoritenfunde in kalten und heißen Wüsten und neue Möglichkeiten der Analytik in Mineralogie und Kosmochemie (DFG, 2016).

1.2.2 Angewandte Forschung

Die Angewandte Forschung unterscheidet sich von der Grundlagenforschung dahingehend, dass geplante Forschungsergebnisse erreicht werden sollen – oftmals einhergehend mit einer direkten (kommerziellen) Nutzung. Eine solche Zielsetzung wird bereits zu Beginn des FuE-Projekts formuliert. Daraus ist offensichtlich, dass beim Projektmanagement derartiger Projekte andere Methoden der Qualitätssicherung angewendet werden müssen als bei der Grundlagenforschung. So muss z. B. kontinuierlich während der Projektlaufzeit geprüft werden, ob das erwartete FuE-Ergebnis nach wie vor relevant ist (z. B.: Ist es noch wettbewerbsfähig im Markt?) oder ob eventuell andere Forschergruppen das Ergebnis bereits erzielt haben (z. B.: Gibt es bereits eine ähnliche Veröffentlichung in einem Journal?).

Wenn Ergebnisse solcher Projekte direkt in marktfähige Produkte oder Verfahren umgesetzt werden, spricht man von Innovationen (vgl. Kap. 6.1). Diese Art der Forschung wird zum Großteil in den FuE-Abteilungen von Unternehmen oder in außeruniversitären FuE-Einrichtungen mit starkem Anwendungsbezug durchgeführt. Als Evaluierungskriterium für die Angewandte Forschung werden mithin weniger wissenschaftsimmanente Kriterien, sondern eher Outcome-relevante Kriterien herangezogen, nämlich inwiefern die FuE-Ergebnisse Nutzen stiftend sind, also z. B. direkt in Produktentwicklungen einfließen. Für die Ausrichtung solcher FuE-Projekte bedarf es neben der oben erwähnten Passfähigkeit zum Markt auch einer kontinuierlichen Kontrolle von Qualität, Zeit und Kosten (vgl. Kap. 5.1, FuE-Projektmanagement).

Die Ergebnisse der Angewandten Forschung werden zwar auch in wissenschaftlichen Journalen veröffentlicht, allerdings nicht so konsequent wie diejenigen der Grundlagenforschung. Teilweise ist eine frühe und breite Kommunikation seitens der Forscher gar nicht erwünscht, weil die Ergebnisse u. U. wettbewerbsrelevant sind und entsprechend geschützt werden müssen. Eine frühzeitige Veröffentlichung würde eine nachfolgende Patentanmeldung zunichtemachen (vgl. Kap. 6.3.3).

Beispiele für Angewandte Forschung

Die Entwicklung eines elektronisch angetriebenen Autos (**E-Mobilität**) geschieht aufgrund eines starken politischen Druck zur CO_2-Reduktion und dem erklärten Ziel der deutschen Bundesregierung, dass bis 2020 in Deutschland 1 Million E-Autos zugelassen werden sollen (Die Bundesregierung, 2009). Aus dieser konkreten Zielsetzung ergibt sich eine Vielzahl sehr unterschiedlicher Forschungsprojekte, die verteilt sowohl in Unternehmen als auch in öffentlichen FuE-Einrichtungen durchgeführt werden. Dazu gehört insbesondere die Entwicklung von Energiespeichern, die schnell aufladbar sind und eine große Reichweite ermöglichen. Hier werden unterschiedliche Batteriekonzepte verfolgt oder als Alternative auch Brennstoffzellen entwickelt, die Strom direkt aus Wasserstoff (den man tanken müsste) erzeugen. Erst aus einer großen Anzahl sehr unterschiedlicher (und untereinander nicht vollständig koordinierter) Projekte wird der Stand der Technik zur E-Mobilität kontinuierlich vorangetrieben und die besten Lösungen umgesetzt.

Jedes Jahr produzieren Schweine, Rinder und Geflügel in Europa etwa 1800 Mio m³ **Gülle**. Ein Großteil fällt in großen Schweinemastbetrieben in Niedersachsen und Nordrhein-Westfalen an. Dort gibt es nicht genug Ackerflächen, um sie umweltgerecht auszubringen. Wird aber zuviel Gülle auf die Felder ausgebracht, gefährdet der Stickstoff als Nitrat das Grundwasser. Durch ein mehrstufiges Trennverfahren werden aus der Gülle verschiedene Feststoff-Fraktionen abgeschieden: organische Biokohle zur Bodenverbesserung sowie Calciumphosphat, Magnesiumphosphat und Ammoniumsulfat als mineralischer Dünger. Zurück bleibt Wasser mit nur noch Spuren von Phosphat und Stickstoff sowie viel Kalium, das sich ideal zur Bewässerung eignet. Das Projekt wurde von der EU gefördert (Fraunhofer-Institut für Grenzflächen- und Bioverfahrenstechnik, 2016).

1.2.3 Experimentelle Entwicklung

Bei der (experimentellen) Entwicklung handelt es sich um ein systematisches Arbeiten innerhalb des FuE-Umfelds, wobei vorwiegend bereits bestehende Erkenntnisse aus der Forschung und Praxis genutzt werden. Bei diesen Projekten gibt es ein klares Entwicklungsziel, meist in Form eines neuen Produkts oder Produktbestandteils. Zur Erreichung des jeweiligen Ziels sind im Prinzip keine neuen wissenschaftlichen Erkenntnisse notwendig, sondern diese liegen bereits (veröffentlicht) vor. Somit wird der „Stand des Wissens" (was publiziert wurde) in einen neuen „Stand der Technik" (was standardmäßig technisch verfügbar ist) überführt. Dabei ist das Risiko des Erreichens eines solchen Projektziels geringer als bei der Angewandten Forschung. Allerdings kann die Umsetzung noch sehr aufwändig sein, um ein bekanntes wissenschaftliches Ergebnis in ein industrielles Verfahren oder ein marktfähiges Produkt zu überführen. Dies gilt insbesondere bei Fragen der Skalierung: Was in einem Reagenzglas funktionierte, muss noch nicht in einem großen Reaktor gelingen. Bei der experimentellen Entwicklung werden auch am Markt verfügbare Bestandteile oder Verfahren speziell an eigene Belange angepasst; dazu gehören auch Applikationsentwicklungen von eigenen Produkten an die spezifischen Wünsche von Kunden.

Experimentelle Entwicklungen werden weniger in wissenschaftlichen Journalen veröffentlicht, sondern sie dienen – da sie vornehmlich in den FuE-Abteilungen von Unternehmen durchgeführt werden – oftmals der direkten Umsetzung in Innovationen und werden u. a. auch durch Patente oder Geheimhaltung geschützt.

Beispiele für experimentelle Entwicklungen

Fingerabdrücke sind heutzutage durch unterschiedliche **Sensoren** (optisch, kapazitiv, Ultraschall etc.) schnell erfassbar. Die Technik des Erfassens und des Auswertens sowie der Abgleich mit einem hinterlegten Fingerabdruck ist mithin Stand der Technik. Ein Entwicklungsprojekt ist nun die Integration eines solchen Sensors in ein kommerzielles Produkt, z. B. in eine Computermaus zum Autorisieren des Nutzers oder in den Griff einer Autotür zum automatischen Entriegeln.

Eine Applikationsentwicklung ist das Anpassen einer **Online-Inspektionsanlage** für die Prüfung spezifischer Kunststoffteile nach deren Herstellung im Spritzgussverfahren; durch die Messung der Farbe und der Maßhaltung soll die Spritzgussmaschine ggf. direkt nachgesteuert werden. In den Laboren des liefernden Unternehmens werden für diese Anwendung die spezifischen Sensoren zusammengestellt, justiert und kalibriert sowie eine Auswertesoftware entwickelt. Nach dem erfolgreichen Test (im eigenen Labor) wird die Anlage beim Kunden installiert.

Die oben ausgeführte Unterscheidung der verschiedenen Zielsetzungen von FuE-Projekten bedeutet allerdings nicht, dass es auch entsprechende prinzipielle Unterschiede hinsichtlich der Art und Weise der unmittelbaren Forschungstätigkeiten gibt. Auf dieses Faktum muss hingewiesen werden, weil bei Diskussionen (in der Öffentlichkeit und auch in Fachkreisen) manchmal die Vorstellung herrscht, dass die Grundlagenforscher die „wahren Wissenschaftler" seien, weil sie von keinen Zielsetzungen getrieben sind und die Anwendungsforscher eher „Getriebene" seien hinsichtlich angestrebter Innovationen oder äußerer Zwänge. Für alle Wissenschaftler gelten die Anforderungen der wissenschaftlichen Exzellenz, individuellen Kreativität und der Integrität wissenschaftlichen Arbeitens. So wird man bei einem Blick von außen in das Labor eines Instituts, das z. B. Grundlagenforschung zur Systembiologie betreibt sowie in das Labor eines Pharmaunternehmens, das eine Medikament entwickelt, keinen Unterschied hinsichtlich der Art und Weise des dortigen Forschens feststellen. Insofern sind die Begriffe „Grundlagenforschung" und „Angewandte Forschung" (die auch in diesem Buch aus Gründen der Wiedererkennung weiter verwendet werden) sprachlich nicht korrekt, weil sie insinuieren, dass es sich dabei um zwei verschiedene Arten von Forschungstätigkeit handelt und nicht nur um zwei verschiedene Zielrichtungen der (gleichen) „Forschung". Darauf hat bereits Louis Pasteur (Chemiker im 19. Jahrhundert) hingewiesen: „Es gibt keine angewandte Wissenschaft, sondern nur Anwendungen der Wissenschaft."

Der Bereich der Forschung und Entwicklung (FuE) kann prinzipiell gut von anderen Tätigkeiten unternehmerischen Handelns differenziert werden: Wenn das Hauptziel die Verbesserung eines Produkts oder Prozesses ist, so handelt es sich um Forschung und Entwicklung. Falls das Produkt oder Verfahren im Wesentlichen fertiggestellt ist und das Ziel eher die Entwicklung des Marktes, das Planen der Vorproduktion oder das Anfahren einer Produktionslinie ist, dann zählen diese Aktivitäten nicht zu Forschung und Entwicklung (Frascati, 2015).

Die Differenzierung der drei oben beschriebenen Forschungstypen wird auch zur Strukturierung des nationalen Forschungssystems mit seinen verschiedenen Arten von Forschungseinrichtungen verwendet (vgl. Kap. 2.1, FuE-ausführende

Einrichtungen), wobei es allerdings keine trennscharfen Bereiche gibt und diese Klassifizierung nur eine grobe Charakterisierung sein kann.

1.3 Strukturierung von Forschungsthemen

Die Zahl der heutigen Forschungsthemen ist sehr groß und steigt weiter; mit jeder Erkenntnis werden neue Fragen generiert. Die Wissenschaft spezialisiert sich immer mehr und jeder Wissenschaftler wird Experte für einen immer kleiner werdenden Ausschnitt der ganzen Wissenschaft. Es gibt keine Universalgelehrten mehr und der Blick auf größere Systeme wird zunehmend schwerer. Dies wird auch deutlich an der steigenden Zahl von Studiengängen: im WS 2015/16 gab es insgesamt 18.044 Studiengänge an deutschen Hochschulen (Hochschulrektorenkonferenz, 2015). Für einen Forschungsmanager ist es allerdings hilfreich und manchmal notwendig, das gesamte FuE-Portfolio zumindest zu überblicken und zu einer Breite von Themen „sprechfähig" zu sein. Dafür ist es sinnvoll, wenn FuE-Themen zunächst aggregiert und damit reduziert werden. Je nach Bedarf können sie dann ggf. wieder spezifischer untergliedert oder mit möglichen Anwendungen in einen Zusammenhang gebracht werden. Im Folgenden werden dazu zwei Ansätze vorgestellt.

1.3.1 Die Ebenen von Forschungsthemen (Granularität)

Forschungs- oder Technologiethemen können in unterschiedlicher Aggregation dargestellt werden. Hohe Aggregationsebenen mit zusammenfassenden Oberbegriffen sind geeignet, um allgemeine Schwerpunkte zu adressieren, z.B. politische Förderschwerpunkte einer Regierung wie „Digitalisierung" oder „Erneuerbare Energien". Auf dieser Ebene wird eine komplexe Vielzahl von (darunter liegenden) Disziplinen und Kompetenzen angesprochen, die zu dem Thema oder der Anwendung gehören. Für eine tiefere Befassung, z. B. zur Konzeption eines Förderprogramms, muss ein solches Thema dann wieder feiner untergliedert werden, um einzelne Aspekte zu adressieren.

Mögliche **Gliederungsebenen (Granularitäten) für das Thema „Regenerative Energien"** (in Klammern möglicher Anwendungsbezug)

Regenerative Energien (Forschungspolitische Schwerpunktsetzung)
- Solarenergie (Name einer FuE-Einrichtung, Ausrichtung des Gesamt-Portfolios einer FuE-Einrichtung)
  - Fotovoltaik (Förderschwerpunkt eines BMBF-Programms)
    - Organische Fotovoltaik (Kernkompetenz bzw. Name einer FuE-Abteilung)
      - Mehrschichten-Solarzelle (Inhalt einer Patentanmeldung)
        - Entwicklung einer Metallelektrode zur erhöhten Rückreflexion des nicht absorbierten Lichts (einzelnes FuE-Projekt)

Bei der Entwicklung eines FuE-Portfolios (Welche FuE-Schwerpunkte sollen wir setzen?) oder beim Diskurs über einzelne FuE-Themen muss je nach Anwendungsfall entschieden werden, auf welcher Ebene („Granularität") die Themen adressiert werden sollen: eher übergreifend, z. B. für die Ausarbeitung der Strategie einer FuE-Organisation, oder eher im Detail, z. B. um die Relevanz eines Projekts zu einem Förderprogramm zu beurteilen. Bei strategischen Diskursen ist der relevante Granularitätsgrad meist gesetzt; so gibt es z. B. für eine FuE-Einrichtung bereits ein in ihrer Mission vorgegebenes Technologiethema, das u. U. auch im Namen der Einrichtung verankert ist (z. B. „Institut für Solarenergie"). In weiteren Strategiediskursen werden dann die nachfolgenden Themenebenen in Form von Auswahlen und Spezifizierungen adressiert (z. B.: Befassung nur mit Fotovoltaik oder auch mit Solarthermie? Neue Schwerpunktsetzung auf organische Fotovoltaik?).

Für Forschungsmanager als FuE-Generalisten ist diese Hierarchisierung auch insofern relevant, als dass mit zunehmender Spezialisierung der FuE-Themen die eigene Kompetenz und damit die Diskursfähigkeit abnimmt. Bei Diskussionen mit hoher notwendiger Spezialisierung muss der Forschungsmanager sich entweder zusätzlich spezifisches Knowhow aneignen, um bezüglich der adressierten Ebene der Technologie diskursfähig zu sein (vgl. Kap. 8.1.1, Methodenkompetenz von Forschungsmanagern) oder er muss Experten hinzuziehen und sich mit diesen vernetzen: Über Regenerative Energien kann noch (fast) jeder mitreden, bei der Organischen Fotovoltaik ist schon Expertenwissen gefragt (s. o. Gliederungsebenen).

Ein FuE-Projekt ist die kleinste Einheit zur Beschreibung wissenschaftlichen Wirkens; zwar wird ein Projekt bei der Planung noch weiter in Arbeitspakete untergliedert, dies dient aber nur der internen Organisation des Projekts. Für aktiv forschende Wissenschaftler ist die Projektebene die relevanteste, weil hier das konkrete Forschungsvorhaben beschrieben wird.

1.3.2 Die Technologiematrix

Die oben vorgestellte beispielhafte Systematisierung des Themas „Regenerative Energien" macht zwischen der „Solarenergie" und der „Fotovoltaik" einen entscheidenden Übergang, nämlich von einem Anwendungsfeld (die Sonne als prinzipielle Energiequelle) zu einer wissenschaftlichen Disziplin (Fotovoltaik als Technologie zur Umwandlung von Solarstrahlung in elektrische Energie). So werden zum Aufbau eines umfassenden Systems, in dem Fotovoltaikmodule in ein Stromnetz eingebunden sind und zur Energienutzung beitragen, viele unterschiedliche Disziplinen benötigt: Polymerchemiker und Materialwissenschaftler zum Aufbau der einzelnen Zellen, Mikroelektroniker zum Schaltungsentwurf, Produktionstechniker zur Kapselung der Fotovoltaikzelle und zum Herstellen eines funktionsfähigen Moduls sowie Informatiker zur Steuerung des Stromnetzes mit einer Vielzahl von Fotovoltaikmodulen und anderen Energiequellen. Eine Anwendung braucht also viele Disziplinen und ebenso kann eine Disziplin wiederum zu vielen Anwendungen beitragen. Deshalb gibt es für anwendungsorientierte Systeme (z. B. Serviceroboter) oder bedarfsorientierte Technologien (z. B. Energiegewinnung) entsprechende Zuordnungen von wissenschaftlichen (Querschnitts-)Disziplinen und Kompetenzen. Diese können in einer Matrix abgebildet werden (s. Abb. 1.1).

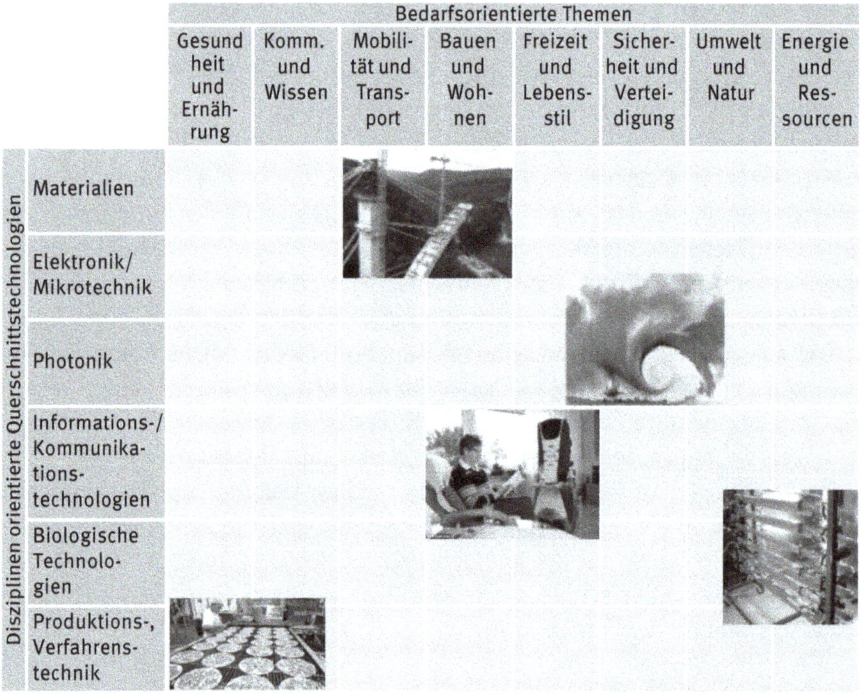

	Bedarfsorientierte Themen							
	Gesundheit und Ernährung	Komm. und Wissen	Mobilität und Transport	Bauen und Wohnen	Freizeit und Lebensstil	Sicherheit und Verteidigung	Umwelt und Natur	Energie und Ressourcen
Materialien								
Elektronik/ Mikrotechnik								
Photonik								
Informations-/ Kommunikationstechnologien								
Biologische Technologien								
Produktions-, Verfahrenstechnik								

Disziplinen orientierte Querschnittstechnologien

Abb. 1.1: **Technologiematrix**: Die Matrix führt Disziplinen orientierte Querschnittstechnologien (vertikal) und bedarfsorientierte Themen (horizontal) in eine Wechselbeziehung. Sie zeigt exemplarisch, dass eine Disziplin auf vielfältige Weise zu den heutigen Bedürfnissen des Menschen beitragen kann (Reihen) und andererseits zur Lösung von Bedarfen oftmals viele Disziplinen gebraucht werden (Spalten); (eigene Darstellung). Beispiele (Bilder von links nach rechts):
- Verfahrenstechnik – Ernährung: Durch schonende Behandlung und Konservierungsverfahren ist eine breite Palette von sicheren Convenience-Produkten (z. B. Fertigpizzen) verfügbar.
- Materialien – Bauen, Wohnen / Mobilität, Transport: Durch die Entwicklung von Hochleistungsbeton können weit überspannende Brücken gebaut werden.
- IuK-Technologien – Bauen und Wohnen / Freizeit und Lebensstil: Serviceroboter erbringen Dienstleistungen direkt für den Menschen, insbesondere zur Unterstützung älterer Menschen in ihrer häuslichen Umgebung.
- Photonik – Sicherheit: Aufgrund einer Lasermessung von Luft-Wirbelschleppen hinter startenden Flugzeugen kann eine sichere Nachfolge-Startzeit bestimmt werden.
- Biotechnologien – Energie, Ressourcen: Algen in Röhren-Reaktoren können durch Fotosynthese Energie in Form von Biomasse erzeugen.

Fast jedes Produkt im Markt stellt ein (komplexes) System dar; es ist das Ergebnis der Zusammenarbeit vieler Disziplinen. Will eine FuE-Einrichtung mithin komplette Systemlösungen anbieten, muss sie entweder die notwendigen verschiedenen FuE-Kompetenzen selbst vorhalten oder entsprechende Kooperationen mit anderen Partnern organisieren. Für den einzelnen Wissenschaftler bedeutet dies, dass er integrationsfähig sein muss in ein Netzwerk von Kollegen anderer Disziplinen (vgl. Kap. 4.3.3, Kooperationen). Diese Notwendigkeit des Zusammenspiels der Disziplinen mündet heute bereits in dementsprechende eigene strategische Zielsetzungen von Kooperationen, weil die Praxis zeigt, dass insbesondere aus dem Zusammenwirken unterschiedlicher Disziplinen große Innovationssprünge generiert werden (Josef Binder, 2012). In der letzten Dekade kursierte dazu der Begriff der Converging Technologies als organisiertes Zusammenspiel der Querschnittstechnologie Nanotechnologie, Informationstechnologie, Biotechnologie und Neurowissenschaften. So gibt es z. B. die Vision, dass die Informationstechnologie einerseits bei der Entschlüsselung des Gehirns und komplexer biologischer Prozesse aufklären kann und andererseits dann die Nanotechnologie gemeinsam mit der Biotechnologie zur Konstruktion neuer superschneller Computer (DNA-Computer) beitragen kann.

1.3.3 Technologiezyklen

Bei der Entwicklung neuer Technologien und Innovationen sind in der Vergangenheit wiederkehrende Muster entdeckt worden: einerseits langfristig große Umbrüche durch infrastrukturelle Schlüsselinnovationen und andererseits typische Verläufe innerhalb einer einzelnen Innovationsentwicklung.

Der russische Ökonom Kondratjew stellte bereits 1920 fest, dass sich dominante Technologien seit der Industrialisierung in langfristigen, etwa 50 Jahre dauernden Zyklen entwickeln (Kondratjew, 1926). Der österreichische Ökonom Schumpeter integrierte später diese Hypothese in sein Entwicklungsmodell der kapitalistischen Wirtschaft (Schumpeter, 1961) und nannte die langen Wellen „Kondratjew-Zyklen", denn Kondratjew konnte zum Zeitpunkt seiner Veröffentlichung lediglich zweieinhalb dieser Zyklen feststellen (und sah das Ende des dritten voraus). Derzeit befinden wir uns im 6. Zyklus (ohne diesen schon genau benennen zu können) (s. Abb. 1.2):

- 1. Zyklus: Die Dampfmaschine, die über Wasserkanäle befördert wird, treibt Webstühle an und leitet den Beginn der Industrialisierung ein.
- 2. Zyklus: Die Stahlerzeugung dient dem Eisenbahnbau und gleichzeitig kann der Stahl über Eisenbahnen befördert werden.
- 3. Zyklus: Der elektrische Strom als neue Energiequelle, verteilt über ein flächendeckendes Stromnetz, treibt die Produktion und auch den privaten Konsum an. Neue chemische Technologien sorgen für eine neue Produktvielfalt.

- 4. Zyklus: Die Miniaturisierung von Schaltungen führen zu einer Automatisierung der Produktion, insbesondere von Automobilen und billigen Massengütern. Ein weltweites Transportnetz (Straße und Wasser) unterstützt die globalisierte Produktion und den weltweiten Konsum.
- 5. Zyklus: Leistungsfähige Hardware und effiziente Software führen bei Verfügbarkeit eines weltweiten Datennetzwerks (Internet, mobile Netze und Glasfaserkabel) zu einem Quantensprung der globalen Kommunikation und Information.
- 6. Zyklus: Unterschiedliche Prognosen, u. a. Lebenswissenschaften, regenerative Energien, Digitalisierung

Kondratjew-Zyklus	1. 1800–	2. 1850–	3. 1900–	4. 1950–	5. 2000–	6. 20XX
Technologie	Dampf-maschine	Stahl-erzeugung	Chemie-technik; Strom	Automobil; Automati-sierung	Internet	?
Schlüssel-innovation	Automat. Webstühle	Eisenbahn	E-Technik; Polymere	Mikro-elektronik	Computer-Hard- und Software	
Infrastruktur	Wasser-kanäle	Eisenbahn	Stromnetz	Straßen- und Wassernetz	Datennetze	
Bedarfsfeld	Bekleidung	Transport	Produktion; Wohnen	Massen-produkte; individuelle Mobilität	Globale Kommuni-kation	

Abb. 1.2: Kondratjew-Zyklen: Neue Technologien mit Schlüsselinnovationen lösen industrielle und gesellschaftliche Entwicklungsphasen mit einer Phasendauer von rd. 50 Jahren aus. Jeweils notwendig für die intensive Ausprägung der Innovationen ist die Bereitstellung einer entsprechenden Infrastruktur (eigene Darstellung).

Auch eine einzelne Technologieentwicklung hat – trotz der jeweils unterschiedlichen Inhalte und Anwendungen – einen typischen Entwicklungsverlauf von der Idee bis zur Marktreife: Einer anfänglichen Phase der Euphorie folgt eine Phase der Desillusion, um dann über Phasen der schrittweisen Verbesserung die Marktreife zu erreichen. Dann wächst die Technologie anschließend relativ schnell in viele Anwendungsbereiche hinein. Wie schnell diese Phasen durchlaufen werden und wie ausgeprägt der Hype und die Ernüchterungsphase sind, hängt von der jeweiligen Technologie ab (s. Abb. 1.3).

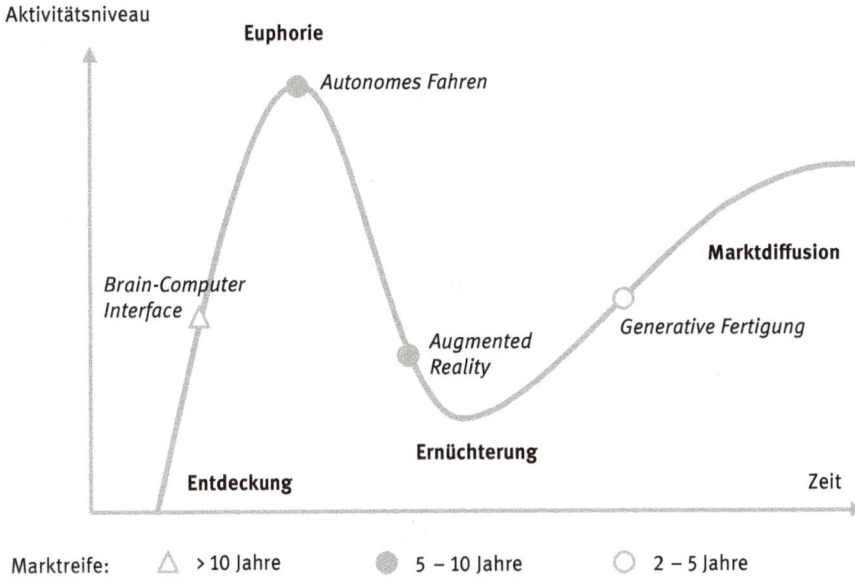

Abb. 1.3: **Der typische Entwicklungsverlauf einer neuen Technologie (Hype Zyklus nach Gartner)** (mit positionierten neuen Technologien in 2016): Nach der Entdeckung und der ersten Exploration einer neuen Technologie (z. B. Brain-Computer Interface) werden die technischen Prinzipien auf breiter Front erforscht. Dies erzeugt in einer wachsenden Gemeinschaft der Wissenschaftler ein euphorisches Gefühl über die Potenziale der neuen Technologie; auch außerhalb der Scientific Community wird der Hype aufgenommen und Förderorganisationen reagieren mit zusätzlicher Finanzierung (z. B. Autonomes Fahren). Allerdings erweisen sich viele Visionen als wissenschaftlich oder wirtschaftlich in kurzfristigen Zeiträumen nicht realisierbar, so dass einige Akteure ihre FuE wieder einstellen (z. B. Augmented Reality). In dieser Phase der Verunsicherung halten öffentlich finanzierte FuE-Einrichtungen oder große Unternehmen weiter durch, um die Technologien konsequent weiter zu entwickeln. Sie erzielen dann die ersten industriellen Durchbrüche (z. B. Generative Fertigung) und mit der Marktreife führen Skaleneffekte zur Verbilligung der Technik (eigene Darstellung nach Gartner Inc.).
Erläuterungen:
Brain-Computer Interface: Technische Schnittstelle für eine direkte Verbindung zwischen dem Gehirn und einem Computer, z. B. zum Steuern von Prothesen
Autonomes Fahren: Fahrzeug, das ohne Einfluss eines menschlichen Fahrers in üblichem Verkehr fahren und steuern kann
Augmented Reality: Computergestützte Erweiterung der Realitätswahrnehmung des Menschen, u. a. durch Einblendung von situationsrelevanten Informationen im Brillenglas
Generative Fertigung: Verfahren zur kostengünstigen Fertigung von Modellen oder Produkten. Diese werden anhand von rechnerbasierten Datenmodellen, z. B. aus Pulver, durch physikalische Prozesse schichtweise aufgebaut.

2 Akteure in der deutschen Forschung

- Wie ist das deutsche Forschungssystem aufgebaut?
- Wer wirkt daran mit?
- Welche Rollen haben die Akteure?

Wesentliche Akteure in der deutschen Forschungslandschaft sind neben den unmittelbar forschenden FuE-Einrichtungen auch diejenigen, die Forschung fördern und selbst keine Forschung durchführen. Ebenso wirken an der Forschungsagenda auch weitere intermediäre Akteure durch unterschiedliche Funktionen wie Politikberatung oder Forschungsbewertung mit (s. Abb. 2.1). Im Folgenden werden diese Akteure charakterisiert.

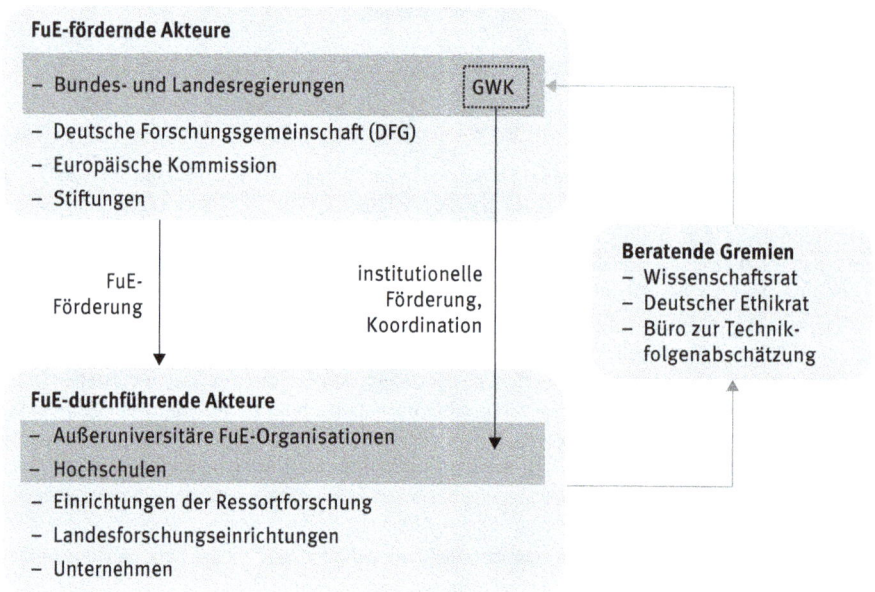

FuE-fördernde Akteure

- Bundes- und Landesregierungen   **GWK**
- Deutsche Forschungsgemeinschaft (DFG)
- Europäische Kommission
- Stiftungen

FuE-Förderung   institutionelle Förderung, Koordination

Beratende Gremien
- Wissenschaftsrat
- Deutscher Ethikrat
- Büro zur Technikfolgenabschätzung

FuE-durchführende Akteure
- Außeruniversitäre FuE-Organisationen
- Hochschulen
- Einrichtungen der Ressortforschung
- Landesforschungseinrichtungen
- Unternehmen

Abb. 2.1: Akteure des deutschen Forschungs- und Innovationssystems: Das Forschungssystem besteht aus FuE-ausführenden und FuE-fördernden Einrichtungen. Die Gemeinsame Wissenschaftskonferenz (GWK) ist ein Gremium von Bund und Ländern für alle Fragen der nationalen Forschungsförderung; sie ist auch zuständig für die Finanzierung der Hochschulen und der außeruniversitären FuE-Organisationen. Beratende Gremien werden aus der Scientific Community mit besetzt und dienen vor allem der Unterstützung der FuE-Politik des Bundes und der Länder (eigene Darstellung).

2.1 FuE- ausführende Einrichtungen

Die deutsche Forschungslandschaft besteht aus einer Vielzahl von FuE-ausführenden Einrichtungen. Im Vergleich mit Forschungslandschaften anderer führender

DOI 10.1515/9783110517828-002

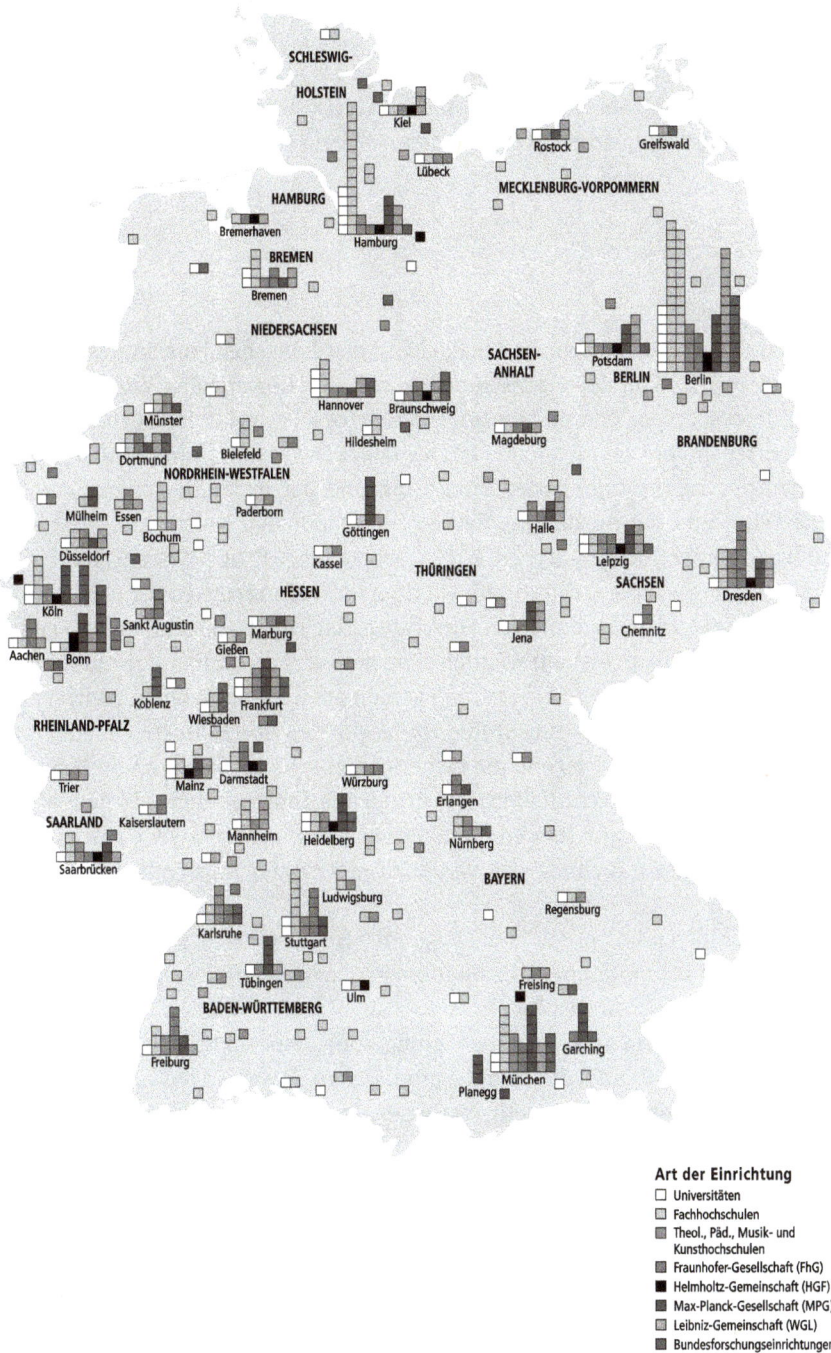

Art der Einrichtung
- ☐ Universitäten
- ☐ Fachhochschulen
- ▨ Theol., Päd., Musik- und Kunsthochschulen
- ▦ Fraunhofer-Gesellschaft (FhG)
- ■ Helmholtz-Gemeinschaft (HGF)
- ▪ Max-Planck-Gesellschaft (MPG)
- ▨ Leibniz-Gemeinschaft (WGL)
- ▪ Bundesforschungseinrichtungen

Abb. 2.2: Standorte der FuE-durchführenden Einrichtungen in Deutschland: Die deutsche Forschungslandschaft ist eng besetzt, wobei es Konzentrationen auf einige Regionen gibt. Nicht aufgelistet sind die Landesforschungseinrichtungen (Deutsche Forschungsgemeinschaft, 2015).

Industrienationen verfügt Deutschland sowohl über ein sehr enges Netzwerk an Hochschulen als auch über ein umfangreiches und komplexes System öffentlich finanzierter außeruniversitärer FuE-Einrichtungen (s. Abb. 2.2). Daraus ergibt sich einerseits ein intensiver Abstimmungsbedarf, um effektiv und effizient aktuelle FuE-Themen koordiniert zu bearbeiten und andererseits ein starker Wettbewerb um Fördermittel zwischen den FuE-Einrichtungen.

2.1.1 Hochschulen

Die Hochschulen bilden traditionell das Rückgrat des deutschen Forschungssystems. Deutschland verfügt über 427 Hochschulen, davon 107 Universitäten und 217 allgemeine Fachhochschulen. Während die universitäre Forschung durch eine thematische und methodische Breite charakterisiert ist, liegt der Schwerpunkt von Fachhochschulen auf der anwendungsorientierten Forschung und der experimentellen Entwicklung. Die Lehre und die Ausbildung des wissenschaftlichen Nachwuchses ist eine Hauptaufgabe beider Hochschultypen. 2013 arbeiteten rd. 100.000 Wissenschaftler an den deutschen Hochschulen (Bundesministerium für Bildung und Forschung, 2016).

Die institutionelle Verbindung von Forschung, Nachwuchsausbildung und Lehre („Humboldtsches Prinzip") ist ein wichtiges Element des deutschen Forschungssystems. Auf Basis der Bologna Vereinbarung[3] werden an den Hochschulen (Universitäten und Fachhochschulen) gestufte Studiengänge mit den Abschlüssen Bachelor und Master angeboten, die überwiegend die bisherigen Abschlüsse Diplom und Magister ersetzen. Das Promotionsrecht haben derzeit nur die Universitäten (als Ausnahme ermöglicht seit 2016 das Land Hessen Promotionen an FHs). Mittlerweile gibt es auch Kooperationen zwischen Fachhochschulen und Universitäten hinsichtlich gemeinsamer Promotionen.

Die Hochschulen müssen sich heute folgenden Herausforderungen stellen (Internationale Expertenkommission zur Evaluation der Exzellenzinitiative, 2016), (Stifterverband, Heinz Nixdorf Stiftung, 2012):
– **Universitäre Differenzierung:** Das große Aufgabenspektrum der modernen Wissensgesellschaft und die damit verbundenen Erwartungen an das Hochschulsystems können nicht mehr von einer einzelnen Einrichtung oder einem

---

3 Bologna-Erklärung: Erklärung von 29 europäischen Bildungsministern in der Universität Bologna zugunsten eines europäischen Hochschulraumes. Mittlerweile haben sich insgesamt 46 Staaten dem Prozess angeschlossen. Ein Element dieser Erklärung ist die Einführung eines Systems vergleichbarer Studienabschlüsse (Bachelor und Master) mit der Einbeziehung der Promotionsphase als dritte Stufe. Gleichzeitig wurde auch ein Rahmen definiert, um Hochschulabschlüsse vergleichbar und untereinander kompatibel zu machen (European Credit Transfer System ECTS). Die deutschen Hochschulen bieten 18.044 Studiengänge im Wintersemester 2015/2016 an. Davon sind 8.298 Bachelor- und 8.099 Master-Studiengänge, entsprechend 90,9 % aller Studiengänge (Hochschulrektorenkonferenz, 2015).

spezifischen Hochschulformat abgedeckt werden; deshalb ist das System entlang unterschiedlicher Dimensionen ausdifferenziert. Die Hochschulen unterscheiden sich in Bezug auf das Spektrum der angebotener Disziplinen („horizontale Differenzierung"), machen innerhalb dieses Spektrums unterschiedliche Studienangebote und setzen entsprechende Schwerpunkte in der Forschung („vertikale Differenzierung"). Bei einer zunehmenden disziplinären Spezialisierung der Forschung muss die eigene Expertise dann ggf. durch FuE-Kooperationen ergänzt werden. Einer Profilierung in Forschung und Lehre stehen allerdings teilweise standardisierte Studiengänge und Moduldefinitionen gegenüber.

- **Governance[4] der Universitäten:** Das Hochschulmodell einer lose gekoppelten Form einzelner Fakultäten wird sukzessive von dem einer strategisch geführten Gesamt-Organisation abgelöst. Dieses beinhaltet klare Leitungs- und Entscheidungsstrukturen im Inneren sowie eine weitgehende Autonomie gegenüber dem Staat im Außenverhältnis. Handlungsfähigkeit, Autonomie und Wettbewerb sind dabei zunehmend wichtige Erfolgsfaktoren. Im Inneren wird die Entscheidungskompetenz jeweils dort angesiedelt, wo auch die entsprechende Verantwortung getragen wird, d. h. bei den zentralen (Präsidium/Rektorat) und dezentralen (Dekanat) Leitungsebenen. Insgesamt ist eine Balance zwischen der akademischen Selbstverwaltung (Bottom-up) und einer starken Leitung (Top-down) anzustreben, um gemeinsam ein spezifisches Profil und auch entsprechende Alleinstellungsmerkmale der jeweiligen Hochschule herauszuarbeiten.
- **Studierendenzahl und Qualität der Lehre:** In den vergangenen zehn Jahren ist die Zahl der Studierenden an den deutschen Universitäten um 18.5 % gewachsen, wofür neben „Einmaleffekten" (z. B. doppelte Abiturjahrgänge) eine stärkere Akademisierung der Ausbildung verantwortlich gemacht wird. Trotz eines Wachstums des Gesamtbudgets aller Universitäten um ca. 25 % im gleichen Zeitraum konnte die Zahl der Professoren mit der Studierendenzahl nicht Schritt halten. Auch hat sich die damalige Erwartung bei der Einführung der Bachelor- und Masterabschlüsse, dass nur etwa ein Drittel der Studierenden nach dem Bachelor an der Universität verbleiben würde, nicht erfüllt. Insofern leiden die Qualität der Lehre und auch die Betreuung der Nachwuchswissenschaftler.
- **Einbettung der Universitäten in das Wissenschaftssystem:** Durch die unterschiedlichen Zuständigkeiten und Finanzierungsanteile von Bund und Ländern bei den Universitäten einerseits und den außeruniversitären FuE-Einrichtungen andererseits ist das derzeitige System strukturell relativ reformresistent. Deshalb stellt sich die Frage nach möglichen passfähigeren Missionen und Aufgabenteilungen zwischen den Akteursgruppen sowie einer zunehmenden Kooperation, um eine (weitere) institutionelle „Versäulung" zu vermeiden. Für solche Kooperationen

---

4 Governance: Bezeichnet allgemein das Steuerungs- und Regelungssystem im Sinn von Strukturen (Aufbau- und Ablauforganisation) eines Staates oder einer Organisation. Der Ordnungsrahmen wird maßgeblich durch Gesetzgeber und Eigentümer bestimmt.

sprechen auch die zunehmende Komplexität wissenschaftlicher Fragestellungen sowie die hohen Kosten wissenschaftlicher Infrastruktur. Daneben muss allerdings die Autonomie und Identität einer jeden Hochschule bei der zunehmenden Anzahl und Vielfalt von Kooperationen und Partnerschaften erhalten bleiben.

– **Internationalisierung:** Jede Universität muss sich den Herausforderungen der Globalisierung stellen, denn ihre Forschungsproduktivität wird global verglichen und es gibt einen weltweiten „Kampf um die besten Köpfe", sowohl auf der Ebene der Wissenschaftler als auch der der Studierenden. Daneben müssen auch regionale Partnerschaften (mit eher anwendungsorientierter Forschung) bedient werden.

Exzellenzinitiative des Bundes und der Länder zur Förderung von Wissenschaft und Forschung an deutschen Hochschulen (Internationale Expertenkommission zur Evaluation der Exzellenzinitiative, 2016)

2005 beschlossen Bund und Länder eine Exzellenzinitiative mit dem Ziel, den Wissenschaftsstandort Deutschland zu stärken und die Spitzen im Universitäts- und Wissenschaftsbereich sichtbarer zu machen. Dazu gibt es drei Förderlinien: Graduiertenschulen zur Förderung des wissenschaftlichen Nachwuchses, Exzellenzcluster zur Förderung der Spitzenforschung sowie Zukunftskonzepte zum projektbezogenen Ausbau der universitären Spitzenforschung. Jährlich stellen Bund und Länder hierfür 533 Mio. € zur Verfügung.

Für eine Fortsetzung über das Jahr 2017 hinaus wurde von einer internationalen Expertenkommission („Imboden-Kommission") im Auftrag der GWK ein Vorschlag erarbeitet, der zunächst eine Verlängerung der derzeitigen Exzellenzinitiative bis 2019 vorsieht und danach zwei Förderlinien vorschlägt:

– Exzellenzcluster I: Langfristige Förderung von Forschung unter risikofreundlichen Bedingungen: Zusammenarbeit in einem zukunftsträchtigen Forschungsfeld und der damit verbundenen Lehre zur Förderung der Spitzenforschung und zur Stärkung des Differenzierungsprozesses der Universitäten. Beteiligen können sich Universitäten, außeruniversitäre FuE-Einrichtungen und (ohne Finanzierung) Forschungsinstitute im Ausland sowie die Industrie. Die Forschungsförderung beträgt rd. 1–10 Mio. €/a pro Antrag.
– Exzellenzprämie II: Stärkung von Universitäten, die sich aufgrund bisheriger Leistung als zur Spitze gehörend ausgewiesen haben. Die 10 bestplatzierten deutschen Universitäten bekommen eine fixe Jahresprämie. Diese kann durch die Universitätsleitung autonom zur Stärkung der Forschung in bestehenden oder neuen Fachgebieten eingesetzt werden.

Für die Gewährung der Exzellenzprämie sollen entsprechende Indikatoren festgelegt werden. Ein erster Vorschlag nennt dazu eine Kombination von eingeworbenen Drittmitteln und Preisen, beide jeweils auf die Anzahl von Professuren normiert (vgl. Kap. 5.4.3, Evaluierung einer FuE-Organisationseinheit).

Der gesellschaftliche Wandel und die zunehmende Innovationsdynamik mit einer immer kürzer werdenden Halbwertszeit des technisch-wissenschaftlichen Wissens erfordern – neben der Grundqualifikation im Studium – eine permanente berufsbegleitende Weiterbildung und Qualifizierung der Forscher. Das in der universitären Ausbildung erworbene Wissen ist nicht mehr ausreichend, um während einer mehr als dreißigjährigen Phase des Berufslebens kompetent zu bleiben. Der Begriff des „lebenslangen Lernens" deutet auf die Notwendigkeit hin, während der beruflichen Aktivität weiterhin permanent zu lernen. Um diesem Anspruch der berufsbegleitenden Aus- und Weiterbildung gerecht zu werden, entstehen neben den klassischen Fernhochschulen verstärkt auch Angebote für Berufstätige an den regulären Universitäten. Ebenso ist mit zunehmenden Online-Angeboten für einzelne Kurse oder auch vollständige Studiengängen (MOOC)[5] zu rechnen, die mittelfristig im Wettbewerb stehen werden mit dem klassischen Präsenzstudium an Hochschulen.

Hochschulen stehen untereinander im Wettbewerb um Personal (Professoren, Studierende) und Fördermittel. Dabei spielen die Hochschul-Rankings eine zunehmende Rolle. Einige deutsche Zeitschriften (Spiegel, Handelsblatt, DIE ZEIT) und auch das Zentrum für Hochschulentwicklung führen ein nationales Ranking durch während das „Times Higher Education Ranking" und das „Shanghai-Ranking" Universitäten weltweit bewertet. Jedes Ranking verwendet ein eigenes Set von Indikatoren, wobei sowohl deren Erfassung als auch die Methodik der gegenseitigen Verrechnung der Indikatoren zu einem Gesamtergebnis wenig transparent sind. Somit kann die Qualität der Rankings kaum beurteilt werden und die jeweiligen Positionen der Hochschulen sollten nur mit Vorbehalt für ihre Bewertung herangezogen werden, denn über die Gesamtqualität von Forschung, Lehre, Ausbildung wissenschaftlichen Nachwuchses sowie Zufriedenheit der Studierenden und Mitarbeiter wird in keinem Ranking eine empirisch solide Aussage gemacht. Gleichwohl sind die Rankings bekannt und werden als eine erste Orientierung für Studierende oder Mitarbeitende herangezogen.

Beispiele von Hochschulrankings
Das **Times Higher Education Ranking** wird von der Zeitschrift Times Higher Education (London) in Zusammenarbeit mit dem Elsevier-Verlag durchgeführt. Für die Erstellung werden 13 Kriterien berücksichtigt, die durch Befragungen von Akademikern und aus Statistiken der Universitäten erhoben werden. Bewertet werden u. a. die Lehre, internationale Sichtbarkeit, Forschung, Zitationen und industrielle Erlöse. Die beste deutsche Universität ist die Ludwig-Maximilians-Universität München auf Platz 29 (2016) (Times Higher Education, 2016).

Im **Shanghai-Ranking** der Universität Shanghai entscheiden nur 6 Merkmale über die Exzellenz der Hochschule: Dazu zählen z. B. die Zahl der Nobelpreisträger (auch Alumni und die Lehrer der Alumni) und die Menge der von den Uni-Forschern in den Zeitschriften „Nature" und „Science" veröffentlichten Artikel. Hier rangiert die Universität Heidelberg als beste deutsche Universität auf Rang 46; weitere drei Hochschulen rangieren unter den ersten 100 Plätzen (TU München; LMU München; Universität Bonn) (2016) (Academic Ranking of World Universities, 2015).

---

5 MOOC (Massive Open Online Course): Internetbasierte Lehrveranstaltung auf Universitätsniveau (in den USA erprobt, z. B. Harvard, MIT) mit hohen Teilnehmerzahlen ohne Zugangsbeschränkungen. Die Inhalte werden entweder in Form von Videos oder Skripten als Vorlesung vermittelt und über Multiple-Choice-Tests abgeprüft.

Das **Zentrum für Hochschulentwicklung** bewertet die deutschen Hochschulen hinsichtlich ihrer einzelnen Studiengänge (z. B. Biologie oder Elektro- und Informationstechnik). Dabei gibt es drei Arten von Inputquellen: Urteile von Studierenden, Bewertungen durch Professoren und Daten der Hochschule. So liegt z. B. die RWTH Aachen sowohl beim Studiengang Biologie als auch bei der Elektro- und Informationstechnik auf Platz 1 (2016) (Centrum für Hochschulentwicklung, 2016).

Die **Hochschulrektorenkonferenz (HRK)** ist der Zusammenschluss aller Hochschulen Deutschlands. Sie organisiert den internen Meinungsbildungsprozess untereinander und ist die Stimme der Hochschulen gegenüber Politik und Öffentlichkeit. Die HRK formuliert gemeinsame hochschulpolitische Positionen, unterstützt die Hochschulen bei der Umsetzung von Reformen und sichert die Qualität von Lehre und Studium sowie die Mobilität von Studierenden. Sie verfolgt darüber hinaus weitere hochschulrelevante Themen wie Forschung, wissenschaftliche Weiterbildung, Wissens- und Technologietransfer, internationale Kooperationen oder die Selbstverwaltung.

Die Herausforderungen von Forschungsmanagern in Hochschulen resultieren aus dem Spannungsfeld der hohen Autonomie der Professoren einerseits und dem Anspruch des leitenden Managements der Hochschule (Präsident, Kanzler) für die Hochschule eine verbindende Corporate Identity sowie ein Alleinstellungsmerkmal im Wettbewerb mit anderen Hochschulen zu entwickeln andererseits. Ebenso sind gleichzeitig die Ansprüche an eine exzellente Forschung, eine qualitativ hochwertige Lehre sowie die karriereorientierte Ausbildung des wissenschaftlichen Nachwuchses zu bewältigen bei einer prinzipiell hohen Personalfluktuation aufgrund des hohen Befristungsanteils der wissenschaftlichen Mitarbeiter.

2.1.2 Die außeruniversitäre Forschung

Eine ähnlich große Anzahl von Wissenschaftlern wie an den Hochschulen ist auch in den Einrichtungen der außeruniversitären Forschung beschäftigt. Ein Großteil davon entfällt auf die vier großen Trägerorganisationen Fraunhofer-Gesellschaft, Helmholtz-Gemeinschaft, Max-Planck-Gesellschaft und Leibniz-Gemeinschaft, die förderpolitisch einen besonderen Status haben: Sie werden auf Basis des Art. 91 b GG (Förderung von Forschung und Entwicklung als gemeinsame Aufgabe von Bund und Ländern) gemeinsam von Bund und Ländern institutionell gefördert (mit unterschiedlichen Anteilen an deren Gesamtbudget (vgl. Kap. 4.3.2, Abb. 4.11)).

Mit einer FuE-Organisation[6] (Trägerorganisation) wird (in diesem Buch) die höchste Ebene einer eigenständigen FuE-Struktur adressiert. Sie ist meist autonom

---

6 FuE-Organisation: Trägerorganisation mit einer Zentrale/Geschäftsstelle und einer größeren Anzahl von FuE-ausführenden FuE-Einrichtungen (Instituten), die ein breites FuE-Portfolio mit unterschiedlichen Themen abdecken (z. B. die vier großen deutschen FuE-Organisationen). Eine FuE-Organisation beschäftigt üblicherweise mehr als 1000 Wissenschaftler.

und steht in einer Wechselwirkung zu politischen Akteuren, insbesondere der Gemeinsamen Wissenschaftskonferenz GWK (s. u.). Eine FuE-Organisation ist der Zusammenschluss mehrerer FuE-Einrichtungen (Institute), die sich wiederum in verschiedene operative FuE-OEs (z. B. Abteilungen) untergliedern. So haben alle vier deutschen FuE-Organisationen eine große Anzahl solcher Institute in ihrer Trägerschaft. Die einzelnen Institute der beiden „Gemeinschaften" (HGF, LG) stellen jeweils rechtlich selbstständige Körperschaften dar (e. V. oder GmbH) während die Institute der beiden „Gesellschaften" (MPG, FhG) rechtlich nicht selbstständig sind (vgl. Kap. 4.1, Struktur und Akteure einer FuE-Organisation). Daraus leiten sich auch unterschiedliche Autonomieverhältnisse und Governance-Strukturen ab. Ähnlich wie eine FuE-Organisation ist auch eine Hochschule organisiert als ein Zusammenschluss einer Anzahl von einzelnen (mehr oder weniger autonomen) Fakultäten und Instituten, die von einer zentralen (Hochschul-)Leitung geführt werden.

Die deutschen FuE-Organisationen haben sich in der Nachkriegszeit mit unterschiedlichen Missionen und Aufgabenprofilen entwickelt: So ist die Max-Planck-Gesellschaft aus der früheren Kaiser-Wilhelm-Gesellschaft (gegründet 1911) entstanden, die Fraunhofer-Gesellschaft wurde 1949 gegründet, die Leibniz-Gemeinschaft wurde als Träger erst 1997 ins Leben gerufen und die Helmholtz-Gemeinschaft löste 1995 die ehemalige Arbeitsgemeinschaft der Großforschungszentren ab, die seit 1958 regelmäßig neue Zentren in ihre Trägerschaft aufgenommen hatte. Alle FuE-Organisationen koordinieren eine große Anzahl von einzelnen FuE-Einrichtungen mit insgesamt rd. 44000 Wissenschaftlern. Sie verfolgten prinzipiell unterschiedliche Gründungsaufträge, wobei sich die ursprünglichen FuE-Themen aufgrund der verschiedenen Entwicklungen der FuE-Einrichtungen u. a. auch durch forschungspolitische Kurswechsel (z. B. Abkehr von der zivilen Kernkraftnutzung) veränderten, so dass es heute auch zu Überlappungen der FuE-Portfolios der Organisationen kommt. Dazu finden auch einzelne Ansätze einer Neuordnung statt, indem FuE-Einrichtungen von einer in eine andere Trägerorganisationen überführt werden, damit sie in einem passfähigeren Umfeld (andere Mission) agieren können (z. B. Wechsel des Instituts für Atmosphärische Umweltforschung in Garmisch Partenkirchen von der FhG zur HGF oder die Gesellschaft für mathematische Datenverarbeitung (GMD) von der HGF zur FhG).

FuE-Einrichtung: „Institute" mit eigener Leitung, die entweder eigenständig sind (eigene Rechtsperson, z. B. Bundesanstalt für Materialprüfung) oder zu einer FuE-Organisation gehören (z. B. Fraunhofer-Institut für Solare Energiesysteme als Teil der Fraunhofer-Gesellschaft). Eine FuE-Einrichtung beschäftigt üblicherweise 50–300 Wissenschaftler.

FuE-OE (Organisationseinheit): Gruppe von Wissenschaftlern, die hierarchisch auf derselben Ebene gemeinsam unter einer disziplinarisch verantwortlichen Führung in einer FuE-Einrichtung zusammen arbeiten. Es gibt innerhalb einer FuE-Einrichtung üblicherweise mehrere Hierarchieebenen von FuE-OEs: von einer kleinen „Gruppe" (3–10 Wissenschaftler) bis zu einer „Abteilung" oder „Hauptabteilung" (üblicherweise 10–100 Wissenschaftler).

Max-Planck-Gesellschaft

Die Max-Planck-Gesellschaft ist die Trägerorganisation von 83 Max-Planck-Instituten (MPI), die Grundlagenforschung in den Natur-, Bio-, Sozial- und Geisteswissenschaften betreiben. Das Budget beträgt rd. 2 Mrd. € (2015) (Max-Planck-Gesellschaft, 2016). Max Planck war Physiker und Pionier in der Quantenphysik; er war nach dem 2. Weltkrieg der erste kommissarische Präsident der Kaiser-Wilhelm-Gesellschaft, die 1946 in die Max-Planck-Gesellschaft umbenannt wurde.

Das Portfolio ist gegliedert in die biologisch-medizinische, physikalisch-chemisch-technische sowie in die geisteswissenschaftliche Sektion. Die MPI genießen eine hohe Autonomie hinsichtlich ihrer inhaltlichen Ausrichtung: Sie besitzen in der Regel mehrere Abteilungen, die von hochrangigen Wissenschaftlern geleitet werden (Direktoren) und die in ihrer Ausrichtung der Forschungsthemen frei sind; das Portfolio eines MPI entsteht somit „um diese exzellenten Wissenschaftler herum". Die Direktoren bestimmen ihre Themen selbst, sie erhalten dafür ausgezeichnete Ausstattung und haben freie Hand bei der Auswahl ihrer Mitarbeiter („Harnack-Prinzip"; benannt nach dem ersten Präsidenten der 1911 gegründeten Kaiser-Wilhelm-Gesellschaft, Adolf von Harnack). Die Abteilungsdirektoren eines Instituts sind untereinander gleich gestellt und wechseln sich in der Geschäftsführung des Instituts in regelmäßigem Turnus ab.

Die MPG hat die Rechtsform eines eingetragenen Vereins. Die einzelnen MPI sind nicht rechtsselbstständig. Der Sitz der Generalverwaltung ist München.

Beispiele von MPI (mit Kompetenzfeldern):
- Max-Planck-Institut für Astrophysik, Garching; (Sonne und interplanetarer Raum, Galaxienhaufen)
- Max-Planck-Institut für Bildungsforschung, Berlin; (Adaptives Verhalten und Kognition, Entwicklungspsychologie, Bildungssysteme)
- Max-Planck-Institut für Ornithologie, Seewiesen; (Biologische Rhythmen, Evolution des Fortpflanzungssystems der Vögel)

Fraunhofer-Gesellschaft

Die Fraunhofer-Gesellschaft (FhG) ist die führende Organisation für die angewandte Forschung in Deutschland. Ihr jährliches Budget beträgt rd. 2,2 Mrd. € (2015). Ihr Namenspatron ist der als Forscher, Erfinder und Unternehmer gleichermaßen erfolgreiche Gelehrte Joseph von Fraunhofer (1787–1826).

Die 67 Fraunhofer-Institute (FhI) führen insbesondere Forschung für die Industrie, Dienstleistungsunternehmen und die öffentliche Hand durch. Die FhG orientiert sich konsequent an dem Ziel, FuE-Ergebnisse in innovative Produkte, Verfahren und Dienstleistungen umzusetzen. Dazu deckt sie ein breites FuE-Portfolio ab, u. a. Informations- und Kommunikationstechnologie, Lebenswissenschaften, Mikroelektronik, Photonik, Produktionstechnologie sowie Werkstoffwissenschaften.

Die einzelnen FhI sind – obwohl eng am Markt orientiert – nicht auf spezifische Branchen ausgerichtet, sondern auf Technologien spezialisiert; so gibt es z. B. Institute der Produktionstechnik, der Oberflächentechnik, der Lasertechnik oder der Mikroelektronik, die z. B. den Automobilbau jeweils mit unterschiedlichen Kompetenzen unterstützen. Ein einzelnes FhI wiederum adressiert mit seiner Technologie durchaus verschiedene Branchen: So kann z. B. das Institut für Lasertechnik seine Kompetenzen in die klassische Fertigungs- und Produktionstechnik (z. B. Laserschweißen von Blechen), die Messtechnik (Spektroskopie mit Lasern) oder auch die Medizintechnik (Augen-Lasern) einbringen (vgl. Kap. 1.3.2; Technologiematrix).

Beispiele von FhI (mit Kompetenzfeldern):
- Fraunhofer-Institut für Solare Energiesysteme, Freiburg; (Solarzellen, technische Gebäudeausrüstung)

- Fraunhofer-Institut für Grafische Datenverarbeitung, Darmstadt; (Animation und Bildkommuni-kation, Virtuelle Realität)
- Fraunhofer-Institut für Keramische Technologien und Systeme, Dresden; (Mikrosysteme, Piezo-aktorik)

Die FhG hat die Rechtsform eines eingetragenen Vereins. Die einzelnen FhIs sind nicht rechts-selbstständig. Der Sitz der Zentrale ist München.

Helmholtz-Gemeinschaft

Die Helmholtz-Gemeinschaft (HGF) ist die größte der FuE-Organisationen Deutschlands; ihr Bud-get beträgt rd. 4,2 Mrd. € (2015) (Helmholtz-Gemeinschaft, 2016). In der HGF sind 18 naturwissen-schaftlich-technische und medizinisch-biologische Forschungszentren zusammengeschlossen. Sie verfolgt langfristige Ziele des Staates und der Gesellschaft in sechs Forschungsbereichen: Energie, Erde und Umwelt, Gesundheit, Luftfahrt / Raumfahrt und Verkehr, Schlüsseltechnologien sowie Struktur der Materie. Mehrere HGF-Zentren wurden in den 50er-Jahren gegründet, um die zivile Nutzung der Kernenergie zu erforschen. Diese haben mittlerweile ihre Kernkompetenzen auf andere Anwendungen umorientiert. Die HGF ist benannt nach Hermann von Helmholtz (1821–1894), ein deutscher Physiologe und Physiker, der als Universalgelehrter anerkannt war.

1995 hat sich die „Arbeitsgemeinschaft der Großforschungseinrichtungen" zur Helmholtz-Gemeinschaft umgewandelt. Der ursprüngliche Begriff der Großforschungszentren zeigt, dass diese früher große Infrastrukturen betrieben haben.

Beispiele von HGF-Zentren (Infrastrukturen in Klammern):
- Karlsruhe Institute of Technology KIT; seit 2006 mit der Universität Karlsruhe fusioniert; (Ver-suchs-Atomreaktor)
- Deutsches Elektronen Synchroton DESY, Hamburg; (Beschleunigungsring für Elementarteilchen)
- Alfred Wegener Institut für Polar- und Meeresforschung; (Forschungsschiff „Polarstern")

Im Jahr 2001 hat die HGF auf Grund von Vorgaben des Bundesministeriums für Forschung und Technologie (heute BMBF) einen Reformprozess eingeleitet mit dem Ziel, ihre Zentren intensiver zu vernetzen. Deshalb wurde das bisherige System der Förderung der einzelnen Zentren abgelöst durch eine Förderung von Zentren übergreifenden Forschungsprogrammen.

Leibniz-Gemeinschaft

Die Leibniz-Gemeinschaft (LG) ist eine Trägerorganisation mit 88 selbstständigen FuE-Einrichtun-gen. Deren Ausrichtungen reichen von den Natur-, Ingenieur- und Umweltwissenschaften über die Wirtschafts-, Raum- und Sozialwissenschaften bis zu den Geisteswissenschaften. Das Budget be-trägt 1,7 Mrd. € (2015) (Leibniz-Gemeinschaft, 2016). Gottfried Wilhelm Leibniz (1646–1716) war Mathematiker und einer der bedeutendsten Philosophen des beginnenden 18. Jahrhunderts.

Das FuE-Portfolio der LG ist sehr breit. Der Grund liegt in der Historie dieser Gemeinschaft: Im Jahr 1969 wurde der Artikel 91b GG eingeführt, der die gemeinsame Förderung von FuE-Organi-sationen mit überregionaler Bedeutung durch Bund und Länder zulässt. Darunter fielen damals (neben den bestehenden großen FuE-Organisationen) auch 46 einzelne FuE-Einrichtungen in Westdeutschland, die allerdings ohne inhaltlichen Bezug zueinander standen. Diese wurden auf einer sogenannten „Blaue-Liste" zusammengefasst (weil die Liste (zufällig) auf blauem Papier gedruckt war). Dementsprechend hieß die Gemeinschaft auch bis 1997 „Arbeitsgemeinschaft Blaue Liste". Danach wurde die Organisation in Wissenschaftsgemeinschaft Gottfried Wilhelm Leibniz umbenannt und heißt seit 2016 Leibniz-Gemeinschaft.

Beispiele von Leibniz-Instituten (mit Kompetenzfeldern):
- Deutsches Institut für Erwachsenenbildung, Bonn; (Verbesserung der Lernbedingungen Erwachsener, Daten und Informationen zur Erwachsenenbildung)

- Deutsches Schifffahrtsmuseum, Bremerhaven; (Vorindustrielle Schifffahrt, Geschichte der Meeresforschung und -nutzung)
- Leibniz Institut für Pflanzenbiochemie, Halle; (Strukturen und Bioaktivitäten von pflanzlichen Naturstoffen, Struktur und Wirkungsweise von Phytohormonen).

Trotz der fachlichen Heterogenität und der unterschiedlichen Missionen dieser weithin selbstständigen Einrichtungen sollen durch ein verbindendes Dach der LG eine stärkere inhaltliche Zusammenarbeit, regelmäßige Informations- und Erfahrungsaustausche und die Wahrnehmung von gemeinsamen Interessen im wissenschaftspolitischen und administrativen Bereich erreicht werden. Zur Koordinierung dieser Aktivitäten unterhält die LG eine Geschäftsstelle in Berlin.

Eine Kommunikations-Plattform der deutschen FuE-Organisationen ist die sogenannte **„Allianz der Wissenschaftsorganisationen"**[7] als formloser Verbund der wesentlichen deutschen FuE-Organisationen. Die Allianz trifft sich 2–3 Mal pro Jahr und nimmt regelmäßig Stellung zu Fragen der Wissenschaftspolitik, Forschungsförderung und strukturellen Weiterentwicklung des deutschen Wissenschaftssystems. Die Stellungnahmen sind öffentlich zugänglich über die Internet-Seite der gerade federführenden Organisation (jährlich wechselnd).

Stellungnahmen der Allianz der Wissenschaftsorganisationen in 2015 (Allianz der Wissenschaftsorganisationen, 2016):
- Verantwortungsvolle Datenschutzregeln für leistungsfähige Forschung in Europa
- Strategischer EU-Investitionsfonds muss die Forschungs- und Innovationsfähigkeit Europas im globalen Maßstab stärken
- Stellungnahme zur geplanten Novellierung des Wissenschaftszeitvertragsgesetzes (Wiss-ZeitVG)
- Wissenschaft braucht ein weltoffenes Klima

Bei den oben genannten vier FuE-Organisationen sind Forschungsmanager in unterschiedlichen Funktionen in den jeweiligen Zentralen und Geschäftsstellen anzutreffen; dazu gehören dienstleistende Funktionen (z. B. Alumnibetreuung, Presse- und Öffentlichkeitsarbeit, Finanzcontrolling) als auch strategische Funktionen (Wechselwirkung mit den Zuwendungsgebern, Kooperation zwischen den einzelnen FuE-Einrichtungen, Risikomanagement). Ebenso werden Forschungsmanager auch in den jeweiligen FuE-ausführenden Einrichtungen benötigt, u. a. zur Unterstützung der Antragsteller bei Programmausschreibungen, für die Kontakthaltung zu den Stakeholdern[8] als auch zur internen strategischen Planung.

---

7 Mitglieder der „Allianz der Wissenschaftsorganisationen": Alexander von Humboldt-Stiftung, Deutsche Akademie der Naturforscher Leopoldina, Deutsche Forschungsgemeinschaft, Deutscher Akademischer Austauschdienst, Fraunhofer-Gesellschaft, Helmholtz-Gemeinschaft, Hochschulrektorenkonferenz, Leibniz-Gemeinschaft, Max-Planck-Gesellschaft, Wissenschaftsrat.
8 Stakeholder: Anspruchsgruppen, die von den Tätigkeiten und Entscheidungen der Organisation direkt oder indirekt betroffen sind und/oder die mit ihrem Handeln selbst die Organisation beeinflussen können.

Zum Spektrum der außeruniversitären Forschungseinrichtungen gehören neben den vier großen FuE-Organisationen auch die Bundes- und Landeseinrichtungen mit FuE-Aufgaben.

Derzeit gibt es **39 Bundeseinrichtungen** (Stand 2015) (Bundesministerium für Bildung und Forschung, 2016), die FuE-Tätigkeiten im Kontext der Aufgaben eines jeweiligen Bundesministeriums wahrnehmen. Jede Bundesforschungseinrichtung ist einem Geschäftsbereich eines Bundesministeriums zugeordnet. Diese sogenannte **Ressortforschung** zielt ab auf die Gewinnung wissenschaftlicher Erkenntnisse mit direktem Bezug zu den Tätigkeitsfeldern des jeweiligen Ressorts, um als Grundlage für politische Entscheidungen des Ministeriums zu dienen. Sobald ein Bundesministerium Bedarf an spezifischen FuE-Dienstleistungen hat, werden diese entweder in den bundeseigenen Einrichtungen oder durch die Vergabe von Aufträgen an Universitäten oder außeruniversitäre FuE-Einrichtungen erbracht. Die Bundeseinrichtungen verfolgen einerseits langfristige Forschungsziele und müssen andererseits auch kurzfristig abrufbare Beratungskompetenz bereithalten. Da die Einrichtungen genaue Kenntnis der politischen Rahmenbedingungen und Aufgaben ihres Ministeriums haben, sind sie für die wissenschaftliche Politikberatung gut vorbereitet und ausgestattet. Ihre Schnittstellenfunktion zwischen der Politik und Verwaltung einerseits sowie der Politik und Wissenschaft andererseits ermöglicht es ihnen, frühzeitig künftige politische Handlungsfelder zu identifizieren und gegebenenfalls Forschungsdefizite in diesem Bereich zu erkennen.

Beispiele für **FuE-Bundeseinrichtungen** zur Ressortforschung:
- Robert Koch Institut, Berlin (im Geschäftsbereich des Bundesministeriums für Gesundheit; rd. 1100 Beschäftigte): Zentrale Einrichtung der Bundesregierung auf dem Gebiet der Krankheitsüberwachung und -prävention, insbesondere der Infektionskrankheiten.
- Bundesanstalt für Materialforschung und -prüfung (BAM), Berlin (im Geschäftsbereich des Bundesministeriums für Wirtschaft und Technologie, (rd. 1600 Beschäftigte): Die BAM forscht, prüft und berät zum Schutz von Menschen, Umwelt und Sachgütern; dazu werden Substanzen, Werkstoffe, Bauteile und Anlagen sowie natürliche und technische Systeme auf sicheren Umgang und Betrieb untersucht.
- Max Rubner-Institut, Karlsruhe (im Geschäftsbereich des Bundesministeriums für Ernährung und Landwirtschaft; rd. 600 Beschäftigte): Das MRI berät das Ministerium wissenschaftlich zur Lebensmittelqualität und -sicherheit sowie zur Ernährung. Es hat seinen Forschungsschwerpunkt im gesundheitlichen Verbraucherschutz.

Neben den Bundesforschungseinrichtungen gibt es **176 Landeseinrichtungen** mit FuE-Aufgaben (Bundesministerium für Bildung und Forschung, 2016), die allerdings nur zu einem geringen Teil der Ressortforschung zuzurechnen sind, da sie nur fallweise direkt die Politik der Landesregierungen unterstützen. Viele Landeseinrichtungen führen grundlagen- oder anwendungsorientierte FuE aus, so dass sie hinsichtlich ihrer Mission den FuE-Einrichtungen der vier institutionellen FuE-Organisationen ähneln. Die Landesforschungseinrichtungen sind selbstständige FuE-Einrichtungen.

Beispiele für **Landesforschungseinrichtungen:**
- Hohenstein Institut für Textilinnovationen (Baden Württemberg)
- Bayerisches Zentrum für Angewandte Energieforschung (Bayern)
- Institut für Marine Ressourcen (Bremen)
- Laser Zentrum Hannover (Niedersachsen)
- Deutsches Forschungszentrum für künstliche Intelligenz (Rheinland-Pfalz)
- Zentrum für baltische und skandinavische Archäologie (Schleswig-Holstein)
- Zentrum für allgemeine Sprachwissenschaft (Berlin)

Ähnlich wie im nationalen Bereich findet auch auf europäischer Ebene Ressortforschung für die Europäische Kommission statt. Die Gemeinsame Forschungsstelle (Joint Research Centre JRC) unterhält sieben Forschungsinstitute in fünf Ländern und unterstützt mit ihrer Forschung und ihrem technischen Knowhow die Europäische Kommission bei ihren Entscheidungsprozessen.

2.1.3 Unternehmen

Die Unternehmen tragen in Deutschland rd. 70 % der jährlichen FuE-Aufwendungen. Dabei wird der größte Teil in den eigenen FuE-Einrichtungen durchgeführt und ein kleiner Teil davon (rd. 20 %) wird an Dritte beauftragt (Stifterverband für die deutsche Wissenschaft e. V., 2014). Der Anteil der FuE-Aufwendungen eines Unternehmens in Relation zu seinem Umsatz variiert je nach Branche: Er beträgt 0 % (keine eigene FuE-Kapazität und auch keine externen Forschungsaufträge, z. B. Lohnfertigung) über rd. 4 % (z. B. Automobilhersteller) bis zu rd. 15 % (Pharmahersteller oder hoch innovative Software-Unternehmen).

In Deutschland werden über ein Drittel aller FuE-Aufwendungen der Wirtschaft für den Sektor Fahrzeugbau aufgewendet (Stifterverband für die deutsche Wissenschaft e. V., 2014). Im Zentrum stehen dabei die Automobilhersteller selbst und deren Zulieferer. Das Auto als relativ komplexes System mit unterschiedlichen Anforderungen an die Werkstoffe, Antriebe, Elektronik, Produktionstechnik, Informations- und Kommunikationstechnologien ist damit in Deutschland ein wesentlicher Innovationstreiber.

Die Ausrichtung der Forschung innerhalb eines Unternehmens, d. h. die Auswahl der kurz-, mittel- und ggf. langfristigen FuE-Themen, ist im Zusammenhang mit einem professionellen Innovationsmanagement zu sehen (vgl. Kap. 6.1): Dabei werden in strukturierten Verfahren zukünftige Produkte und Verfahren geplant und die dafür notwendigen FuE-Aufwendungen bereitgestellt. Kann die notwendige FuE-Leistung nicht im eigenen Unternehmen erbracht werden, so werden Dritte beauftragt; dies sind u. a. Hochschulen oder andere anwendungsorientierte FuE-Einrichtungen im In- und Ausland.

Die **Arbeitsgemeinschaft industrieller Forschungsvereinigungen** „Otto von Guericke"[9] e. V. (AIF) ist eine industriegetragene Organisation mit dem Ziel, Forschung für den Mittelstand zu initiieren, den wissenschaftlichen Nachwuchs zu qualifizieren sowie den Transfer der wissenschaftlicher Forschung zu organisieren. Die AIF ist ein Zusammenschluss von über 100 Vereinigungen aus allen Branchen (Industrie und Dienstleister) mit 50.000 angeschlossenen (vor allem kleinen und mittleren) Unternehmen. Die AIF finanziert durch Projektförderung und Investitionen die einzelnen Vereinigungen. Diese können dann entsprechende FuE-Projekte für ihre Branche in eigenen FuE-Einrichtungen durchführen oder Dritte beauftragen. Dabei handelt es sich – trotz starker Anwendungsorientierung – vorwiegend noch um FuE-Projekte im vorwettbewerblichen Bereich, damit von den FuE-Ergebnissen die ganze Branche partizipieren kann und nicht nur einzelne Unternehmen einen Wettbewerbsvorteil haben. Die Mittel stellt das Bundesministerium für Wirtschaft und Energie zur Verfügung.

Die **Arbeitsgemeinschaft industrieller Forschungsvereinigungen (AIF)** förderte 2015 Projekte und Investitionen im Umfang von 524 Mio. € über die Industrielle Gemeinschaftsforschung und das Zentrale Investitionsprogramm Mittelstand.

Beispiele von AIF-Mitgliedern:
- Industrievereinigung für Lebensmitteltechnologie und Verpackung e. V. (134 Mitglieder)
- Papiertechnische Stiftung (3 Wirtschaftsorganisationen mit 1.200 Mitgliedsunternehmen); zwei eigene Forschungsinstitute (Papiertechnisches Institut, München; Institut für Zellstoff und Papier, Heidenau)
- Forschungsvereinigung Ziegelindustrie e. V. (7 Mitglieder); eigenes Forschungsinstitut (Institut für Ziegelforschung, Essen)

(Arbeitsgemeinschaft industrieller Forschungsvereinigungen AIF, 2016)

2.1.4 Internationale Forschungseinrichtungen

Weltweit werden FuE-Einrichtungen auch gemeinsam von mehreren Staaten betrieben, wenn es sich um sehr große Infrastrukturen handelt, die ein einzelner Staat nicht finanzieren und deren wissenschaftliche Kapazität er nicht aufbringen könnte. Notwendig bei diesen Kooperationen sind langfristige Verträge zur Sicherung der Finanzierung und zur Regelung der Kooperation.

---

9 Otto von Guericke (1602–1686): Deutscher Politiker, Physiker und Erfinder. Seine Haupterfindungen lagen auf dem Gebiet der Vakuumtechnik.

Beispiele internationaler FuE-Einrichtungen

Das **Europäische Laboratorium für Molekularbiologie (EMBL)** in Heidelberg gehört zu den bekanntesten biologischen Forschungslabors der Welt. Etwa 85 Forschergruppen arbeiten an Themen des gesamten Spektrums der Molekularbiologie wie Zellbiologie, Strukturbiologie, Entwicklungsbiologie, Genexpression und Bioinformatik. Die Einrichtung hat bedeutende wissenschaftliche Erfolge vorzuweisen: Die erste systematische genetische Analyse der Embryonalentwicklung der Fruchtfliege wurde von der deutschen Forscherin Christiane Nüsslein-Volhard am EMBL durchgeführt, wofür sie 1995 den Nobelpreis für Medizin erhielt.

Das 1954 gegründete **CERN in Genf** (Conseil Européen pour la Recherche Nucléaire) ist die weltweit größte Forschungseinrichtung für Hochenergiephysik mit einem großen Teilchenbeschleuniger. 2500 europäische Wissenschaftler und mehr als 8000 Gastwissenschaftler aus 85 Ländern arbeiten hier zusammen. Zu den Erfolgen der Wissenschaftler gehören Nobelpreise (1984 und 1992) sowie 2012 der Nachweis des letzten Elementarteilchens des Standardmodells der Teilchenphysik, das Higgs Boson. Auch wurde 1989 das World Wide Web (WWW) von zwei Mitarbeitern des CERN entwickelt. Der deutsche Finanzierungsanteil am CERN beträgt rund 20 % des Gesamtbudgets von rund 650 Mio € (2013); daneben gibt es 20 weitere Mitgliedsstaaten.

Ein anders geartetes internationales Netzwerk von Forschern ist das **Intergovernmental Panel on Climate Change** (IPCC). Dieses Netzwerk selbst ist nicht Ausführender von Forschung, sondern es trägt die Ergebnisse der aktuellen Klimaforschung weltweit zusammen. Die Vielzahl der Projektergebnisse zu diesem wichtigen und umfassenden Thema ist kaum mehr gesamtheitlich zu überschauen. Deshalb wurde das IPCC (in Deutschland auch Weltklimarat genannt) 1988 vom Umweltprogramm der Vereinten Nationen (UNEP) und der Weltorganisation für Meteorologie (WMO) als zwischenstaatliche Institution gegründet. Insgesamt sind Tausende von Wissenschaftlern in dieses Netzwerk eingebunden. Die Aufgaben des IPCC umfassen die Untersuchungen des Risikos der von Menschen verursachten Klimaveränderungen (Globale Erwärmung), die Darstellung des aktuellen Wissensstands zu den unterschiedlichen Aspekten des Klimawandels, das Abschätzen der Folgen der globalen Erwärmung für Umwelt und Gesellschaft sowie das Formulieren realistischer Vermeidungs- oder Anpassungsstrategien. Das IPCC bereitet die Klimaforschung verständlich auf und entwickelt daraus Zukunftsszenarien. Veröffentlicht wird dieses Material in regelmäßigen Sachstandsberichten. Die Aussagen des IPCC sind seit Jahren die dominierende Basis der politischen und wissenschaftlichen Diskussionen über die globale Erwärmung. Der 5. Sachstandsbericht erschien 2013/14. Im Jahr 2007 hat das IPCC den Friedensnobelpreis erhalten.

Die oben charakterisierten FuE-Organisationen und Einrichtungen unterscheiden sich in der Zielsetzung ihrer Forschung und den jeweiligen Rahmenbedingungen, u. a. Finanzierung, Leistungsindikatoren oder Stakeholder. Ebenso gibt es eine Reihe von Gemeinsamkeiten; so arbeiten alle Wissenschaftler mit dem Anspruch hoher wissenschaftlicher Exzellenz und dem Ehrgeiz, durch ihre Ergebnisse innerhalb ihrer Scientific Community Anerkennung zu erlangen, sie müssen ebenso den weltweiten Stand des Wissens zur Kenntnis nehmen, auf diesen aufbauen und sich dem wissenschaftlichen Wettbewerb stellen.

2.2 FuE- Förderung

Den FuE-ausführenden Einrichtungen stehen die FuE-fördernden Einrichtungen gegenüber. Bei der Wirtschaft findet die Finanzierung und Umsetzung der FuE zu einem großen Teil im gleichen Haus statt, weil Unternehmen ihre eigene FuE direkt finanzieren, während die Hochschulen und die außeruniversitären FuE-Organisationen auf eine kontinuierliche Förderung angewiesen sind, sowohl von der öffentlichen als auch aus privater Hand (s. Abb. 2.3).

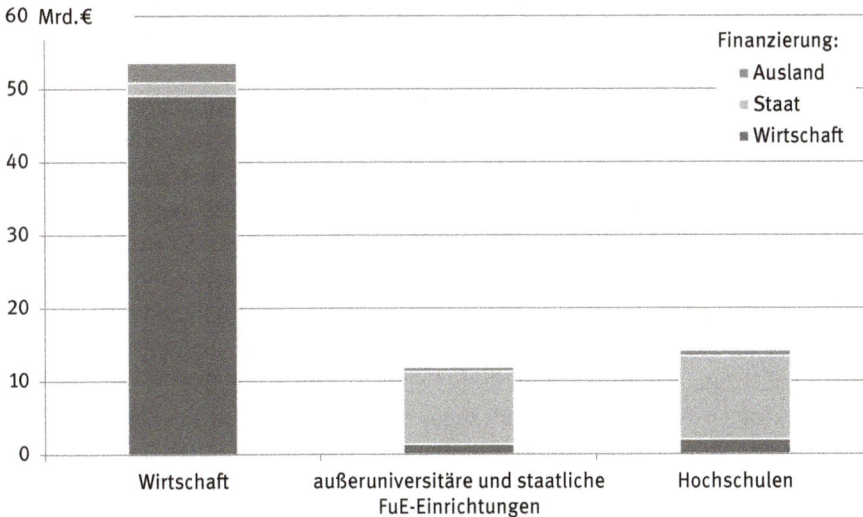

Abb. 2.3: **Finanzierung und Durchführung von Forschung in Deutschland:** Insgesamt wurden 2013 rd. 80 Mrd. € für Forschung in Deutschland aufgewendet, davon zwei Drittel von der Wirtschaft, die auch den größten Teil der FuE durchführt. Rund 5 % der Mittel fließen aus dem Ausland zu (u. a. EU-Projekte). Die Hochschulen setzen rd. 14 Mrd. € für FuE ein (ohne Lehre), wovon der größte Teil – ebenso wie bei der außeruniversitären Forschung – öffentlich finanziert wird (eigene Darstellung; Daten: (Bundesministerium für Bildung und Forschung, 2016)).

Forschung ist eine Investition in die Zukunft und muss (vor-)finanziert werden. Es werden durch FuE üblicherweise keine direkten Erlöse erwirtschaftet, eine Ausnahme sind die Auftragsforschung und Lizenzerträge (aber auch dort wurde vorher in FuE investiert). Und Forschung ist aufwändig: Zum einen sind Wissenschaftler teilweise gut bezahlte Angestellte und sie brauchen für ihre Forschung oft kostenintensive Geräte (z. B. Elektronenmikroskope, Pilotanlagen) und Infrastrukturen (z. B. schnelle Computer, Reinräume); zum anderen ist für gut abgesicherte Forschungsergebnisse auch ein angemessener Bearbeitungszeitraum notwendig (der oftmals unterschätzt wird) und es verbleibt ein Forschungsrisiko, d. h. obwohl Forschungsprojekte gut geplant und durchgeführt wurden, wird das erwartete und beabsichtigte Ergebnis nicht erreicht. Ein solches Forschungsrisiko besteht vor allem bei Projekten der angewandten Forschung, von denen konkrete Ergebnisse erwartet werden, die zu Beginn des Projekts als Zielvorgabe mit eindeutigen Spezifikationen formuliert werden. Eindrucksvolle Zahlen für FuE-Projekte gibt es aus der Pharmaforschung: Dort beträgt die Wahrscheinlichkeit für ein Medikament in der frühen Forschungsphase, dass es am Ende im Markt eingeführt wird, nur 1 % (also von 100 Projektideen wird nur eine bis zu einem Medikament am Markt entwickelt, vgl. Kap. 6.1, Innovationsmanagement). Die Dauer einer Medikamentenentwicklung beträgt von Beginn der Forschungsaktivitäten bis zur Zulassung über 10 Jahre und kostet bis zu 1 Mrd. €. Wenn bei einem solchen Medikament in der letzten Phase der Zulassung bei den klinischen Tests unerwartete Nebenwirkungen auftreten und das Projekt beendet werden muss, sind für die Unternehmen große Verluste zu verzeichnen.

Nur selten gelingt es einem Forscher, die notwendigen Finanzmittel kontinuierlich direkt durch Erträge aus seiner Forschungsleistung auf dem privaten Markt zu erlösen. Bei Start-up Unternehmen fördern zunächst Investoren die Forscher in Erwartung auf deren zukünftigen Erfolg. Bei Unternehmen wird der FuE-Aufwand zur Entwicklung eines neuen Produkts mit einem Deckungsbeitrag im Verkaufspreis des Produkts berücksichtigt. Auch die außeruniversitären öffentlichen Forschungseinrichtungen haben teilweise Erlöse durch Lizenzeinnahmen oder direkte Erträge von Dritten, aber diese sind üblicherweise nicht kostendeckend für die gesamte FuE-Organisation – allenfalls für einige wenige Projekte, wenn die Auftragsforschung zu Vollkosten oder ggf. sogar mit Gewinn abgerechnet werden kann (vgl. Kap. 6.3.2, Auftragsforschung). Daraus folgt, dass ein Großteil der Forschung in Hochschulen und außeruniversitären FuE-Einrichtungen öffentlich finanziert werden muss. Für die deutsche Forschungslandschaft sind die bedeutendsten FuE-Fördereinrichtungen die Deutsche Forschungsgemeinschaft (DFG), das Bundesministerium für Bildung und Forschung, die Europäische Union sowie öffentliche und private Stiftungen.

Bevor die einzelnen Förderer charakterisiert werden, wird die Struktur der Forschungsförderung im Sinne der institutionellen und Projekt- Förderung dargestellt und als spezifisches Instrument der Projektförderung die programmorientierte Projektförderung erläutert, da sie von allen Förderorganisationen gleichermaßen angewandt wird.

2.2.1 Arten der Forschungsförderung

Unterschieden wird zwischen zwei Arten der öffentlichen Förderung: der institutionellen Förderung und der direkten Projektförderung.

Die **institutionelle Förderung** ist eine öffentliche Grundfinanzierung für die Hochschulen und die oben dargestellten FuE-Organisationen (FhG, MPG, LG, HGF, DFG), die gemäß Art. 91b GG durch Bund und Länder gemeinsam gefördert werden. Den FuE-Organisationen wird dabei eine fest vereinbarte absolute Fördersumme als Teil ihres jährlichen Budgets über einen längeren Zeitraum zur Verfügung gestellt. Üblicherweise kann die Leitung der FuE-Organisationen diese Mittel frei – im Rahmen der Erfüllung ihrer jeweiligen Missionen – disponieren. Projekte, die aus diesen Mitteln finanziert werden, bedürfen also keiner weiteren externen Evaluierung seitens des Zuwendungsgebers. Die institutionelle Förderung ist als ein mittel- bis langfristiges Förderversprechen angelegt, d. h. üblicherweise treten keine kurzfristigen signifikanten Schwankungen in der Höhe der Förderung auf, so dass die geförderten Einrichtungen zumindest für diesen Teil ihres Budgets eine Planungssicherheit haben. Mögliche Anpassungen werden in regelmäßigen Abständen auf Basis von Zielvereinbarungen zwischen den FuE-Organisationen und den Zuwendungsgebern verhandelt (vgl. Kap. 2.1.2, GWK) (s. Abb. 2.4).

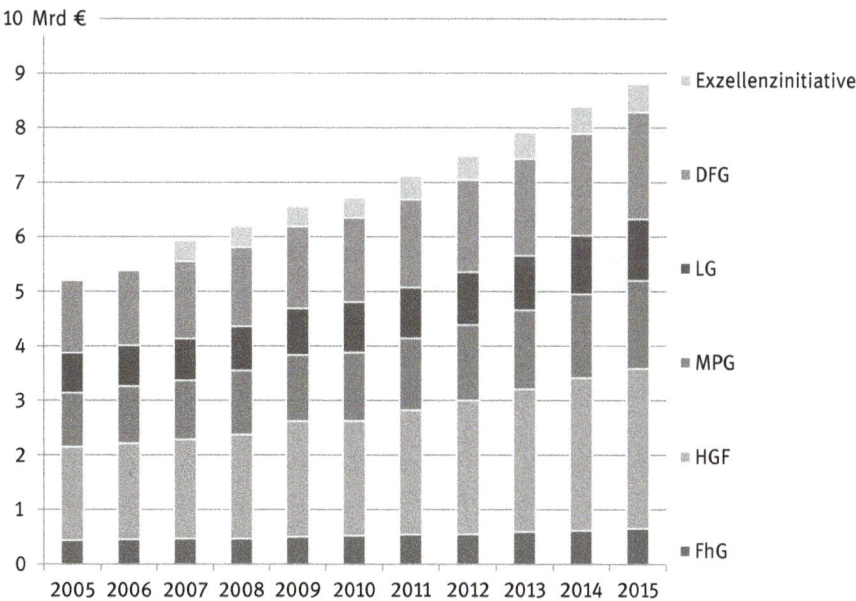

Abb. 2.4: Institutionelle Zuwendungen des Bundes und der Länder an FhG, HGF, MPG, LG, DFG: Zu erkennen ist die kontinuierliche Steigerung der Mittel für alle FuE-Organisationen seit 2005, resultierend aus dem „Pakt für Forschung und Innovation" (vgl. Kap. 2.4). Dort wurden für alle Zuwendungsempfänger gleiche Steigerungsraten festgelegt, z. B. beim Pakt II (2011–2015) jährlich 5 %. Nicht erkennbar aus dieser Grafik ist der relative Anteil der institutionellen Förderung bei den verschiedenen Organisationen (vgl. Kap. 4.3.2, Abb. 4.11) (Gemeinsame Wissenschaftskonferenz GWK, 2015).

Prinzipiell werden auch die Ressortforschungseinrichtungen (fast vollständig) institutionell gefördert (also direkt von einem Ministerium), allerdings sind die Einrichtungen nicht autonom in der Verausgabung der Mittel, sondern vereinbaren ihre Themen und Projekte mit den Ministerien.

In einigen europäischen Nachbarländern (z. B. Norwegen, Niederlande) gibt es auch öffentliche Förderungen, die einen „quasi-institutionellen" Charakter haben: In diesem Fall ist im Budget eines Ministeriums bereits eine Position für die Finanzierung einer spezifischen nationalen FuE-Organisation oder -Einrichtung fest vordisponiert. Die FuE-Einrichtung erhält die Mittel allerdings nicht direkt als institutionelle

Förderung zur freien Verfügung, sondern muss diese anhand von einzelnen Projektanträgen in einem vorab verhandelten Umfang de facto noch akquirieren. Diese Vorschläge werden dann von den fördernden Ministerien geprüft und formal akzeptiert. Erst dann werden die Mittel – als Projektförderung – freigegeben. Im Unterschied zur unten ausgeführten direkten Projektförderung fehlt dabei allerdings das kompetitive Element, deshalb wird diese Art der Förderung als „quasi-institutionell" bezeichnet.

Die **direkte Projektförderung** ist das übliche Förderinstrument im Rahmen von FuE-Programmen. Solche Programme werden von den Fördereinrichtungen – seien es Ministerien, die EU oder auch private Stiftungen – ausgeschrieben (s. u.). Grundlage der Förderung ist dabei immer ein FuE-Projektantrag, der entweder von einer Einzelperson oder von einem temporären Projektteam (aus der eigenen oder von verschiedenen FuE-Einrichtungen) gestellt wurde. Gefördert werden die besten Anträge im Sinne der Programmausschreibung (vgl. Kap. 5.4.2, Evaluierung eines Projekts), d. h. es findet ein Wettbewerb um die begrenzten Programmmittel statt. Bei offenen Ausschreibungen, z. B. den Programmen des BMBF, bewerben sich mithin Forscher der gesamten deutschen FuE-Landschaft um diese Mittel, also Konsortien aus Hochschulen, außeruniversitären FuE-Einrichtungen und auch Unternehmen.

Eine genehmigte Projektförderung ist auf die Dauer des Projekts befristet und bezieht sich jeweils auf den konkreten Projektantrag. Sie ist mithin nicht – wie die institutionelle Förderung – frei verwendbar, sondern muss verbindlich zur Durchführung des vorgeschlagenen Projekts verwendet werden. Signifikante Abweichungen müssen mit dem Fördergeber abgesprochen werden. Die FuE-Ergebnisse dieser Projekte stehen den ausführenden FuE-Einrichtungen uneingeschränkt zur Verfügung, also ggf. auch Rechte an Erfindungen. Die Förderquote für die einzelnen Projekte variiert bei den Programmen; während einige Programme des BMBF bis zu 100 % der Vollkosten fördern, verlangen andere (z. B. die EU) auch finanzielle Eigenanteile des Antragstellers. Die EU legt auch maximale Förderquoten für Unternehmen bei nationalen FuE-Programmen fest, um eine Subvention[10] zu begrenzen.

2.2.2 FuE-Programmmanagement

FuE-Fördereinrichtungen arbeiten mit temporär wechselnden Programmausschreibungen (z. B. BMBF). Dieses Förderinstrument verwenden Bundes- und Länderministerien,

---

10 Subvention: Staatliche Unterstützung für ein privates Unternehmen, also materielle Vorteile ohne unmittelbare Gegenleistung. Da diese wettbewerbsverzerrend wirken kann (gegenüber denjenigen Unternehmen, die nicht öffentlich unterstützt werden), hat die Europäische Kommission für die FuE-Förderung in den Mitgliedsstaaten verbindliche Regeln aufgestellt und limitiert die Förderquote bei öffentlichen FuE-Programmen für Unternehmen auf eine maximale Quote, abhängig von der Forschungscharakteristik: So darf Grundlagenforschung bis zu 100 % gefördert werden, industrielle Forschung bis zu 50 % und experimentelle Entwicklung bis zu 25 %.

die DFG, die EU, größere Stiftungen und auch FuE-Organisationen für ihre interne Mittelallokation. FuE-Förderprogramme regeln die Bedingungen und Inhalte der Projektförderungen. Dabei gibt es – bei der Verschiedenheit der inhaltlichen Ausprägungen – eine allgemeine Struktur und Form dieser Programme sowie einen prinzipiellen Basisprozess der Antragstellung, -begutachtung und -bewilligung.

Das Management eines FuE-Förderprogramms besteht aus drei Hauptphasen:
1. Entwicklung des Programms (Ziele, Kriterien, Ausschreibungsmodalitäten)
2. Operative Durchführung des Programms
   - Ausschreibung und Beantragung
   - Evaluierung der Projektanträge und Förderentscheidung
   - Förderung und Projektbegleitung
   - Projektevaluierung
3. Evaluation des Programms

Im Folgenden wird die operative Durchführung eines FuE-Programms skizziert.

Ausschreibung und Beantragung

Für Forscher, die sich selbst finanzieren müssen, ist es essenziell, sich über die existierenden für sie relevanten FuE-Programme auf dem Laufenden zu halten. Teilweise bedienen sie sich dazu Forschungsmanagern, die permanent einen Überblick über die aktuellen Programme haben und die Forscher entsprechend beraten. Häufig haben Wissenschaftler ein informelles Netzwerk innerhalb ihrer Scientific Community, in dem diese Termine breit kommuniziert werden.

Eine FuE-Programm-Ausschreibung enthält folgende Informationen:
- Ziele: Welche kurzfristigen Ziele und welchen langfristigen Impact will das Programm durch die geförderten Projekte erreichen?
- Antragsberechtigte Teilnehmer: Wer ist antragsberechtigt? Welche strukturellen Bedingungen müssen die Konsortien erfüllen (z. B. müssen bei EU-Projekten mindestens drei Partner aus drei Mitgliedsländern beteiligt sein)?
- Thema/Inhalt: Welche Inhalte oder Forschungsbereiche sollen gefördert werden? Wie thematisch eng oder breit ist die Ausschreibung?
- Fördervolumina: Wie groß ist das maximale bzw. das minimale Projektvolumen und mit welcher Förderquote (Anteil der Förderung relativ zu den Vollkosten des Projekts) wird ein Projekt gefördert? Gibt es eine maximale oder minimale Projektdauer?
- Antragsverfahren: Welche Antragsform und -gliederung muss gewählt werden? Wann ist der Antragsschluss? Wie ist das Evaluationsverfahren? Welches sind die Evaluationskriterien?

Auf Basis der obigen Informationen kann der potenzielle Antragsteller entscheiden, ob er die notwendigen Kriterien erfüllt und ob eine Beteiligung sinnvoll ist. Beim

Abgleich der geforderten FuE-Inhalte der Ausschreibung mit der eigenen Kompetenz sowie der Forschungsplanung der FuE-Einrichtung besteht das Risiko, dass Wissenschaftler aufgrund ihres Finanzierungsdrucks ihre eigenen Kompetenzen zu breit „auslegen" und ihre Forschung dabei eher den inhaltlichen Vorgaben des ausgeschriebenen Programms anpassen als konsequent der Weiterentwicklung ihres Forschungsgebiets bzw. der Strategie ihrer FuE-Einrichtung zu folgen (vgl. Kap. 4.3.1, FuE-Portfolioentwicklung).

Wissenschaftler prüfen vor ihrer Entscheidung zur Beteiligung an einem FuE-Programm die eigene Erfolgswahrscheinlichkeit. Eine Antragstellung kostet Ressourcen und die Förderung ist unsicher, weil nur die besten Anträge innerhalb eines zur Verfügung stehenden finanziellen Rahmens gefördert werden können. Deshalb informiert sich der potenzielle Antragsteller über die Wahrscheinlichkeit einer Förderung (Quotient der Anzahl geförderter zu beantragter Projekte). Diese hängt vom Programmvolumen, der Anzahl der berechtigten Teilnehmer und der Breite des Programms ab. Inhaltlich breite Programme mit attraktiven Förderbedingungen und einem breiten Kreis möglicher Antragsteller, die gleichzeitig nur mit einem vergleichsweise kleinen Programmbudget ausgestattet sind, führen üblicherweise zu geringen Erfolgswahrscheinlichkeiten (die in der Praxis weit unterhalb 10 % liegen können, das heißt 9 von 10 Anträgen werden vergebens gestellt).

Das Kriterium der Erfolgswahrscheinlichkeit ist ebenso vom Programmmanager bei der Konzeption eines FuE-Programms zu beachten. Ein Programm sollte einen sinnvollen Wettbewerb induzieren und es gilt dann als ideal konzipiert, wenn es mit dem zur Verfügung stehenden Förderbudget alle positiv evaluierten Projekte bedienen kann. Weniger befriedigend für alle Beteiligten (Programmmanager und Antragsteller) ist die Situation, wenn entweder nicht alle positiv evaluierten Anträge gefördert werden können oder wenn zu wenig positive Anträge existieren und die Programmmittel nicht ausgeschöpft werden. Noch kritischer ist der Fall, dass auch die weniger gut evaluierten Projekte gefördert werden, um die vordisponierten Programmmittel vollständig zu allokieren. Dies tritt ein, wenn Programmmanager fürchten, dass nicht ausgeschöpfte Mittel als mangelnde Attraktivität ihres Programms gedeutet werden könnten. Als (sehr grobe) Daumenregel gilt, dass eine etwa dreifache Überzeichnung (beantragte zu geförderten Mitteln) ein ideales Verhältnis ist, so dass dann das beste Drittel der Anträge (was üblicherweise noch eine gute Qualität aufweist) gefördert werden kann.

Evaluierung der Projektanträge und Förderentscheidung

Mit einem Projektantrag bewirbt sich ein Antragsteller bei der ausschreibenden Förderorganisation auf Basis ihrer Programmausschreibung. Üblicherweise sind die Formate und die Gliederungen der Projektanträge vorgegeben. Die Struktur von Forschungsanträgen entspricht normalerweise dem Raster der späteren Evaluierungskriterien, so dass die Gutachter die entsprechenden Ausführungen zu den

relevanten Kriterien im Antrag direkt erkennen können. Eine übliche Gliederung ist folgende:
- kurze Zusammenfassung des Projekts (ggf. auch verständlich für Nicht-Experten)
- Zielsetzung des Vorhabens
- Stand der Technik/des Wissens (inkl. Übersicht eigener und fremder Patente) und Darstellung des angestrebten eigenen wissenschaftlichen Fortschritts (Neuheit)
- (ggf.) Markt- und Wettbewerbsanalyse
- Beschreibung der wissenschaftlich-technischen Projektziele sowie der Vorgehensweise
- Vorarbeiten und eigene Kompetenzen
- Arbeitsplan mit Terminplan und Meilensteinen
- Ressourcenplan (Begründung der Fördersumme)

Bereits bei der Konzeption und Formulierung des Projektantrags müssen die späteren Gutachter und das Evaluationsverfahren berücksichtigt werden, um den Antrag optimal zu gestalten (hinsichtlich Sprache, Abbildungen, Erläuterungen etc.). Ebenso ist zu klären, ob alle Gutachter ausgewiesene Spezialisten oder eher Generalisten sind und ob das Vorhaben persönlich vorzustellen ist oder nur aufgrund des schriftlichen Antrags entschieden wird. Die Länge von Projektanträgen ist unterschiedlich und wird teilweise auch in der Programmausschreibung festgelegt. Derartige formale Vorgaben der Ausschreibungen müssen unbedingt eingehalten werden.

Um bei „großen" Ausschreibungen (mit einer großen potenziellen Teilnehmerzahl) das Verfahren nicht zu aufwändig zu gestalten, wird oft ein zweistufiger Antragsprozess gewählt: In einer ersten Stufe werden zunächst nur kurze Skizzen (2–5 Seiten) verlangt. Aus diesen werden dann in einer ersten Evaluationsrunde diejenigen ausgewählt, die zur Ausarbeitung eines Vollantrags eingeladen werden. Diese reduzierte Anzahl von ausführlichen Anträgen wird dann jeweils in einem umfassenderen Verfahren evaluiert, ggf. sogar mit einer persönlichen Präsentation durch die Antragsteller.

Bei der Evaluierung werden aus allen eingegangenen Anträgen diejenigen identifiziert, die den festgelegten Kriterien am besten entsprechen. Dabei muss der Qualitätssicherung des Evaluierungsprozesses eine besondere Aufmerksamkeit zukommen: Die Methoden müssen den Ansprüchen der Transparenz, der Fairness sowie der wissenschaftlichen Exzellenz genügen. Eine Evaluation wird üblicherweise mit externen Experten durchgeführt. Dabei ist wichtig, dass der Prozess nachvollziehbar ist und die Experten kompetent, unvoreingenommen und unabhängig sind. Der Aufwand des Evaluationsverfahrens sollte dem Fördervolumen des Programms bzw. des Projekts angemessen sein: Bei kleinen Fördervolumina ist eine Entscheidung innerhalb eines kleinen Gutachterkreises aufgrund der schriftlichen Anträge hinreichend, bei großen Fördervolumina (mehrere Mio. € pro Projekt) muss der Aufwand, die relativ besten Projekte zu identifizieren und auch ihr absolutes Qualitätsniveau hinsichtlich einer Förderung festzustellen, umfangreicher sein, u. a. durch Vortrag und Befragen der Antragssteller. Wichtig ist für alle Akteure – Programmmanager, Antragsteller und Gutachter –, dass die Kriterien anhand derer die Projekte beurteilt werden, verständlich sind und allen eindeutig kommuniziert werden.

Förderung und Projektbegleitung

Projekte werden auf Grundlage ihres Projektantrags gefördert. Teilweise wird der Antrag bei der Evaluation noch mit zusätzlichen Auflagen durch die Gutachter versehen, z. B. Adjustierung des Projektziels, Streichung von Arbeitspaketen, Konkretisierung von Meilensteinen, Hinzunahme eines weiteren notwendigen Partners oder auch Reduktion der Fördermittel. Das Projekt muss dann prinzipiell so abgearbeitet werden, wie es genehmigt wurde. Allerdings sind FuE-Projekte nur bedingt langfristig im Voraus planbar, denn unerwartete Zwischenergebnisse können eine Projektmodifizierung notwendig machen. FuE-Projekte werden deshalb üblicherweise während ihrer Laufzeit zwischendurch evaluiert. Bei öffentlich geförderten Projekten wird dieser Prozess u. a. durch das begleitende Programmmanagement (das sich dazu auch externer Experten bedient) durchgeführt, bei Auftragsforschungsprojekten geschieht dieses üblicherweise direkt durch den Kunden. Auch bei internen Forschungsprojekten von Unternehmen finden derartige Audits im Rahmen des Innovationsmanagements (vgl. Kap. 6.1) regelmäßig statt, um die zur Verfügung stehenden Ressourcen wie Personal, Zeit und Finanzen so effektiv und effizient wie möglich einzusetzen. Innerhalb des Projektmanagements wird diese Zwischenevaluierung durch das Einfügen von „Meilensteinen" operationalisiert (vgl. Kap. 5.1, FuE-Projektmanagement). Diese Meilensteinüberprüfung dient bei öffentlich geförderten Projekten zwei Zielen: Zum einen ist sie gegenüber der Förderorganisation ein Beleg, dass der im Projektantrag geplante Projektfortschritt erreicht wurde. Zum anderen ist sie für den Projektleiter auch eine Möglichkeit, im Konsens mit der Fördereinrichtung aufgrund neuer Erkenntnisse ggf. einen neuen „Kurs" im Projekt zu vereinbaren und vom ursprünglichen Projektantrag abzuweichen. Am Ende des Projekts erwarten die Förderorganisationen einen Endbericht, der die Förderung eines Projekts offiziell abschließt. Darin sollten die wesentlichen Projektergebnisse dargestellt werden; das Format ist oftmals vorgegeben. Die Förderorganisationen werten diese Berichte allerdings weniger hinsichtlich der wissenschaftlichen Fortschritte aus, sondern suchen vor allem „Success Stories" im Hinblick auf die Programmziele, um daraus den Impact des Programms abzuleiten. Eine direkte nochmalige Wechselwirkung zwischen Antragsteller und Förderorganisation nach Abschluss des Projekts findet selten statt. Auch wenn die ehemals versprochenen Projektziele nicht erreicht wurden, ist keine Rückzahlung bei der öffentlichen Projektförderung vorgesehen. Notwendig ist allerdings der Nachweis der entsprechenden Kosten, um die entsprechende Förderung abzurufen (vgl. Kap. 5.5.2; Projektkalkulation). Die FuE-Ergebnisse können vom Projekt-Durchführenden direkt genutzt werden, u. a. auch für Patentanmeldungen. Bei Veröffentlichungen ist oftmals die Nennung der fördernden Stelle erwünscht.

Programmevaluation

FuE-Programme werden entweder einmalig und befristet ausgeschrieben oder sie wiederholen sich in bestimmten Zeiträumen (z. B. jährlich). In jedem Fall müssen sie hinsichtlich ihrer Effektivität (Hat das Programm durch die Förderung der Projekte das angestrebte Ziel erreicht?) und ihrer Effizienz (Waren der Programmaufruf, die Evaluierung der Projekte sowie die nachfolgende Projektbegleitung gut organisiert?) evaluiert werden.

Der Effekt und Nutzen eines FuE-Förderprogramms ist nicht durch eine Expertenbefragung (wie bei der Projektevaluierung) zu ermitteln, sondern dazu werden oftmals eigene Studien mit umfangreichen empirischen Untersuchungen im Auftrag gegeben. Denn der Impact eines Programms ergibt sich nicht aus der Summe der einzelnen Ergebnisse der geförderten Projekte, sondern ist erst durch deren Anwendungen in unterschiedlichen Kontexten und durch die Beobachtung mittelfristiger Veränderungen in Gesellschaft und Wirtschaft darstellbar. Diese Effekte stellen sich oftmals erst mit einer zeitlichen Verzögerung und auch nur indirekt ein, d. h. sie sind nicht unmittelbar messbar. Deshalb ist die Bewertung eines Programms (im Vergleich zu den gut messbaren verausgabten Mitteln) ein eigenes Untersuchungsfeld innerhalb der Wissenschaft (Impact-Messung) (vgl. Kap. 5.4.3, Abb. 5.5).

2.3 FuE-Fördereinrichtungen

In Deutschland sind die Bundes- und Landesministerien sowie die Deutsche Forschungsgemeinschaft (DFG) die dominanten Fördereinrichtungen.

Bundesministerien verschiedener Ressorts, insbesondere das Bundesministerium für Bildung und Forschung (BMBF), fördern die Hochschulen und die außeruniversitären FuE-Organisationen sowohl institutionell als auch durch Projektförderungen.

Mehr als die Hälfte der Projektförderung des Bundes vergibt das BMBF. Dazu beauftragt es sogenannte Projektträger, die im Status eines „beliehenen Unternehmers" dann in Form des Programmmanagements hoheitliche Aufgaben wahrnehmen. Die Projektträgerschaften sind bei FuE-Einrichtungen (z. B. DLR, DESY als HGF-Zentren) oder anderen Organisationen (z. B. VDI, TÜV Rheinland) angesiedelt. Diese setzen die Förderprogramme des Ministeriums fachlich und organisatorisch um. Die dort angesiedelten Fachleute aus den verschiedenen wissenschaftlichen und technischen Bereichen sowie weitere Administratoren übernehmen das komplette Programmmanagement, von der Förderberatung bis zur administrativen Bearbeitung und fachlichen Begleitung der FuE-Projekte in allen Phasen. Dabei kann es ggf. auch zu Interessenkonflikten kommen, wenn innerhalb einer FuE-Organisation einerseits Förderinteressen des Bundes neutral vertreten werden müssen und andererseits auch eigene Anträge gestellt werden.

Das zweitgrößte Ministerium für direkte FuE-Projektförderungen ist das Bundeswirtschaftsministerium, das u. a. für den Energiebereich zuständig ist (Stand 2016). Es fördert solche Technologien, die zur Umsetzung politischer Strategien notwendig sind, z. B. zur Umsetzung der „Energiewende".[11] Ebenfalls mit der Zielsetzung der direkten Politikunterstützung vergibt das Bundesverteidigungsministerium FuE-Mittel zur Sicherheitsforschung, wobei es sich hier weniger um eine Projektförderung im Sinne einer offenen FuE-Programmausschreibung handelt als um eine gezielte Auftragsforschung (s. Abb. 2.5).

Abb. 2.5: FuE-Förderung durch die verschiedenen Ressorts der Bundesregierung (Soll 2016 in Mio. €): Neben dem BMBF, dem BMWi und dem BMVg vergeben auch andere Ministerien zunehmend Mittel für Forschung, um entweder die Ergebnisse selbst zur eigenen Umsetzung der Politik zu verwenden oder um die allgemeine Vorsorgeforschung voranzutreiben (z. B. Verbraucherschutz) (Bundesministerium für Bildung und Forschung, 2016).

Die FuE-Projektförderung des Bundes geht zu je rd. einem Drittel an die Unternehmen, die Hochschulen und die außeruniversitäre Forschung (in 2012). Während die FhG und HGF als anwendungsorientierte FuE-Organisationen jeweils rund 7 % der Mittel akquirieren, beläuft sich der Anteil der MPG und LG auf jeweils rund 3 % (Deutsche Forschungsgemeinschaft, 2012). Daran zeigt sich eine relativ ausgewogene Balance der Förderung für alle Akteure. Ebenso findet innerhalb dieser Projekte auch eine Kooperation zwischen den Akteuren statt.

Die **Landesministerien** fördern im Rahmen der Standortentwicklung weitgehend mit einem regionalen Bezug zu ihrem Bundesland, also dort ansässige FuE-Einrichtungen, die möglichst auch FuE-Ergebnisse für die starken Branchen des jeweiligen Bundeslandes liefern oder selbst attraktive Arbeitsplätze bieten. Einige dieser Landeseinrichtungen haben einen weltweit exzellenten wissenschaftlichen Ruf. Die

---

11 Energiewende: Gesamtkonzept in Deutschland zur Umstellung der Energieversorgung auf sichere, umweltverträgliche und wirtschaftliche Energieträger. Dazu hat die Bundesregierung ein Maßnahmenbündel beschlossen in den Bereichen Erneuerbare Energien (Energie-Einspeisegesetz), Europäischer Klima- und Energierahmen (Reform des Emissionshandels), Strommarktdesign

FuE-Politiken der 16 Bundesländer und ihre Intensität der FuE-Förderung sind sehr unterschiedlich; in Deutschland gibt es dabei ein Gefälle zunehmender FuE-Ausgaben der Bundesländer von Norden nach Süden. Jede FuE-Einrichtung (egal ob Landesforschungseinrichtung, Hochschule oder FuE-Einrichtung einer FuE-Organisation) unterhält mit den jeweiligen Ministerien des eigenen Sitzlandes entsprechende Beziehungen, um langfristig als aktiver Partner zur Standortsicherung wahrgenommen zu werden und auch in den Genuss von Projektförderungen des Landes zu kommen (vgl. Kap. 4.3, Ziel- und Strategieplanung).

Zu unterscheiden ist die FuE-Projektförderung der Bundes- und Landesministerien von der Ressortforschung und der öffentlichen Auftragsforschung. Bei der Ressortforschung (außerhalb der eigenen Ressortforschungseinrichtungen) beauftragt ein Ministerium konkrete FuE-Projekte, um die Ergebnisse direkt für eigene Politikentscheidungen zu nutzen, z. B. Studien zur Umsetzung der Energiewende. Ebenso kann ein Ministerium FuE-Aufträge im Zusammenhang mit dem Bau von Infrastrukturen vergeben, z. B. ein flächendeckendes Erfassungssystem für die Lkw-Maut durch das Verkehrsministerium oder den Bau von Waffensystemen durch das Verteidigungsministerium. Dabei fungieren die Ministerien nicht als FuE-Förderer, sondern als unmittelbarer Kunde und erwarten verbindliche und konkrete FuE-Ergebnisse, vergleichbar mit Auftraggebern aus der Wirtschaft.

Beispiele zu Förderprogrammen des Bundesministeriums für Bildung und Forschung

Das BMBF förderte FuE-Projekte zum Thema „**Materialien für eine nachhaltige Wasserwirtschaft – MachWas**". Gefördert wird die integrierte Bewirtschaftung aller künstlichen und natürlichen Wasserkreisläufe unter Beachtung eines langfristigen Schutzes von Wasser als Lebensraum. Dazu gehören Themen wie angepasste Abwassertechnologie, Mehrfachnutzung von Wasser, Schließen von Stoff- und Wasserkreisläufen, Boden- und Grundwasserschutz, Reduzierung des Wasserverbrauchs und ein Verständnis von Abwasser als Ressource sowie die Elimination anthropogener Schadstoffe daraus. Insbesondere technologische Lösungen mit materialspezifischen Ansätzen spielen hierbei eine zentrale Rolle; so standen im Fokus der Fördermaßnahme neue Materialien für Membranverfahren, Adsorptionsmaterialien und Materialien für oxidative und reduktive Verfahren (Bundesministerium für Bildung und Forschung, 2014).

Mit sogenannten **Kopernikus-Projekten** (jeweils rd. 10 Mio. € Förderung pro Projekt) wird die schnelle Umsetzung neuer Energiekonzepte von der Grundlagenforschung bis zur Anwendung gefördert. Jedes Projekt besteht aus Konsortien aus Wissenschaft, Industrie und Zivilgesellschaft. Gefördert wird die Entwicklung bezahlbarer Energienetzstrukturen für fluktuierende erneuerbare Stromquellen, die Umwandlung erneuerbaren Stroms in Energieträger oder chemische Produkte, die Entwicklung technischer Voraussetzungen für die Kopplung von konventionellen und erneuerbaren Energieträgern sowie die Ausrichtung und Anpassung von energieintensiven Industrieprozessen auf eine fluktuierende Energieversorgung.

(Kraft-Wärme-Kopplung), Regionale Kooperation/Binnenmarkt (Versorgungssicherheit), Übertragungs- und Verteilernetze sowie Effizienz- und Gebäudestrategie.

Die **Deutsche Forschungsgemeinschaft (DFG)** ist die europaweit größte FuE-Förderorganisation. Sie ist durch Bund und Länder gemeinsam finanziert und fördert in Deutschland jährlich rd. 30.000 Projekte aus allen Wissenschaftsgebieten mit einem Bewilligungsvolumen von rd. 2,7 Mrd. € (2014). Dabei werden unterschiedliche Förderverfahren (Programme) angewandt. Die DFG führt selbst keine Forschung durch. Der Schwerpunkt der Förderung liegt bei grundlagenorientierten Projekten für Hochschulen, auf die rd. 88 % der DFG-Mittel entfallen, die außeruniversitären FuE-Organisationen erhalten die restlichen 12 %; Unternehmen werden durch die DFG nicht gefördert (Forschungsgemeinschaft, 2015).

Die DFG fördert auch sehr große Verbundprojekte, in denen Wissenschaftler in langfristig konzipierten Forschungsvorhaben in Kooperation mit außeruniversitären FuE-Einrichtungen anspruchsvolle, fächerübergreifende FuE-Projekte durchführen, so genannte Sonderforschungsbereiche. Die Akquisition dieser Projekte ist mittlerweile in FuE-Organisationen als ein eigener wissenschaftlicher Leistungsindikator anerkannt, d. h. bereits das Einwerben (und nicht erst das erfolgreiche Bearbeiten) derartiger Projekte ist aufgrund des strengen Auswahlverfahrens ein Exzellenzkriterium.

Die Förderung der **Europäischen Union** durch die Europäische Kommission macht einen wichtigen Anteil der Drittmittel an deutschen Hochschulen und den FuE-Organisationen aus. Dadurch üben die Europäischen Förderprogramme auch einen Einfluss auf die jeweiligen Mitgliedsländer aus, wobei deren Inhalte partizipativ durch die Mitgliedsländer mitbestimmt werden (vgl. Kap. 3.4, Abb. 3.2). Die Abstimmung zwischen den nationalen Forschungspolitiken der 28 Mitgliedsländer und der europäischen Förderung der Europäischen Kommission findet in einem engen Dialog statt. Während die EU-Kommission mit dem 6. FuE-Rahmenprogramm ungefähr 6 % der Summe der nationalen Förderungen in den Mitgliedsländern entsprach, stieg dieser Anteil beim 7. Rahmenprogramm auf über 10 %. Für Deutschland entspricht die europäische Projektförderung rund einem Viertel der BMBF-Projektförderung (7. EU-Rahmenprogramm 2007–2013 rd. 7 Mrd. € Rückflüsse nach Deutschland (Deutsche Forschungsgemeinschaft, 2015) sowie rd. 29 Mrd. € BMBF-Projektförderung im gleichen Zeitraum (Bundesministerium für Bildung und Forschung, 2015)). Bei kleinen Mitgliedsländern sind mittlerweile die akquirierten EU-Fördervolumina zu spezifischen Themen größer als die der jeweils eigenen nationalen Förderung. Diese zunehmende Europäisierung der Forschungs- und Technologiepolitik trifft teilweise auf ordnungspolitischen Bedenken, nämlich inwieweit die EU durch Forschungsförderung die europäische Forschungsagenda – neben den jeweiligen nationalen FuE-Politiken – prägen soll. Die EU-Förderung trägt solchen Bedenken durch drei Prinzipien Rechnung: Das Prinzip der Präkompetitivität stellt sicher, dass bei Programmen, die auf die Zusammenarbeit mit der Wirtschaft ausgerichtet sind, nur Projekte im vorwettbewerblichen Bereich gefördert werden, durch das Degressivitätsprinzip nimmt die Forschungsförderung bei zunehmender Marktnähe ab und beim Zusammenspiel von nationaler und europäischer Forschungspolitik gilt das Subsidiaritätprinzip.[12]

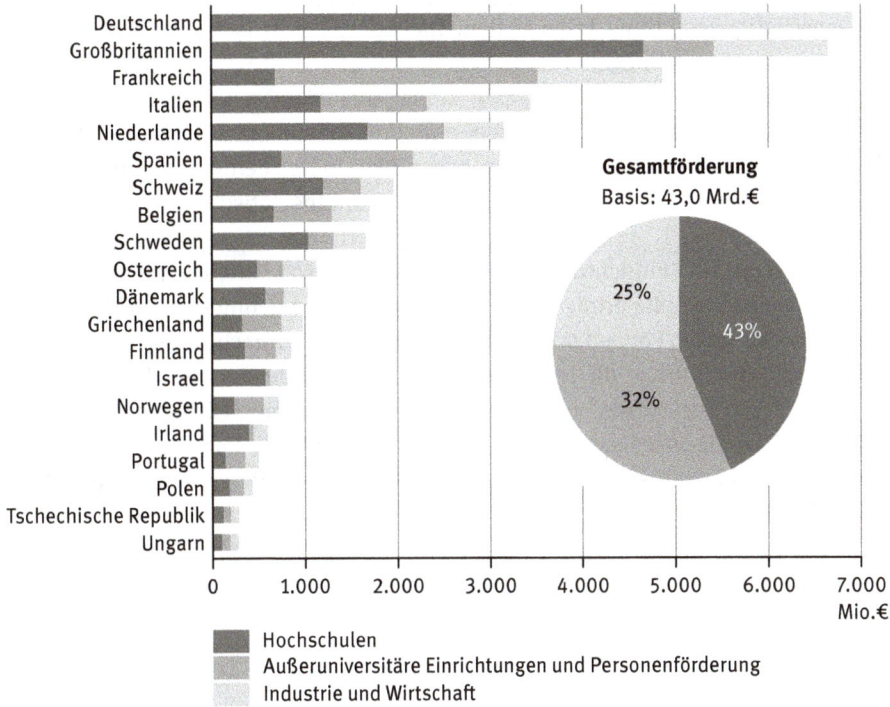

Abb. 2.6: **FuE-Fördermittel im 7. EU-Forschungsrahmenprogramm 2007–2013 nach Ländern und Art der Mittelempfänger**: Deutschland akquiriert die größte Fördersumme aus der EU-Forschungsförderung. Die Verteilung auf die Sektoren ist innerhalb der EU-Mitgliedsländer sehr unterschiedlich, weil die Strukturen der jeweils nationalen FuE-Landschaften sehr verschieden sind; so gibt es z. B. in Großbritannien keinen stark ausgebildeten außeruniversitären Sektor, während in Frankreich ein Großteil der Forschung innerhalb dieses Sektors stattfindet. Über die EU gemittelt akquirieren die Universitäten den größten Teil der Mittel (Deutsche Forschungsgemeinschaft, 2015).

---

12 Subsidiaritätsprinzip (allgemein): Die jeweils größere gesellschaftliche oder staatliche Ebene soll nur dann aktiv werden, wenn die untergeordneten Ebenen dazu nicht in der Lage sind. Angewandt auf die EU: Das Prinzip legitimiert das Tätigwerden der EU(-Kommission), wenn die Ziele einer Maßnahme wegen ihres Umfangs oder ihrer Wirkungen von den einzelnen Mitgliedstaaten nicht ausreichend erreicht werden können, sondern besser auf der Ebene der Union zu verwirklichen sind.

Den Kern der EU-Forschungsförderung bilden seit 1984 die sog. Forschungsrahmen-programme (FRP), die in mehrjährigen Laufzeiten mit unterschiedlichen Instrumenten Fördergelder für die FuE-Einrichtungen in den Mitgliedsländern zur Verfügung stellen. Dabei ist seit dem 1. Rahmenprogramm im Laufe der Zeit eine Entwicklung von einer sehr anwendungsorientieren Forschung hin zu einer immer stärkeren Wissenschaftsorientierung festzustellen. Die EU stellt für den Forschungsbereich zunehmend größere Budgets zur Verfügung (Horizon 2020 (2014–2020); Förderung insgesamt 77 Mrd. €; vgl. Kap. 3.4, Tab. 3.2) (s. Abb. 2.6). Das Konzept der rd. 5-jähr-igen Rahmenprogramme führt zu einer mittelfristigen Stabilität in der inhaltlichen Prioritätensetzung und damit zu einer hohen Planungssicherheit der europäischen FuE-Einrichtungen. Die Programmlinien sind sowohl thematisch fokussiert als auch themenoffen.

Stiftungen sind Einrichtungen, die durch Vergabe von Mitteln aus einem Vermögen oder aus den Kapitalerträgen eines Vermögens einen definierten Stiftungszweck verfolgen. Stiftungen können privatrechtlich oder öffentlich-rechtlich sein. Dabei gibt die Satzung der Stiftung die jeweiligen inhaltlichen Förderziele vor. Üblicherweise entscheidet ein Kuratorium einer Stiftung über die jeweiligen Förderungen. Im Stif-terverband für die Deutsche Wissenschaft sind rund 3000 Unternehmen, Verbände, Stiftungen und Privatpersonen zusammengeschlossen, um Wissenschaft, Forschung und Bildung zu fördern.

Beispiele von FuE-fördernden Stiftungen
Die **Robert Bosch Stiftung** gilt als größte deutsche private Stiftung mit einem Vermögens von rd. 1,2 Mrd. €. Die Förderthemen sind Wissenschaft, Gesundheit, Völkerverständigung, Bildung, Ge-sellschaft und Kultur.

Mit einem Kapital von rd. 2,3 Mrd. € und einem Fördervolumen von über 191 Mio € (2014) (Volks-wagenstiftung, 2016) ist die **Volkswagen Stiftung** die größte deutsche wissenschaftsfördernde Stiftung. Sie ist – anders als ihr Name vermuten lässt – keine Unternehmensstiftung, sondern eine eigenständige, gemeinnützige Stiftung privaten Rechts: Nach dem 2. Weltkrieg wurde die damalige Volkswagenwerk GmbH in eine Aktiengesellschaft umgewandelt und aus dem Erlös eine Stiftung gegründet. 60 % des Aktienkapitals wurden durch die Ausgabe von Volksaktien in Privateigentum überführt, je 20 % behielten der Bund und das Land Niedersachsen. Der Erlös aus der Privatisie-rung und die Gewinnansprüche auf die Anteile, die Land und Bund verblieben waren – der Bund hat seine Anteile inzwischen veräußert –, wurden als Vermögen der Volkswagenstiftung übertragen (Volkswagenstiftung, Geschichte, 2016). Gefördert werden eher grundlagenorientierte Projekte.

Die größte Privat-Stiftung der Welt ist die **Bill & Melinda Gates Stiftung**. Der Kapitalgrundstock beträgt rund 40 Mrd. US Dollar (Bill and Melinda Gates Foundation, 2016). Die Ziele der Stiftung sind im Bereich der Entwicklungshilfe angesiedelt. Sie unterstützt die Behandlung und Bekämp-fung von Krankheiten in der ganzen Welt; dazu gehören Projekte zur Versorgung von Aids-Kran-ken in Botswana und die Finanzierung von Impfprogrammen von Kindern in Indien und Afrika. Weiterhin engagiert sie sich in der Erforschung von Impfstoffen gegen Aids, Tuberkulose und Malaria.

Mittlerweile verfolgen öffentlich geförderte FuE-Einrichtungen auch aktiv das direkte und systematische Einwerben von privaten Spenden (**Fundraising**). Dazu werden Gründer von Stiftungen angesprochen, die ihr Vermögen philanthropisch einsetzen möchten, ebenso Unternehmen, die sich im Rahmen ihres Corporate Citizenship[13] für bestimmte Forschungsaktivitäten engagieren oder auch Privatpersonen (z. B. Alumni), die einen besonderen Bezug zu der FuE-Organisation haben und mit finanziellen Zuwendungen ggf. ihre frühere Ausbildungs- oder Wirkstätte unterstützen möchten. Letzteres Modell ist v. a. bei (amerikanischen) Universitäten gängig. Die Spende kann je nach Verwendungszweck entweder direkt einem spezifischen Projekt gewidmet sein, ein bestimmtes Thema unterstützen oder vom Empfänger der Spende frei verwendet werden, je nach angegebenem Spendenzweck des Spenders.

Die oben dargestellten FuE-ausführenden Organisationen werden je nach ihrer Mission unterschiedlich durch die FuE-Fördereinrichtungen finanziert (vgl. Abb. 2.7)

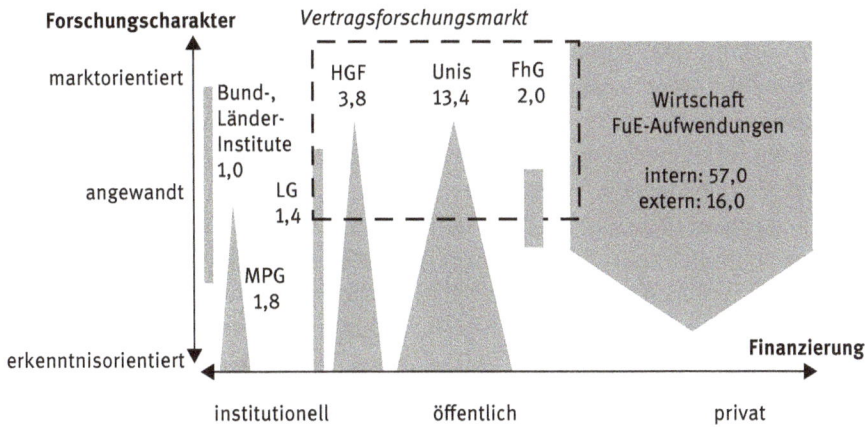

Abb. 2.7: Matrix der Akteure der deutschen Forschungslandschaft hinsichtlich ihrer Forschungscharakteristik und Finanzierung: Auf der horizontalen Achse sind qualitativ die Finanzierungsanteile dargestellt (links öffentlich, nach rechts zunehmend privat). Die vertikale Achse markiert den Forschungscharakter der Akteure (unten vorwiegend Grundlagenforschung und oben vorwiegend marktorientierte angewandte Forschung). Die Fläche der geometrischen Elemente repräsentiert die Größe der Einrichtungen (Angaben in Mrd. € Budget), wobei bei den Unternehmen nur die FuE-Aufwendungen dargestellt sind. Die Darstellung in Dreiecken symbolisiert, dass die FuE-Organisationen vornehmlich einem dominanten Forschungscharakter folgen (breite Basis), allerdings einige Aktivitäten auch andere Bereiche tangieren (Spitze des Dreiecks); z. B. sind Universitäten eher grundlagenorientiert, allerdings auch im Vertragsforschungsmarkt aktiv. Der angedeutete (gestrichelte) Bereich des Vertragsforschungsmarktes zeigt, dass dort die FuE-Organisationen im Wettbewerb stehen, teilweise sogar mit FuE-Kapazitäten der Unternehmen. Die vertikale und horizontale Positionierung ist qualitativ (in Anlehnung an Kap.4.3.2, Abb. 4.11) (eigene Darstellung, Daten (Gemeinsame Wissenschaftskonferenz GWK, 2015)).

---

13 Corporate Citizenship (CC): Gesellschaftliches Engagement eines Unternehmens außerhalb des eigentlichen Geschäftsbereichs im Sinne eines „guten Bürgers"; dazu gehören Aktionen oder Sponsoring für soziale und ökologische Belange.

2.4 Koordinierende und beratende Gremien

Die Schnittstelle zwischen den deutschen FuE-Organisationen und der Politik ist die **Gemeinsame Wissenschaftskonferenz (GWK)**. Dort werden alle für den Bund und die 16 Länder gemeinsam relevanten Fragen der Forschungsförderung sowie die wissenschafts- und forschungspolitischen Strategien für das gesamte Wissenschaftssystem behandelt. Mitglieder der GWK sind die für Wissenschaft und Forschung sowie die für Finanzen zuständigen Minister des Bundes und der Länder. Sie führen die föderal aufgeteilten Steuerungs- und Förderungsbefugnisse für den Wissenschaftsbereich zusammen. Die Ziele und Finanzierung der Fördermaßnahmen werden ebenso geregelt wie die Kriterien ihrer Leistungs- und Erfolgsbewertung. So hat die GWK u. a. die neue Bund-Länder-Initiative zur Förderung von Spitzenforschung an Universitäten initiiert und verabschiedet (vgl. Kap. 2.1.1, Hochschulen).

Die GWK schließt seit 2005 mit den nach Art. 91b GG institutionell geförderten FuE-Organisationen einen „Pakt für Forschung und Innovation (PFI)" ab, mittlerweile wird der dritte PFI (2015–2020) fortgeschrieben. Dabei verfolgen Bund und Länder sowie die Wissenschaftsorganisationen das gemeinsame Ziel, den Wissenschaftsstandort Deutschland insgesamt zu stärken und seine Wettbewerbsfähigkeit zu verbessern. Mit dem Vertrag wird eine regelmäßige Steigerung der Grundfinanzierung zugesichert, so dass die FuE-Organisationen eine finanzielle Planungssicherheit haben. Im Gegenzug verpflichten diese sich zu individuellen forschungspolitischen Zielen, die vorab mit der GWK vereinbart wurden. Die Zielverfolgung und -erreichung wird durch ein regelmäßiges Controlling der GWK durchgeführt, d. h. die FuE-Organisationen müssen jährlich nach definierten Indikatoren den Fortschritt für die Zielerreichung transparent darlegen. Bund und Länder stellen diese in einem zusammenfassenden jährlichen Monitoring-Bericht dar, der auch die Original-Einzelberichte der FuE-Organisationen enthält und öffentlich verfügbar ist. Die jährliche Berichterstattung dient dazu, die durch den PFI erzielten Ergebnisse zu bewerten und ggf. weiterhin vorhandenen Handlungsbedarf festzustellen.

Der **Pakt für Forschung und Innovation III** zwischen der GWK und den institutionell geförderten FuE-Organisationen verfolgt sechs forschungspolitische Ziele (Gemeinsame Wissenschaftskonferenz (GWK), 2015):

1. Dynamische Entwicklung des Wissenschaftssystems, u. a. durch geeignete Portfolioprozesse in den FuE-Organisationen, um neue Forschungsgebiete frühzeitig zu identifizieren und strukturell zu erschließen
2. Förderung der Vernetzung im Wissenschaftssystem, u. a. durch die Verstärkung der organisationsinternen Vernetzung und der Kooperation zwischen Hochschulen und FuE-Organisationen
3. Vertiefung der internationalen und europäischen Zusammenarbeit, u. a. durch den Ausbau der internationalen Mobilität von Wissenschaftlern
4. Stärkung des Austauschs der Wissenschaft mit Wirtschaft und Gesellschaft, u. a. die schnellere Überführung der Grundlagenforschung in Anwendungen und die intensivere Begleitung des gesellschaftlichen Diskurses

5. Gewinnung der besten Köpfe für die deutsche Wissenschaft, u. a. durch das Schaffen attraktiver Arbeitsbedingungen und geeigneter Karrieremodelle
6. Gewährleistung chancengerechter und familienfreundlicher Strukturen und Prozesse, um die Frauenquote zu steigern

Exemplarische Zielsetzungen aus dem PFI III:
- FhG: Identifizierung und Durchführung von Leitthemen mit hoher wirtschaftlicher Relevanz durch geeignete Foresight-Prozesse (Beitrag zum 1. Ziel, s. o.)
- MPG: Gründung von weiteren 20 (derzeit 62) International Max Planck Research Schools als Teil der Doktorandenförderung (Beitrag zum 2. Ziel)
- HGF: Teilnahme bei „Wissenschaft im Dialog", „Haus der Zukunft" und „Jugend forscht" (Beitrag zum 4. Ziel)
- LG: Erhöhung der zertifizierten Einrichtungen „audit berufundfamilie" und „Total E-Quality Prädikat" von derzeit 70 % auf 100 % (Beitrag zum 6. Ziel)

Die GWK koordiniert die institutionelle Förderung und diskutiert die kurzfristigen Strategien der einzelnen FuE-Organisationen. Darüber hinaus gibt es allerdings in Deutschland keine übergreifende Koordination der FuE-Portfolios der forschenden Einrichtungen oder regelmäßige organisationsübergreifende Evaluierungsprozesse der nationalen FuE-Organisationen; deren Strukturen, Strategien und auch Schnittstellen für mögliche Kooperationen werden bei den Verhandlungen zum PFI zwar erörtert, aber nicht methodisch evaluiert. Eine sogenannte „Systemevaluierung" aller FuE-Organisationen fand 1999 statt (zum ersten und bisher letzten Mal); dabei wurden diese hinsichtlich ihrer Mission und Strategie untersucht und bewertet. Diskurse zur Effektivität und Effizienz des Gesamtsystems wurden allerdings auch damals nicht geführt. Zu solchen Fragen Stellung zu nehmen ist u. a. eine Aufgabe des Wissenschaftsrats (s. u.); so gibt dieser u. a. folgende Empfehlung im Rahmen der „Perspektiven des deutschen Wissenschaftssystems": „Eine weitere Profilschärfung scheint derzeit besonders bei der HGF und WGL (LG) angeraten. Während die Perspektiven von MPG und FhG auf eindeutigen Profilen basierend absehbar sind, durchlaufen die WGL (LG) und HGF seit geraumer Zeit Strategieprozesse, die perspektivisch eine Um- und Neuorientierung ihrer zentralen Leitbilder erwarten lassen" (Wissenschaftsrat, 2014).

Der **Wissenschaftsrat** berät die Bundes- und Länderregierungen in Fragen der inhaltlichen und strukturellen Entwicklung der Wissenschaft, der Forschung und des Hochschulbereichs. Er setzt sich aus Wissenschaftlern, Persönlichkeiten des öffentlichen Lebens sowie Vertretern von Bund und Ländern zusammen. Der Wissenschaftsrat gibt Empfehlungen und Stellungnahmen zu zwei Aufgabenfeldern (Wissenschaftsrat, Aufgaben):
- Wissenschaftliche Institutionen (Universitäten, Fachhochschulen und außeruniversitäre Forschungseinrichtungen), insbesondere zu ihrer Struktur und Leistungsfähigkeit, Entwicklung und Finanzierung

– Übergreifende Fragen des Wissenschaftssystems, zu ausgewählten Strukturaspekten von Forschung und Lehre sowie zur Planung, Bewertung und Steuerung einzelner Bereiche und Fachgebiete

Träger des Wissenschaftsrats sind die Regierungen des Bundes und der 16 Bundesländer. Das Gremium besteht aus zwei Kommissionen, der Wissenschaftlichen Kommission (24 Wissenschaftler und 8 Persönlichkeiten des öffentlichen Lebens, die vom Bundespräsidenten berufen werden) und der Verwaltungskommission (22 Vertreter des Bundes und der Länder), die als Vollversammlung gemeinsam Beschlüsse fassen, u. a. das jährliche Arbeitsprogramm. Zur Bearbeitung der einzelnen Vorhaben werden Ausschüsse und Arbeitsgruppen eingesetzt, denen jeweils Mitglieder beider Kommissionen angehören, die in der Regel ergänzt werden durch externe Sachverständige. Die Empfehlungen und Stellungnahmen des Wissenschaftsrats werden veröffentlicht.

Beispiele zu **Stellungnahmen und Positionspapieren des Wissenschaftsrats** 2015/16 (Wissenschaftsrat, Veröffentlichungen)
– Empfehlungen zu einer Spezifikation des Kerndatensatzes Forschung
– Empfehlungen zu wissenschaftlicher Integrität
– Zum wissenschaftspolitischen Diskurs über große gesellschaftliche Herausforderungen
– Empfehlungen zur Förderung von Forschungsbauten 2017
– Stellungnahmen zur Reakkreditierung (einer großen Anzahl) einzelner Hochschulen
– Empfehlungen zur Finanzierung des nationalen Hoch- und Höchstleistungsrechnens in Deutschland
– Empfehlungen zur Weiterentwicklung der Programmorientierten Förderung der Helmholtz-Gemeinschaft

Das Ziel des **Büros für Technikfolgen-Abschätzung beim Deutschen Bundestag (TAB)** ist die Information der Abgeordneten im Bundestag hinsichtlich der Folgen neuer forschungs- und technologiebezogener Themen. Gerade im Bereich der Prognosen zur Technologiefrüherkennung und Technikfolgenabschätzung braucht das Parlament eine unterstützende und insbesondere unabhängige Expertise. Kriterien einer neutralen Politikberatung sind Unvoreingenommenheit, Unabhängigkeit (finanziell), Unparteilichkeit (der Experten), Ausgewogenheit (hinsichtlich der in Dialogen und Anhörungen befragten Wissenschaftler, Experten und Stakeholder) sowie Objektivität des Verfahrens (Transparenz der Methoden, der empirischen Basis und der gezogenen Schlüsse). Üblicherweise bieten diese Studien keine direkten (politischen) Schlussfolgerungen an, sondern es werden eher Sachverhalte geschildert und ggf. auch bewertet, so dass es den Politikern vorbehalten bleibt die entsprechenden Konsequenzen zu ziehen.

Beispiele von **Themen des Büros für Technikfolgen-Abschätzung beim Deutschen Bundestag** in 2016 (TAB beim Bundestag, 2016):
– Herausforderungen für die Pflanzenzüchtung
– Nachhaltige Potenziale der Bioökonomie – Biokraftstoffe der 3. Generation
– Beobachtungstechnologien im Bereich der zivilen Sicherheit – Möglichkeiten und Herausforderungen
– Data-Mining – gesellschaftliche und rechtliche Herausforderungen
– Mensch-Maschine-Entgrenzung, insbesondere Robotik und assistive Neurotechnologien in der Pflege
– Pränatal- und Präimplantationsdiagnostik – Aktueller Stand und Entwicklungen
– Human- und tiermedizinische Wirkstoffe in Trinkwassern und Gewässern – Mengenanalyse und Risikobewertung
– Beobachtungstechnologien im Bereich der zivilen Sicherheit – Möglichkeiten und Herausforderungen
– Gesundheits-Apps
– Umgang mit Nichtwissen bei explorativen Experimenten

Um ethische Aspekte bei ambivalenten Forschungsthemen, insbesondere im Bereich der Lebenswissenschaften, in einem breiten gesellschaftlichen Konsens zu diskutieren, hat die Politik mit dem Ethikrat-Gesetz von 2007 ein beratendes Gremium **„Deutscher Ethikrat"** geschaffen. Er setzt sich aus 26 Mitgliedern zusammen, die ein breites Spektrum an Disziplinen abbilden (Naturwissenschaft, Medizin, Theologie, Philosophie, Soziologie, Ökonomie und Recht). Ebenso gehören ihm anerkannte Personen an, die mit ethischen Fragen der Lebenswissenschaften vertraut sind. Der Deutsche Ethikrat berät die Folgen für Individuum und Gesellschaft, die sich durch die Forschung auf dem Gebiet der Lebenswissenschaften und ihrer Anwendung auf den Menschen ergeben. Zu seinen Aufgaben gehören die Information der Öffentlichkeit und die Förderung der Diskussion in der Gesellschaft unter Einbeziehung von gesellschaftlichen Gruppen sowie die Erarbeitung von Stellungnahmen und Empfehlungen für politisches und gesetzgeberisches Handeln.

Themen des Deutschen Ethikrats mit Bezug auf Forschung und Technologie seit seiner Konstituierung 2008 (Deutscher Ethikrat, 2016)
– Big Data
– Human-Biobanken
– Biopatentierung
– Biosicherheit
– Gewebezüchtung
– Genetische Diagnostik
– Hirnforschung
– Klinische Forschung
– Klonen
– Mensch-Tier-Mischwesen
– Stammzellforschung
– Synthetische Biologie

3 Agenda Setting in der Forschung

- Wie entstehen FuE-Themen?
- Wer verfolgt welche Themen?
- Wie artikuliert sich die Zivilgesellschaft?

Nachfolgend werden diejenigen Akteure beschrieben, die bei der nationalen und auch internationalen Forschungsagenda mitwirken: dazu zählen die FuE-ausführenden, die FuE-fördernden und die FuE-nutzenden Akteure. Insgesamt gibt es in Deutschland intensive Wechselwirkungen zwischen diesen Akteuren (s. Abb. 3.1).

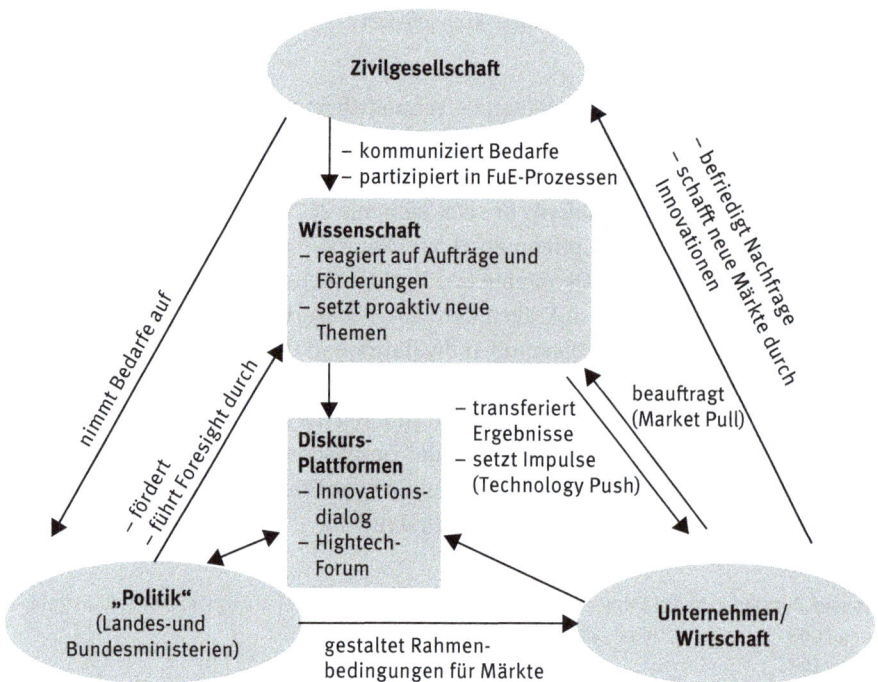

Abb. 3.1: **Akteure des Agenda Settings**: Die Zivilgesellschaft hat Bedarfe, die auch von der Politik artikuliert oder von der Wirtschaft antizipiert oder geweckt werden. Zunehmend wirkt die Zivilgesellschaft auch bei FuE-Dialogen mit. Teilweise entwickelt die Wissenschaft neue Produkte ohne einen konkreten Bedarf (Technology Push). In gegenseitiger Wechselwirkung zwischen Wissenschaft und Wirtschaft werden Innovationen generiert, die dann am Markt verfügbar sind. Für die dazu notwendigen förderlichen oder auch limitierenden Rahmenbedingungen sorgt die Politik. Auf Dialogplattformen findet ein Ausgleich der Interessen und ein gemeinsames Agenda-Setting statt (eigene Darstellung).

DOI 10.1515/9783110517828-003

3.1 Zivilgesellschaft

Die Zivilgesellschaft ist kein verfasster Akteur, der den Bedarf „der Menschen" artikuliert, sondern es gibt eine große Anzahl von Konsumenten, die Produkte nachfragen und damit „die Nachfrage" darstellen. Ein direktes „Nachfragen" (in der direkten Wortbedeutung) nach FuE-Entwicklungen durch Konsumenten findet allerdings selten statt, allenfalls hinsichtlich einer Optimierung des Bisherigen (z. B. etwas schnelleres Internet, längere Laufzeit einer Batterie, einfachere Bedienung von Geräten). So hat z. B. vor 30 Jahren kein Autokäufer nach einem elektrisch bewegten Autofenster gefragt und kein Fotograf hatte nach einer digitalen Kamera verlangt. Innovationen sind mithin meistens durch die Wirtschaft und deren Forschung getrieben. So sind auch heute in der Entwicklung befindliche Techniken wie z. B. Serviceroboter kein direkter Auftrag der Gesellschaft.

Neben Wohlstand steigernden Innovationen gibt es globale, nationale und regionale Herausforderungen zur Befriedigung der Grundbedürfnisse der Menschen; dazu gehören die wachsende Weltbevölkerung bei begrenzten Ressourcen, der Klimawandel durch zu schnellen Verbrauch fossiler Energieträger oder die Ernährungssicherheit mit sicherem Zugang zu Wasser. Die wichtigsten dieser Ziele sind in den 2016 veröffentlichten „Sustainable Development Goals" der Vereinten Nationen fixiert worden. Diese Bedarfe zur Absicherung der Grundbedürfnisse der Menschen werden durch die Politik aufgegriffen und über FuE-Förderprogramme auf die Wissenschaft übertragen. Ebenso wird jährlich durch ein global agierendes Netzwerk (in 60 Ländern mit rd. 3500 Zukunftsforschern und Entscheidungsträgern), gegründet durch die United Nations University, eine Liste mit den drängendsten weltweiten Herausforderungen zusammengestellt (Millennium Project). Diese Quellen bieten eine Orientierung für die Bedarfe der Gesellschaft.

Sustainable Development Goals (SDG)

17 Nachhaltigkeitsziele, die von den UN-Mitgliedsstaaten entwickelt wurden und 2016 in Kraft traten, sollen zu einem globalen Fortschritt bei aktuellen wirtschaftlichen, sozialen und ökologischen Herausforderungen führen. Sie gelten für alle Länder gleichermaßen (United Nations, 2016):

1. Armut beenden
2. Ernährung sichern, ökologische Landwirtschaft
3. Gesundheit für alle
4. Gerechte Bildung
5. Geschlechtergerechtigkeit
6. Wasser und Sanitärversorgung
7. Regenerative Energieversorgung
8. Wirtschaftliche Prosperität, Vollbeschäftigung, menschenwürdige Arbeit
9. Infrastruktur, Industrialisierung und Innovationen auf Nachhaltigkeit ausrichten
10. Abbau von ökonomischen Ungleichheiten
11. Städte nachhaltig gestalten
12. Produktion und Konsum nachhaltig gestalten

13. Klimawandel minimal halten
14. Ozeane und Meeresressourcen schützen
15. Ökosysteme schützen, Bodendegradation verhindern und Biodiversität erhalten
16. Gesellschaften im Sinne der Inklusion fördern, Rechtssysteme aufbauen und Zugang zu ihnen fördern
17. Globale Partnerschaften zur Umsetzung der SDGs entwickeln

Millennium Project „State of the Future 2015–16"

Durch eine weltweite Delphi-Befragung[14] werden jährlich die drängendsten 14 globalen Herausforderungen adressiert und die Fortschritte der Vergangenheit dargestellt (Jerome C. Glenn, Elizabeth Florescu, 2015) (Übersetzung durch den Autor):

1. Wie kann eine nachhaltige Entwicklung unter Berücksichtigung des Klimawandels erreicht werden?
2. Wie kann jedermann konfliktfrei zu genügend sauberem Wasser kommen?
3. Wie kann das Bevölkerungswachstum und die benötigten Ressourcen in ein Gleichgewicht gebracht werden?
4. Wie können aus autokratischen Regimen demokratische Systeme entstehen?
5. Wie können Entscheidungsfindungen in einem beschleunigten globalen Wandel durch Foresight-Prozesse verbessert werden?
6. Wie können die globalen Informations- und Kommunikationssysteme von jedermann genutzt werden?
7. Wie kann sich eine ethisch geprägte Marktwirtschaft entwickeln, um die Schere zwischen arm und reich zu reduzieren?
8. Wie kann die Bedrohung von neuen oder wieder auftauchenden Krankheiten und immunen Mikroorganismen minimiert werden?
9. Wie können gemeinsam geteilte Werte und Sicherheitsstrategien dazu führen, ethische Konflikte, Terrorismus und den Gebrauch von Massenvernichtungswaffen zu vermeiden?
10. Wie kann eine sich verändernde Rolle von Frauen dazu beitragen, den Zustand der Menschheit zu verbessern?
11. Wie kann verhindert werden, dass sich transnationale kriminelle Netzwerke zu einflussreichen globalen Unternehmen entwickeln können?
12. Wie kann ein steigender Energiebedarf sicher und effizient befriedigt werden?
13. Wie können wirtschaftliche und technische Durchbrüche beschleunigt werden, um den Zustand der Menschheit zu verbessern?
14. Wie kann die ethische Dimension routinemäßig bei globalen Entscheidungen berücksichtigt werden?

Zunehmend fordert die Zivilgesellschaft auch eine Partizipation am Dialog über die direkte und unmittelbare Anwendung und Nutzung von FuE-Ergebnissen. Neben der Stimmabgabe bei Wahlen als traditionelle Beteiligungsform der Demokratie werden weitere direkte Beteiligungsverfahren eingefordert und mittlerweile auch erprobt

---

14 Delphi-Methode: Aus Einzelmeinungen von befragten Experten sollen konsensorientierte Lösungen generiert werden. Die Methode wird insbesondere für die Einschätzung von Zukunftsentwicklungen verwendet. Dabei werden Experten unterschiedlicher Fachrichtungen sowie Zukunftsforscher und Entscheidungsträger über mehrere Befragungszyklen befragt, wobei die Ergebnisse jeder Runde dann iterativ wieder zurückgespielt werden, um sie erneut zu bewerten.

(s. Abb. 3.2). Eine solche Bürgerbeteiligung im Zusammenhang mit Forschung hat folgende Nutzeneffekt (Bundesministerium für Bildung und Forschung, 2016):

– Erhöhung der gesellschaftlichen Relevanz der FuE-Politik sowie von Innovationen, indem sie von der Zivilgesellschaft formulierte Bedarfe berücksichtigt und diese ggf. bei der Umsetzung mit einbindet
– Nachvollziehbarkeit forschungspolitischer Entscheidungen (Transparenz und Legitimität)
– Nutzen des Wissens der Vielen (Crowd Sourcing[15] und Citizen Science[16])
– Schaffen von Vertrauen und Erhöhung der Aufgeschlossenheit
– Wecken von Interesse und Schaffen von Neugier für das Neue

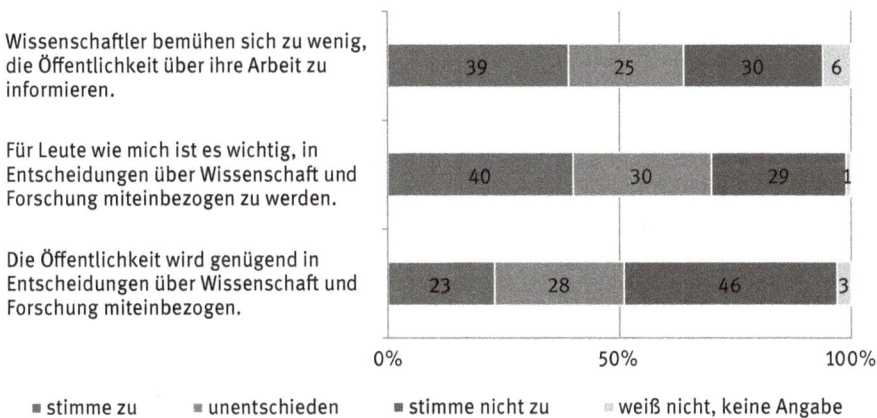

Abb. 3.2: Einbezug der Öffentlichkeit in Wissenschaft und Forschung: Nur 30 % der Bürger finden, dass sich Wissenschaftler ausreichend bemühen, die Öffentlichkeit über ihre Arbeit zu informieren (oben). 40 % wollen in Entscheidungen über Wissenschaft und Forschung miteinbezogen werden (Mitte) und fast die Hälfte der Bevölkerung findet, dass diese Partizipation nicht ausreichend stattfindet (Wissenschaft im Dialog/TNS Emnid).

Eine solche Partizipation muss jeweils nach Art der Themen differenziert gestaltet werden: So gibt es Themen, bei denen die Partizipation von Bürgern und Anwendern

---

15 Crowdsourcing: Zusammensetzung der Begriffe „Outsourcing" (Auslagerung) und „Crowd" (Menschenmenge). Internetbasierte Auslagerung von Aufgaben (von Unternehmen) an ein Kollektiv von Menschen. Die Aufgaben reichen vom Verfassen von Artikeln über das Mitgestalten neuer Produkte bis hin zu Beteiligungen an Forschungen oder Projekten. Besonders hoch ist die Motivation der Crowd bei Aufgabenstellungen, die auf direktem Weg ihr eigenes Leben beeinflussen.
16 Citizen Science, „Bürgerwissenschaftler": Form der organisierten Beteiligung von Bürgern an wissenschaftlichen Projekten. Diese Partizipation findet vorwiegend über internetgestützte Plattformen statt. Die Laienforscher melden Beobachtungen (Vogelschwärme), führen Messungen durch (Sammeln von Mücken) oder werten auch Daten aus (Klassifizierung von Galaxien).

notwendig ist (z. B. Autonomes Fahren), bei anderen Themen ist sie möglich, weil sie hilfreiche Informationen liefert (z. B. Robotik) und es gibt auch Themen, bei denen eine Partizipation nicht sinnvoll ist (Grundlagenforschung). Denn die Partizipation ist kein Selbstzweck und die Beratungsergebnisse müssen auch Berücksichtigung finden, weil sie eine Erwartungshaltung hervorrufen und andernfalls zur Enttäuschung führen. Deshalb muss es auch Grenzen der Partizipation geben bzw. die Rollen im Partizipationsprozess zwischen Zivilgesellschaft, Wissenschaft und Politik müssen klar geregelt sein. Eine direkte Mitentscheidung der Zivilgesellschaft bei der Auswahl von FuE-Themen ist nicht vorgesehen. Und letztendlich gibt es bei der operativen Gestaltung der Prozesse insbesondere die Schwierigkeit, je nach Thema und Partizipationsverfahren eine repräsentative gesellschaftliche Gruppe für den Dialog auszuwählen.

Es gibt unterschiedliche Intensitäten einer Beteiligung von Bürgern (nach unten zunehmend):

–   Information (einseitige Kommunikation; fördert Transparenz)
–   Konsultation (zweiseitige Kommunikation; Versuch der Überzeugung)
–   ergebnisoffener Diskurs (Rat einholen, Beginn einer Einflussnahme)
–   Kooperation (aktive Mitwirkung)
–   Mitsteuerung (Einflussnahme auf Umsetzung)

Wesentliche Formen von **Partizipationsprozessen im BMBF** und Beispiele (Bundesministerium für Bildung und Forschung, 2016)
–   Partizipation in der Forschungspolitik
    –   Strategischer Austausch über grundsätzliche Fragestellungen: Dialogreihe „ZukunftsForen"; in einem dreistufigen Format werden die Chancen und Risiken von Zukunftsthemen bewertet und priorisiert.
    –   Konsultationen über mögliche Schwerpunktsetzungen in der Forschungsförderung (Agenda Setting): Nationale Plattform Bildung für nachhaltige Entwicklung. In 6 Fachforen (Frühkindliche Bildung, Schule, Berufliche Bildung, Hochschule, informelles und non-informelles Lernen/Jugend sowie Kommunen) arbeiten 37 Entscheidungsträger aus Politik, Wirtschaft, Wissenschaft und Zivilgesellschaft.
–   Partizipation in der Forschung
    –   Initiierung und Förderung partizipativ angelegter FuE-Projekte (Transdisziplinäre Forschung): Wettbewerb Zukunftsstadt; 51 Kommunen wurden ausgewählt, um gemeinsam mit Bürgern, Ratsvertretern, lokalen Verbänden, Unternehmen und Wissenschaftlern eine nachhaltige und ganzheitliche Vision für ihre Stadt zu entwickeln.
    –   Erläuterung von FuE-Ergebnissen: Wissenschaftsjahre; Interesse wecken für die Wissenschaft
–   Rahmenbedingungen für Partizipation
    –   Förderung der Partizipationsforschung und Entwicklung neuer Formate: Hightech-Forum; Transparenz und Partizipation gehören zu den Kernelementen der neuen Hightech-Strategie (vgl. Kap. 3.4, Politik).
    –   Setzen von Anreizen in der Wissenschaftslandschaft: Pakt für Forschung und Innovation; Bund und Länder erwarten, dass sich die FuE-Organisationen an den Partizipationsprozessen beteiligen (vgl. Kap. 2.4, Koordinierende und beratende Gremien).

3.2 Wirtschaft / Unternehmen

Zwei Drittel der FuE-Aufwendungen in Deutschland werden durch Unternehmen umgesetzt. Daraus lässt sich folgern, dass dort auch die wesentlichen anwendungsorientierten Forschungsinhalte festgelegt werden. In den Unternehmen wird die Forschung gezielt auf die Entwicklung neuer – im Markt absetzbarer – Produkte ausgerichtet. Große Unternehmen investieren auch in Grundlagenforschung, um ggf. frühzeitig Rechte an Ergebnissen zu sichern und somit Vorteile im Wettbewerb zu erlangen.

Unternehmen haben eine klare Zielsetzung: Sie wollen Produkte und Dienstleistungen gewinnbringend im Markt umsetzen. Daraus folgt als Aufgabe für ihre FuE-Abteilung, neue Produkte mit attraktiven technologischen Eigenschaften zu entwickeln (z. B. neue Smartphones) und diese möglichst effizient zu produzieren (z. B. durch digitale Produktion oder neue Logistikkonzepte), um die Herstellungskosten zu minimieren. Und dieser Prozess unterliegt heutzutage sehr zeitkritischen Rahmenbedingungen, um als Erster auf dem Markt zu sein.

Für einige Branchen gibt es eigene Roadmaps, die die geplanten Technologieentwicklungen auf einer Zeitachse darstellen und den Zeitpunkt der Marktreife prognostizieren. So wird z. B. die anhaltende Miniaturisierung von Speicherchips entsprechend der Vorhersage von Gordon Moore[17] vornehmlich von den wenigen globalen Chipherstellern vorangetrieben (wobei diese auch intensiv von FuE-Organisationen unterstützt werden). Dazu wird sogar eine öffentliche internationale Roadmap von Experten der Halbleiterindustrie entwickelt (International Technology Roadmap for Semiconductors), der als roter Faden für die Chip- und Gerätehersteller dient.

Jedes Unternehmen muss strategisch entscheiden, welche FuE-Kompetenzen und -Ergebnisse es zur Entwicklung seines zukünftigen Produktportfolios braucht, um wettbewerbsfähig zu bleiben. Dementsprechend ist festzulegen, ob diese Ergebnisse in der FuE-Abteilung des eigenen Hauses generiert oder extern vergeben werden sollen. In der Regel ergibt sich eine Mischung aus beiden Ansätzen: Für ein FuE-intensives Unternehmen ist es kaum rentabel, die komplette FuE, die für seine Produkte und deren Produktion benötigt werden, selbst durchführen, sondern vielmehr werden vorwiegend nur die wettbewerbsrelevanten Kernkompetenzen selbst entwickelt (z. B. der Motorenbau bei Automobilherstellern) und andere FuE-Aufgaben werden im Auftrag an Dritte vergeben. Damit ergeben sich für die FuE-Abteilungen der Unternehmen folgende Entscheidungen:

---

17 Mooresches Gesetz: Gordon Moore, Mitgründer der Firma Intel, formulierte 1965 in einer Zeitschrift die Prognose, dass sich die Anzahl der Schaltkreiskomponenten auf einem Chip jährlich verdoppelt. Später hat Moore den Zeitraum auf 2 Jahre verlängert. Da diese Aussage durch die rasante Entwicklung der Halbleitertechnik tatsächlich bestätigt wurde (real verdoppelte sich die Integrationsdichte bis heute alle 20 Monate), wurde diese Aussage zum „Mooreschen Gesetz" deklariert. Die 2016 veröffentlichte Roadmap folgt allerdings nicht mehr dem Mooreschen Gesetz (Waldrop, 2016).

- Welche Forschungsergebnisse braucht das Unternehmen zu welchem Zeitpunkt?
- Welche FuE kann intern ausgeführt werden (Ressourcen, Kompetenzen)?
- Welche FuE wird extern vergeben und an wen?
- Welche Ergebnisse können direkt übernommen werden (ggf. frei verfügbar oder über Lizenzen zu erwerben)?

Mit der Durchführung eigener FuE und der Beauftragung Dritter treiben Unternehmen gleichzeitig auf zwei simultanen Pfaden die Forschungsagenda voran, so dass – bei guter Abstimmung untereinander – schnell Fortschritte erzielt werden können.

Neben der strategischen Planung eigener FuE versuchen Unternehmen auch Einfluss zu nehmen auf das Agenda Setting der öffentlichen Forschung durch enge Verknüpfungen mit der Politik. Denn die öffentliche Förderung neuer Technologien in Universitäten und außeruniversitären FuE-Organisationen unterstützt indirekt entsprechende Unternehmensbranchen, die dadurch den Aufwand für ihre eigene FuE einsparen (vgl. Kap. 6.3.2, Abb. 6.10). Über Industrie- und Branchenverbände wird deshalb direkt oder indirekt auf politische Entscheidungen (hinsichtlich der FuE-Prioritätensetzung, aber natürlich auch auf andere Bereiche der Gesetzgebung) Einfluss genommen. So geraten insbesondere die (Haupt-)Städte mit dem Sitz der politischen Repräsentanten (z. B. Berlin und Brüssel) in den Fokus der „Lobbyisten". Dieses sind Personen, die die Partikularinteressen einer bestimmten Gruppe vertreten und versuchen, Einfluss auf politische Entscheidungen zu nehmen. Fast jeder Verband und jedes größere Unternehmen hat mittlerweile derartige politische Lobbyisten; ebenso haben auch alle deutschen FuE-Organisationen Büros in Berlin und Brüssel. Oftmals ist die Einwirkung von Lobbyisten auf finale politische Entscheidungen nur schwer nachvollziehbar und für Außenstehende kaum transparent. Der Einfluss einzelner, gut vernetzter Personen auf Entscheidungsprozesse darf allerdings nicht unterschätzt werden. Deshalb werden auch oft Personen aus der Politik in die Wirtschaft abgeworben – um nun „auf der anderen Seite" zu wirken. Auch FuE-Organisationen entsenden eigenes Personal in Form von befristeten Abordnungen in Bundes- und Landesministerien oder in die Europäische Kommission nach Brüssel und vice versa nehmen sie auch entsprechende Beamte für ein „Praktikum" in ihren FuE-Organisationen auf – denn es ist hilfreich, wenn in den Ministerien Beamte sitzen, die einmal in FuE-Einrichtungen hospitiert haben. Trotz der Problematik einer möglichen Bevorzugung von jeweiligen Interessen in einem teilweise intransparenten politischen Entscheidungssystem haben Lobbyisten auch eine akzeptierte Rolle in den übergreifenden Dialogen zwischen den Akteuren des Innovationssystems: Durch das Einbringen einzelner heterogener Interessen in den politischen Dialog tragen Lobbyisten zum konsensorientierten breiten Dialog bei. Oftmals werden diese Akteure sogar als Repräsentanten einer Interessensgruppe (Wirtschaft, Wissenschaft, Gesellschaft) direkt eingeladen, um einzelne Sichten in übergreifende Abstimmungen einzubringen (vgl. Kap. 3.4, Politik). Wichtig bei diesen Dialogen ist die Transparenz

(Wer nimmt an solchen Runden teil und wie werden die Ergebnisse verwendet?) und die Beachtung der Compliance-Regeln, insbesondere hinsichtlich Bestechlichkeit oder geheimer Absprachen.

Oftmals entwickeln sich durch die Kooperation von öffentlichen FuE-Einrichtungen und Unternehmen neue Themen, u. a. im Rahmen von öffentlichen Verbundprojekten. Dabei entstehen sinnvolle Symbiosen, denn die Unternehmen kennen einerseits die notwendigen Rahmenbedingungen für ihre Innovationen und die öffentlichen FuE-Einrichtungen haben andererseits einen guten Überblick über den Stand des Wissens. Große Unternehmen wählen ihre strategischen FuE-Partner oftmals gezielt aus (ähnlich wie ihre Zulieferer von Produktkomponenten) und bauen eine langfristige Kooperation mit Universitäten und anderen FuE-Partnern auf. Gerade im Bereich der FuE ist großes gegenseitiges Vertrauen in die Partner notwendig, so dass ständig wechselnde Beziehungen vermieden werden.

3.3 Scientific Community

Die Scientific Community besteht aus einer großen Anzahl einzelner Akteure. Auf der Mikroebene hat jede einzelne FuE-Organisation und -Einrichtung einen Grundauftrag (Mission) mit einer vorgegebenen Ausrichtung ihres FuE-Portfolios. Diese ist üblicherweise langfristig verankert und verändert sich nur langsam und evolutionär; ein Laserinstitut kann nicht plötzlich über Stammzellen forschen. Mithin ist also der Rahmen der inhaltlichen Ausrichtung einer FuE-Einrichtung vorgegeben. Dieser lässt allerdings noch große Gestaltungsfreiheiten zu, so gibt es z. B. innerhalb eines „Laserinstituts" noch viel Raum für eine mögliche Fokussierung und Ausrichtung. Allerdings wird dieser Freiheitsraum durch zwei Rahmenbedingungen wieder eingeengt:
- Jeder Wissenschaftler will möglichst sein eigenes (enges) Forschungsgebiet und seine eigenen Kompetenzen im Sinne einer Karriereentwicklung weiter treiben (persönliche wissenschaftliche Zielsetzung).
- Die Forschung muss finanziert werden (institutionelle Zielsetzung).

Beide Kriterien, die persönliche Motivation (Bottom-up) und die institutionelle Anforderung der notwendigen Finanzierung (Top-down) müssen abgeglichen werden.

Der individuelle Wissenschaftler findet früh „sein" Forschungsgebiet. Die Festlegung findet oftmals bereits während des Studiums statt, u. a. durch die (meist zufällige) Wahl des Themas der Masterarbeit oder spätestens durch die Promotion. Diesen einmal betretenen FuE-Pfad – auch als Mitglied einer mittlerweile spezifischen Scientific Community – verfolgt er meist weiter. Aus einer Anzahl solch geprägter Wissenschaftler mit ähnlichen Kompetenzen setzt sich eine FuE-Einrichtung zusammen. Damit stellt sich die Frage, wie flexibel eine FuE-Einrichtung ist, mit dem bestehenden Personal neue Themen aufzunehmen und alte abzubauen. Dies gelingt nur, wenn die Wissenschaftler (geistig) flexibel in ihrer FuE-Ausrichtung sind und sich ständig weiterbilden oder durch eine Personalpolitik, die für eine hohe Fluktuation und somit für einen permanenten Zugang von fachlich noch nicht fest fixierten Wissenschaftlern sorgt (vgl. Kap. 4.5.1, Befristete Arbeitsverhältnisse).

Eine FuE-Einrichtung plant auf Basis ihres aktuellen Wirkens und der prognostizierten Veränderungen ihre zukünftige Portfolioentwicklung (vgl. Kap. 4.3.1, FuE-Portfolioentwicklung). Diese Planungen sind dann bindend für die FuE-OEs und ihre Wissenschaftler (vgl. Kap. 4.3, Ziel- und Strategieplanung). In diese Strategieplanung fließen auch die Ansprüche derjenigen Stakeholder (Gesellschaft, Politik und Wirtschaft) ein, an denen sich die FuE-Einrichtung entsprechend ihrer Mission ausrichten soll. Während sich z. B. eine Ressortforschungseinrichtung ausschließlich an den Ansprüchen ihrer jeweiligen Ministerien ausrichtet, ist die Max-Planck-Gesellschaft thematisch unabhängig und nur der Exzellenz der Wissenschaft verpflichtet. Anwendungsorientierte FuE-Einrichtungen berücksichtigen oftmals Bedarfe verschiedener Stakeholder: Neben der Kooperation mit Unternehmen, um Innovationen in den Markt zu bringen, wird auch die Politik adressiert und bei der Erfüllung ihrer staatlichen Kernaufgaben unterstützt; dazu gehören die Sicherung der nationalen Souveränität und die Wahrnehmung von Vorsorgeaufgaben für die Gesellschaft. Ebenso werden auch – öffentlich gefördert – für den Stakeholder „Gesellschaft" Projekte für eine globale nachhaltige Entwicklung bearbeitet (s. Abb. 3.3).

Neben der Orientierung an den Stakeholdern werden die FuE-Einrichtungen auch durch die öffentlichen FuE-Programme mit ihren spezifischen FuE-Inhalten beeinflusst. Zur Sicherstellung der Finanzierung richten die FuE-Einrichtungen ihr FuE-Portfolio sukzessive an den Inhalten der Förderprogramme aus. Allerdings sind diese FuE-Programme oftmals bereits in einem iterativen Prozess zwischen Fördereinrichtung und der Scientific Community gestaltet worden, so dass eine Passfähigkeit zwischen den Programmen und den Kompetenzen der FuE-Einrichtungen besteht. FuE-Einrichtungen reagieren allerdings nicht nur auf die Ausschreibung von FuE-Programmen, sondern sie setzen auf der Basis von Foresight-Analysen oder der Identifizierung von Trends aus der Gesellschaft und Wirtschaft auch proaktiv eigene neue Themen (Technology Push). Diese können sie selbst bearbeiten, wenn sie über eine eigene institutionelle Förderung verfügen. FuE-Einrichtungen mit einem hohen Anteil institutioneller Förderung wie z. B. Hochschulen oder die Max-Planck-Gesellschaft haben mithin mehr eigene Gestaltungsmöglichkeiten als FuE-Einrichtungen mit einem hohen notwendigen Drittmittelanteil durch öffentliche Projektförderung und/oder Erträgen von Unternehmen.

3.4 Politik

Die Politik hat einen starken Einfluss auf die nationale Forschung aufgrund ihrer umfassenden öffentlichen FuE-Förderung (s. Tab. 3.1). Dabei wird sie geleitet durch

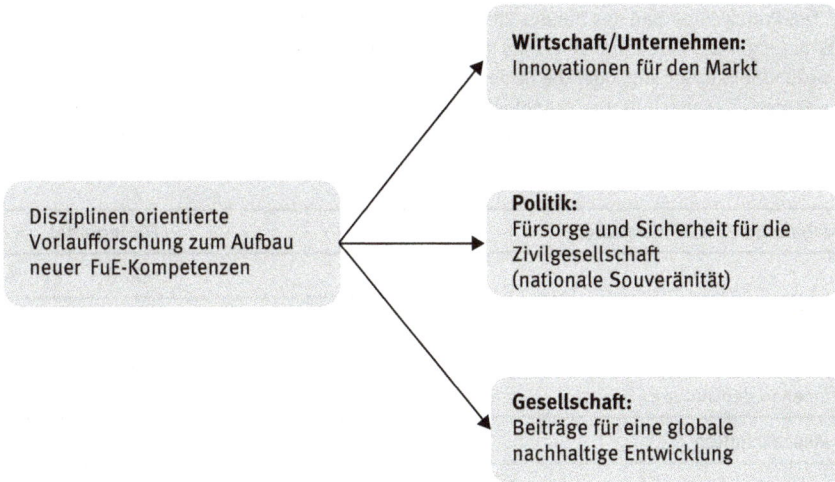

Abb. 3.3: **Stakeholder einer anwendungsorientierten öffentlich finanzierten FuE-Organisation:**
Innerhalb der Disziplinen orientierten Vorlaufforschung werden neue FuE-Ergebnisse generiert,
ohne bereits spezifische Anwendungen zu verfolgen. Auf Basis dieser (Grundlagen-)Erkenntnisse
werden dann drei verschiedene Anwendungsbereiche für unterschiedliche Stakeholder verfolgt: Die
Wirtschaft wird unterstützt, um ihre Wertschöpfung zu steigern und innovative Produkte, Prozesse
oder Dienstleistungen in den Markt einzuführen. Die Politik ist verantwortlich für den Schutz und
das „Funktionieren" der Zivilgesellschaft; deshalb werden FuE-Einrichtungen mit Aufträgen zur
Fürsorge und Sicherheit (z. B. Verbraucherschutz und IT-Sicherheit) sowie zur Risikominimierung
(z. B. Katastrophenschutz) betraut. Ebenso leisten sie Beiträge für eine nachhaltige Entwicklung, um
globale gesellschaftliche Problemstellungen zu lösen (eigene Darstellung).

die Bedarfe der Gesellschaft und verfolgt zweierlei Zielsetzungen: zum einen die
Wohlfahrt zu steigern und zum anderen durch Vorsorge Bedrohungen zu vermeiden.
Neben dem Schaffen von Rahmenbedingungen für Innovationen und einer breiten
Förderung von Querschnittstechnologien im vorwettbewerblichen Bereich gehören
auch die Fürsorge und Sicherheit der Zivilgesellschaft zu den staatlichen Kernaufga-
ben, insbesondere in denjenigen Feldern, in denen Marktmechanismen nicht greifen.
Dazu gehören folgende Themenfelder:
- Aufrechterhalten der Ökosystemdienstleistungen („Umweltschutz")
- Innere und äußere Sicherheit (Verteidigung, Kriminalität, Terrorabwehr)
- Katastrophenschutz
- Sicherung des Betriebs der Infrastrukturen (Energie, Mobilität, Information,
  Wasser)
- Resilienz gegen Klimawandel
- „Gutes Regieren" (transparent, effizient, partizipativ)
- Unterstützung des Innovationssystems (Regulierung und Förderung)

Tab. 3.1: FuE-Projektförderung des Bundes 2011–2013 nach Fördergebieten: Die Zielrichtungen der Projektförderung des Bundes sind einerseits die Vorsorge und Sicherheit (Klima, Umwelt, Nachhaltigkeit, Gesundheitsforschung) oder die Förderung von Querschnittstechnologien zur Steigerung der Innovationsfähigkeit (Optische Technologien, Nano- und Werkstofftechnologien). Hinter den einzelnen Wissenschaftsbereichen und Fördergebieten verbergen sich jeweils verschiedene FuE-Programme (Deutsche Forschungsgemeinschaft, 2015); (Zahlen gerundet).

Wissenschaftsbereich/Fördergebiet	Fördermittel	
	Mio €	%
Geistes- und Sozialwissenschaften	**435**	**5**
Geisteswissenschaften; Wirtschafts- und Sozialwissenschaften	170	2
Innovationen in der Bildung	265	3
Lebenswissenschaften	**1.631**	**18**
Bioökonomie	355	4
Gesundheitsforschung und Gesundheitswirtschaft	1.045	11
Ernährung, Landwirtschaft und Verbraucherschutz	231	3
Naturwissenschaften	**1.700**	**19**
Großgeräte und Grundlagenforschung	558	6
Optische Technologien	295	3
Erforschung des Weltraums	136	2
Klima, Umwelt, Nachhaltigkeit	711	8
Ingenieurwissenschaften	**4.225**	**45**
Produktionstechnologien	200	2
Fahrzeug- und Verkehrstechnologien einschließlich maritimer Technologien	448	5
Luft- und Raumfahrt	591	6
Energieforschung und Energietechnologien	1.319	14
Nanotechnologien und Werkstofftechnologien	336	3
Informations- und Kommunikationstechnologien	1.178	13
Zivile Sicherheitsforschung	153	2
Ohne fachliche Zuordnung	**1.219**	**13**
Insgesamt	**9.210**	**100**

Eine solche staatliche Souveränität in Form einer Selbstbestimmung der eigenen Handlungsfähigkeit ist als eine Balance zu sehen im Spannungsfeld zwischen einer Autarkie (Wir machen alles selbst) und einer Fremdbestimmung (Andere entscheiden, was wir tun). Dabei geht es nicht darum, die internationalen Wertschöpfungsketten mit ihren hohen Graden an Arbeitsteilungen und Abhängigkeiten in Frage zu stellen; diese Kooperationen müssen langfristig stabilisiert werden. Es ist vielmehr für jeden Netzwerkpartner notwendig, seine Funktion und damit seine Abhängigkeit und Souveränität von anderen Akteuren selbstbestimmt festzulegen.

Neben der Förderung von FuE steuert die Politik die Forschungsagenda auch durch entsprechende gesetzgeberische Akte. Für die zukunftsfähige Ausrichtung des gesamten Standorts Deutschland moderiert die Politik den wechselseitigen Dialog zwischen den verschiedenen Stakeholdern, um gemeinsame Roadmaps zu entwickeln.

Die öffentliche FuE-Förderung durch die Bundes- und Landesministerien stellt einen signifikanten Anteil der Finanzierung der Hochschulen und der außeruniversitären FuE-Organisationen dar. Durch die entsprechende inhaltliche Schwerpunktsetzung der FuE-Programme wird konsequent eine Forschungs-Agenda vorgegeben (zwar nicht auf Projektebene, aber auf Technologieebenen; vgl. Kap. 1.3.1, Ebenen von FuE-Themen). Zum größten Teil sind diese Programme allerdings das Resultat eines partizipativen Prozesses mit den Stakeholdern, u. a. der Wissenschaft und der Wirtschaft. Die Programme dienen zum einen dazu, die Wettbewerbsfähigkeit des gesamten Standorts Deutschlands zu steigern als auch um politische Ziele indirekt zu befördern.

Für die technologische Umsetzung politischer Ziele wäre es prinzipiell auch denkbar, dass ein Ministerium den FuE-Organisationen komplette „Großaufträge" vergibt, z. B. etwa die technologische Umsetzung der Energiewende, ähnlich wie 1962 die bemannte Mondlandung der USA.[18] Ein solcher Ansatz ist allerdings heutzutage praktisch nicht mehr umsetzbar, weil die Komplexität des Systems mit seiner Vielzahl von gesellschaftlichen, wirtschaftlichen und wissenschaftlichen Akteuren sowie von Parametern und (unbestimmten) Abhängigkeiten untereinander viel zu groß ist und nicht mehr durchgängig als *ein* Projekt planbar ist. Vielmehr gibt heute die Politik zunächst nur die wesentlichen politischen Ziele vor (z. B.: Der Anteil erneuerbarer Energien an der Stromversorgung soll bis 2020 mindestens 35 % und 2050 gut 80 % betragen (Die Bundesregierung, 2016)) und verlässt sich – bei ausreichender öffentlicher Förderung – auf die intrinsische Selbstorganisation der Wissenschaft, nämlich mittels der Kreativität der vielen Forscher unterschiedliche Pfade aufzuzeigen, um dann gemeinsam mit der Politik den jeweils besten für die anvisierten Ziele auszuwählen.

---

18 Mission Mondlandung: Mit dem ersten bemannten Raumflug von Juri Gagarin 1961 war die Sowjetunion zur führenden Raumfahrtnation aufgestiegen. Die USA suchten daraufhin ein Gebiet der Raumfahrt, auf dem sie die Technologieführerschaft einnehmen konnten: Einen Monat nach dem Start von Gagarin gab Präsident John F. Kennedy vor dem amerikanischen Kongress das Ziel vor, noch im selben Jahrzehnt einen Menschen zum Mond und wieder zurückbringen zu lassen. Die Mission verlief erfolgreich: Am 21.07.1969 landeten zwei Astromauten auf dem Mond und kehrten sicher wieder zur Erde zurück.

Beispiele von forschungspolitischen **Maßnahmen zur Energiewende**

- **Direkte FuE-Förderung**: Konkrete FuE-Arbeitsprogramme werden aufgesetzt, z. B. „Forschung für eine umweltschonende, zuverlässige und bezahlbare Energieversorgung" des Bundesministeriums für Wirtschaft und Energie (seit 2014) oder „Grundlagenforschung Energie" des BMBF (seit 2016).
- **Markttransparenz**: In Deutschland besteht eine gesetzliche Pflicht zur Erstellung eines Energieausweises für Gebäude. Er gibt – auch für Laien verständlich – Auskunft über die Energieeffizienz des Gebäudes. Mit diesem Instrument wird eine Transparenz und für die Gebäudeeigentümer Anreize geschaffen, in neue Technologien zur Energieeffizienz zu investieren.
- **Preisfestsetzung**: Die Politik setzt den Preis für ein bestimmtes Gut oder eine Dienstleistung für eine definierte Zeitperiode verbindlich fest und schafft damit eine hohe Sicherheit für die Marktteilnehmer und eine schnelle Einführung neuer Technologien. So wird durch das Stromeinspeisegesetz und das Erneuerbare Energien Gesetz (EEG) Betreibern von regenerativen Energieanlagen über einen bestimmten Zeitraum ein fester Vergütungssatz für den erzeugten Strom gewährt. Gefördert wird die Erzeugung von Strom aus Wasserkraft, Deponie- u. Klärgas, Biomasse, Geothermie, Windenergie und solarer Strahlungsenergie. Die zusätzlichen Kosten für den derzeit noch nicht wettbewerbsfähigen Strom aus regenerativen Energien werden auf die Verbraucher umgelegt.
- **Besteuerung von Emissionen**: CO_2-Emissionen werden direkt besteuert (Kfz-Steuer, Besteuerung von Treibstoff, zusätzliche Steuer beim Autokauf). Dadurch wird Druck auf die Entwicklung von Ressourcen schonenden Technologien ausgeübt.
- **Förderung von Investitionen**: Die Politik stellt direkte finanzielle Förderungen für die private Investition in neue Technologien zur Verfügung und beschleunigt somit den Markteintritt und die Verbreitung neuer Technologien. Dieses Instrument ist sinnvoll, wenn neue Technologien von vielen kleinen Betrieben (z. B. Handwerksbetriebe) in langlebige Investitionsgüter eingebracht werden müssen (z. B. beim Hausbau). Die Förderung bezieht sich dabei sowohl auf zinsgünstige Kredite als auch auf die Übernahme eines Teils der Kosten (z. B. 100.000 Dächer Programm oder CO_2-Gebäudesanierung).
- **Begrenzung der Emissionsmengen**: Das sog. Kyoto-Protokoll[19] schreibt zum ersten Mal einen internationalen Emissionshandel vor, also den Handel mit Verschmutzungsrechten. Der Handel mit CO_2-Emissionszertifikaten soll durch seinen ökonomischen Ansatz eine flexible und dennoch ökologisch effektive Handhabung der gesetzlichen Vorgaben ermöglichen. Dadurch werden Anreize für CO_2-arme Technologien geschaffen.
- **Verbot von Produkten**: Die Politik verbietet den Handel mit Produkten, die verhältnismäßig viel Emissionen verursachen (z. B. „Lampenverordnung" der EU).[20] Dadurch induziert sie einen Forschungsdruck mit dem Ziel der Substitution dieser Produkte.

---

19 Kyoto-Protokoll: Protokoll (benannt nach dem Ort der Konferenz 1997), das erstmals verbindliche Zielwerte für den Ausstoß von Treibhausgasen festschreibt, um die Klimaerwärmung zu begrenzen. Das Abkommen ist 2012 ausgelaufen. Viele Nationen haben das Abkommen nicht ratifiziert (z. B. USA, Australien, Kanada).

20 EU-Lampenverordnung: Teil der EU-Ökodesign-Richtlinie. Durch ein optimiertes Design sollen die Umweltbelastungen von Produkten verringert werden. In der Richtlinie sind die Anforderungen an die Effizienz aller energieverbrauchsrelevanten Produkte festgelegt. Für Lampen und Leuchten gelten seit 2013 EU-weit einheitliche Energieverbrauchskennzeichnungen. Nur diese dürfen noch verkauft werden.

In bisher relativ seltenen Fällen behält sich die Politik vor, Forschung einzuschränken oder direkt zu verbieten. Um diesen Schritt zu wagen, müssen entweder sehr starke ethische Bedenken angeführt werden oder die Forschung muss die Sicherheit und Gesundheit von Menschen bedrohen. Dazu gibt der Deutsche Ethikrat Empfehlungen (vgl. Kap. 2.4).

Forschungsverbote durch die Politik

Stammzellforschung: Die ethische Kontroverse betrifft die Gewinnung von embryonalen Stammzellen – nicht die Möglichkeiten der Stammzellenforschung selbst. Für die Gewinnung war normalerweise die Zerstörung von frühen menschlichen Embryonen erforderlich. In Deutschland dürfen nach dem Embryonenschutzgesetz nur Stammzellen verwendet werden, die vor 2007 gewonnen wurden. Aufgrund dieses Gesetzes wurde ein Forschungsdruck ausgeübt, Stammzellen zu gewinnen ohne auf Embryonen zurückgreifen zu müssen. Mittlerweile gibt es FuE-Erfolge, von Erwachsenen Stammzellen zu entnehmen oder sogar Körperzellen wieder zu Stammzellen umzuwandeln.

Biologische Waffen: Krankheitserreger (Bakterien, Viren, Pilze) oder natürliche Giftstoffe können gezielt als Waffe eingesetzt werden. Seit 1972 sind durch die Biowaffenkonvention die Entwicklung, die Herstellung und der Einsatz biologischer Waffen verboten.

Die Politik übernimmt auch eine moderierende Rolle zwischen den verschiedenen Akteuren des Wissenschaftssystems. Dazu initiiert sie verschiedene Kommunikations-Plattformen, um über die gemeinsame Gestaltung der Forschungspolitik zu diskutieren. Die Zusammensetzung dieser Runden sowie deren Zielsetzungen und Arbeitsweisen werden üblicherweise für den Zeitraum einer Legislaturperiode definiert. Von einer neuen Bundesregierung werden sie ggf. bestätigt oder angepasst.

FuE-relevante Beratungsgremien der Bundesregierung, die jeweils von der aktuellen Bundesregierung (Stand 2016) für die Dauer einer Legislaturperiode eingesetzt wurden.

Innovationsdialog (Acatech, 2016)
- Beratung der Bundeskanzlerin, der Bundesforschungsministerin und des Bundeswirtschaftsministers durch 16 Vertreter aus Wissenschaft und Wirtschaft (Steuerkreis)
- Diskurs über politische, wirtschaftliche und gesellschaftliche Rahmenbedingungen für die Durchführung von Forschung und Innovation
- Seit 2010 haben 8 Innovationsdialoge stattgefunden.
- Die Themen 2015:
  - Digitale Vernetzung und Zukunft der Wertschöpfung in der deutschen Wirtschaft
  - Innovationspotenziale der Mensch-Maschine Interaktion
  - Moderne Formen des Wissens-, Erkenntnis- und Technologietransfers

Hightech-Forum (Hightech-Forum, 2016)
- Beratung der Bundesforschungsministerin durch 20 Vertreter aus Wirtschaft, Wissenschaft und Zivilgesellschaft

- Das Forum diskutiert aktuelle Entwicklungen der Innovationspolitik, formuliert neue FuE-Themen und entwickelt Zukunftsszenarien.
- Zukunftsthemen der Hightech-Strategie:
  - Die CO_2 neutrale, energieeffiziente und klimaangepasste Stadt
  - Nachwachsende Rohstoffe als Alternative zum Öl
  - Intelligenter Umbau der Energieversorgung
  - Krankheiten besser therapieren mit individualisierter Medizin
  - Mehr Gesundheit durch gezielte Prävention und Ernährung
  - Auch im Alter ein selbstbestimmtes Leben führen
  - Nachhaltige Mobilität
  - Internetbasierte Dienste für die Wirtschaft
  - Industrie 4.0[21]
  - Sichere Identitäten
- Fachforen (Arbeitsgruppen, die Handlungsnotwendigkeiten benennen, FuE-Bedarfe beschreiben und neue Instrumente der Forschungs- und Innovationspolitik erarbeiten):
  - Autonome Systeme
  - Digitalisierung und Gesundheit
  - Effektivität des Innovationssystems und Innovationskraft des Mittelstands
  - Herausforderungen und Erfolgsfaktoren für Kooperation und Transfer
  - Innovative Arbeitswelten
  - Internationalisierung
  - Nachhaltiges Wirtschaften
  - Partizipation und Transparenz

Mittlerweile hat auch die Europäische Kommission als politischer Akteur eine gestaltende Rolle im Agenda-Setting der europäischen Forschung eingenommen (vgl. Kap. 2.3, Europäische FuE-Rahmenprogramme) (s. Tab. 3.2).

Für das Erstellen von öffentlichen FuE-Förderprogrammen gibt es in Bund, Ländern oder in Europa unterschiedliche formale Ansätze. Während in nationalen Ministerien diese direkt beschlossen werden (oftmals nach vorheriger Diskussion mit entsprechenden Stakeholdern), gibt es für das Europäische Forschungsrahmenprogramm einen festgelegten Gesetzgebungsablauf (der auch für andere Europäische Gesetzgebungen gilt) (s. Abb. 3.4).

---

21 Industrie 4.0: Neuer Versionszusatz „4.0", mit dem eine neue Stufe der industriellen Produktion adressiert wird. Am Ende des 18. Jahrhundert wurden durch die Einführung von Wasser- und Dampfkraft mechanische Produktionsanlagen gebaut („1.0"), die zu Beginn des 20. Jahrhunderts durch die Einführung arbeitsteiliger Massenproduktion mit Hilfe elektrischer Energie abgelöst wurden („2.0"). Anfang der 70er Jahre des 20. Jh. gab es eine Zunahme der Automatisierung und eine Produktivitätssteigerung durch die Einführung von elektronischen Steuerungen („3.0") (vgl. Kap. 1.3.3; Kondratjew-Zyklen). Die Stufe „4.0" ist nunmehr die vollständige Digitalisierung der Produktion, d. h. die produzierenden Maschinen (und teilweise auch die zu fertigenden Produkte) sind mit einer eigenen dezentralen Logik versehen und agieren als autonome intelligente Objekte, die über das Internet miteinander vernetzt sind und Daten austauschen, um sich selbstständig zu steuern (Cyber-Physical Systems).

Tab. 3.2: Die Programme des EU-Forschungsrahmenprogramms Horizon 2020 (2014–2018) (Bundesministerium für Bildung und Forschung, 2014)

Programmlinie	Mittelansatz
Wissenschaftsexzellenz	**24.441**
Europäischer Forschungsrat (Individuelle Förderung exzellenter Wissenschaftler)	13.095
Künftige und neue entstehende Technologien (Pionierforschung in neuen Forschungsfeldern)	2.696
Marie-Sklodowska-Curie-Maßnahmen (Mobilität von Wissenschaftlern)	6.162
Forschungsinfrastrukturen	2.488
Führende Rolle der Industrie	**17.016**
Grundlegende und industrielle Technologien	13.557
Zugang zu Risikofinanzierung	2.842
Innovation in kleinen und mittleren Unternehmen (KMU)	616
Gesellschaftliche Herausforderungen	**29.679**
Gesundheit, demografischer Wandel und Wohlergehen	7.472
Herausforderungen der Biowirtschaft	3.851
Sichere, saubere und effiziente Energie	5.931
Intelligenter, umweltfreundlicher und integrierter Verkehr	6.339
Klimaschutz, Umwelt, Ressourceneffizienz und Rohstoffe	3.081
Europa in einer sich verändernden Welt	1.310
Sichere Gesellschaften	1.695
Verbreitung von Exzellenz und Ausweitung der Beteiligung (Synergien zwischen den Europäischen Struktur- und Investitionsfonds sowie Horizont 2020)	**817**
Wissenschaft mit der und für die Gesellschaft (Steigerung der Akzeptanz von Wissenschaft in der Gesellschaft durch einen besseren Austausch zwischen beiden)	**462**
Gemeinsame Forschungsstelle (JRC) (nicht nukleare Maßnahmen der Gemeinsamen Forschungsstellen)	**1.903**
Europäisches Innovations- und Technologieinstitut (EIT) (Steigerung der Innovationskapazität durch Verknüpfung von Bildung, Forschung und Unternehmen; Bildung von „Knowledge and Innovation Communities", KICs)	**2.711**
Horizont 2020 insgesamt	**77.028**

3.5 Technologievorausschau und Technikfolgenabschätzung

Eine **Technologievorausschau (Technology Foresight)** ist eine fachübergreifende Methode zur Identifizierung von zukünftigen technologischen Entwicklungen. Sie umfasst unterschiedliche Breiten von Themen und beteiligt eine Vielzahl von Stakeholdern, um zunächst die sozialen, wirtschaftlichen und ökologischen Herausforderungen zu diskutieren und daraus neue (notwendige) Technologien abzuleiten. Dabei

Kein Zeitlimit 3 Mon. 3 Mon. 6 Wo. 6 Wo.

Rat der Europäischen Union

1. Lesung   2. Lesung   3. Lesung

Änderungen

Europäische Kommission

Vorschlag

ggf. Vermittlungs- ausschuss (Rat und Parlament)

Annahme

Standpunkt   Änderungen

1. Lesung   2. Lesung   3. Lesung

Europäisches Parlament

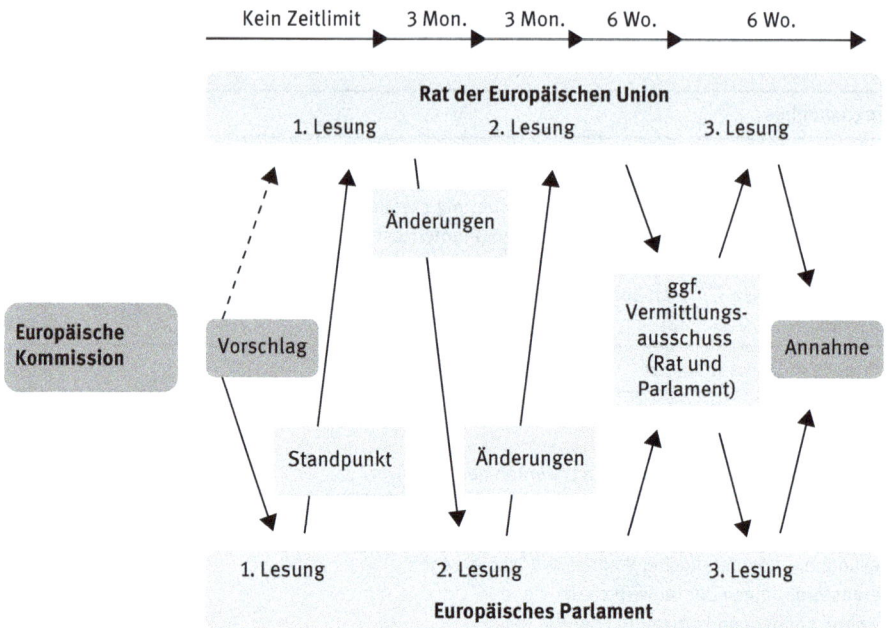

Abb. 3.4: **Gesetzgebungsverfahren zur Verabschiedung des Europäischen Rahmenprogramms**: Die Kommission macht einen Vorschlag, zu dem das Parlament einen Standpunkt formuliert. Anschließend sucht der EU-Forschungsrat (also die Forschungsminister aller 28 Mitgliedsländer) eine gemeinsame Position. Das Parlament hat nun maximal drei weitere Monate Zeit für Änderungs- vorschläge (zweite Lesung), zu denen die Kommission wiederum Stellung bezieht. Sollte es keine Einigung geben, hat ein Vermittlungsausschuss die Möglichkeit, einen Konsens zu finden. Dieser muss dann innerhalb von weiteren sechs Wochen von Parlament und Rat angenommen werden (eigene Darstellung).

werden sowohl gesellschaftliche Zukunftstrends vor dem Hintergrund erwarteter technisch-wissenschaftlicher Entwicklungen dargestellt als auch – vice versa – tech- nische Entwicklungen als Reaktion auf gesellschaftliche Herausforderungen. Der Prozess ist interaktiv, offen und Bottom-up. Eine Technologievorausschau wird häufig zur Unterstützung politikbezogener Entscheidungsfindung auf regionaler, nationaler oder internationaler Ebene eingesetzt. So beauftragen insbesondere nationale oder supranationale Förderorganisationen (BMBF oder EU) derartige Studien, um neue Technologien frühzeitig mit eigenen FuE-Förderprogrammen zu unterstützen. Tech- nologievorausschauen und -beobachtungen sind insbesondere für eine wachsende Zahl von Ländern notwendig, um den Anschluss im internationalen Technologie- wettlauf und die internationale Wettbewerbsfähigkeit nicht zu verlieren; mit diesem Wissen werden dann Prioritäten in der nationalen Forschungs- und Technologiepoli- tik gesetzt. Ziele eines solchen Prozesses sind:

- Integration von Wissen: Zusammenstellung sozioökonomischer Trends (gesellschaftliche Zukunftstrends) vor dem Hintergrund erwarteter technisch-wissenschaftlicher Entwicklungen
- Kommunikation von Positionen: Reflexion von Trends durch relevante Akteure aus Gesellschaft, Politik und Wirtschaft
- Partizipation durch Dialog: Durch breite Mitwirkung von Stakeholdern größere Aufgeschlossenheit gegenüber neuen Technologien

---

Beispiel einer Technologievorausschau: **BMBF-Foresight Zyklus II 2015**. Die Studie adressiert sowohl gesellschaftliche als auch technologische Herausforderungen mit Bezug auf Deutschland mit einem Zeithorizont bis 2030. Im Folgenden werden jeweils zwei Beispielthemen für jeden Bereich dargestellt.

Gesellschaftliche Herausforderungen/Trends (insgesamt 60):
- Bereich Gesellschaft/Kultur/Lebensqualität, z. B.:
  - Bürgerforschung: neue Herausforderungen für Wissenschaft und Gesellschaft
  - Rebound-Effekt: unterschätztes Paradoxon der Nachhaltigkeitspolitik
- Bereich Wirtschaft, z. B.:
  - Selbermachen 2.0
  - Crowdfunding als alternatives Finanzierungsmodell
- Bereich: Politik und Governance, z. B.:
  - Die neuen Alten prägen die Protestkultur
  - Neue Architekturen des Regierens: die Handlungsfähigkeit der Politik in der Postdemokratie
(VDI Technologiezentrum, Fraunhofer ISI, 2014)

Technologische Herausforderungen zu 11 Forschungs- und Technologiefeldern, z. B.:
- Materialwissenschaften, u. a. Funktionsmaterialien (elektroaktive Polymer-Aktuatoren für einstellbare Bauteile im Flugzeug) selbstreinigende Oberflächen im Flugzeug, magnetostriktive Materialien (Deformation magnetischer Stoffe infolge eines angelegten magnetischen Feldes) für steuerbare und adaptive Maschinenbauteile.
- Zivile Sicherheitsforschung, u. a. intelligente Leitstellen und selbstorganisierter Aufbau von Ad-hoc-Kommunikationsnetzen bei Ausfall oder Störung bestehender Kommunikationsstrukturen in Katastrophenlagen.
(VDI Technologiezentrum, Fraunhofer ISI, 2014)

Die adressierten Prognosezeiträume von Foresight-Studien sind unterschiedlich. Möglich sind Aussagen zu Technologien, die sich schon in der Entwicklung befinden (z. B. Elektromobilität), zu möglichen neuen Technologien mit einem noch riskanten Marktpotenzial (z. B. Autonomes Fahren) oder zu Technologievisionen mit mehr als 10 Jahren weiterer Forschung bis zur möglichen Marktreife (z. B. Quantencomputer). Dabei geht es neben der Abschätzung der technologischen Machbarkeit vor allem um die Berücksichtigung von nichttechnologischen Treibern wie politische, soziale, ökonomische oder ökologische Veränderungen.

Die **Technologiefrüherkennung** baut auf den identifizierten neuen Themen der Technologievorausschau auf. Sie wird üblicherweise von Unternehmen durchgeführt und dient der individuellen Entscheidungsfindung über die Aufnahme von Technologien in das eigene Unternehmens-Portfolio. Dazu werden die Potenziale für die eigenen Zielsetzungen (z. B. durch eine SWOT-Analyse)[22] tiefer analysiert und die Chancen bewertet. Unternehmen versuchen durch diese Methode schwache Signale zu neuen Technologien, die sie aus der Wirtschaft (von Wettbewerbern) oder der Wissenschaft (ggf. von Kooperationspartnern) aufgenommen haben, hinsichtlich der Relevanz für ihr Unternehmen frühzeitig zu bewerten. Dabei muss insbesondere abgeschätzt werden, wie lange eine neue Technologie voraussichtlich noch bis zur Anwendungs- bzw. Marktreife braucht (vgl. Kap. 1.3, Abb. 1.3) und wer der dominante (Wissenschafts-) Treiber ist.

Während die Technologiefrüherkennung vorrangig die Chancen neuer Technologien für individuelle Akteure bewertet, zielt die **Technikfolgenabschätzung** hauptsächlich auf deren Risiken bei der Anwendung (s. Abb. 3.5). Dabei sollen die möglichen gesellschaftlichen, wirtschaftlichen, kulturellen und ethischen Folgewirkungen ganzheitlich erfasst werden. Die Methode arbeitet dabei mit Wahrscheinlichkeitsaussagen und Risikoabwägungen und schildert vergleichend Vor- und Nachteile denkbarer Entwicklungen der Technik und ihre Wechselwirkung mit der Gesellschaft. Die Nachfrage nach dieser Art von Studien besteht insbesondere im politischen Bereich, um die Auswirkungen neuer Technologien, insbesondere ihr Gefährdungspotenzial für den einzelnen Menschen, die Gesellschaft oder die Umwelt abzuschätzen (vgl. Kap. 2.4, TAB). Dabei werden folgende Aspekte untersucht (nach (Decker, 2013)):

- Beabsichtigte und nicht beabsichtige Folgen: Die intendierten – meist positiv besetzten – Folgen versperren oft den Blick für nicht intendierte Nebenwirkungen, die sich aus der Umsetzung der FuE-Ergebnisse ergeben (z. B. Dual Use-Problematik).[23]
- Direkte und indirekte Folgen: Direkte Folgen entstehen aus der unmittelbaren Anwendung der Forschungsergebnisse. Aus der Interaktion mit anderen vor- und nachgelagerten Prozessen können weitere indirekte Folgewirkungen entstehen. Diese werden insbesondere sichtbar, wenn der ganze Lebenszyklus eines Produktes betrachtet wird (z. B. ökologische Folgen).
- Klein- und großräumige, kurz- und langfristige Folgen: Alle Folgen sind auf den jeweils kleinen und großen räumlichen und zeitlichen Skalen zu betrachten. Insbesondere können Schadensfälle mittlerweile globale und langfristige Folgen haben (z. B. Kernkraftwerksunfälle).

---

22 SWOT Analyse: Akronym für Strengths (Stärken), Weaknesses (Schwächen), Opportunities (Chancen) und Threats (Bedrohungen). Die SWOT-Analyse ist ein Instrument zur Positionsbestimmung einer FuE-OE. Die Stärken und Schwächen beziehen sich jeweils auf die eigene Leistungsfähigkeit, die Chancen und Risiken hingegen adressieren den Außenraum.

23 Dual Use Problematik: Dilemma, das entsteht, wenn FuE-Ergebnisse, die für zivile Anwendungen vorgesehen waren nun militärisch genutzt werden. Ebenso können militärisch relevante Technologien

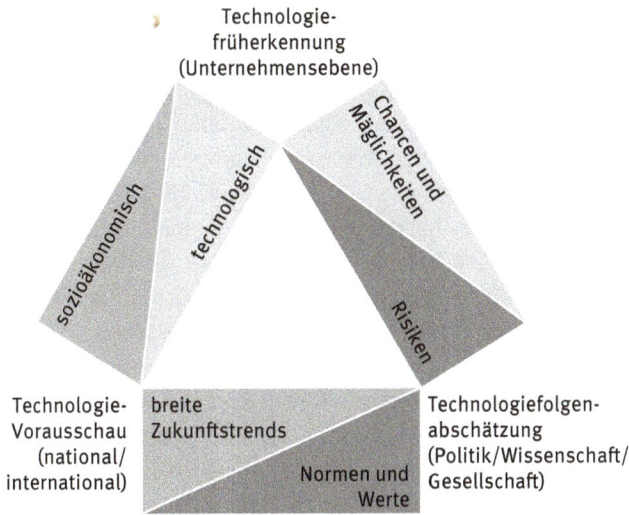

Abb. 3.5: Prognosetypen mit unterschiedlichen Zielsetzungen: Die Technologie-Vorausschau beschäftigt sich mit der Entwicklung von breiten (Technologie-)Trends unter Berücksichtigung der Auswirkung auf Wirtschaft und Gesellschaft. Die Technologiefrüherkennung nimmt neue Themen auf und untersucht sie hinsichtlich ihres Potenzials. Die Technikfolgenabschätzung fokussiert vornehmlich auf die Risiken. Jeder Begriff steht für eine Perspektive mit jeweils zwei Foki, wobei jeder Foki mit abnehmender Gewichtung auch von einer anderen Perspektive geteilt wird (gleiche Graustufen) (eigene Darstellung nach (Axel Zweck, 2002)).

- Folgen von Handlungsalternativen: Angesichts der Unsicherheiten von Folgenabschätzungen ist ein Vergleich mit anderen Optionen im Hinblick auf die Themenwahl, die Vorgehensweise oder den Forschungsprozess sinnvoll. Insbesondere sollte auch die Option des Nichthandelns diskutiert werden, was also passiert, wenn die Technologie nicht verfolgt wird.
- Zielkonflikte: Diese können sich auf den Forschungsgegenstand selbst oder das intendierte Ergebnis beziehen. Diese Konflikte können zwischen den Zielen der Forscher, der Anwender oder verschiedenen gesellschaftlichen Gruppierungen bestehen.
- Vorhersehbare versus unvorhersehbare Folgen: Diese Sichtweise zielt auf das Ausmaß und die Wahrscheinlichkeit der Erkennbarkeit der späteren Folgen ab.

---

in falschen Hände missbräuchlich genutzt werden (z. B. biotechnologische Forschung). Inwiefern die zivile und militärische Dual-Use Ambivalenz dauerhaft unterbunden werden kann, ist offen (z. B. durch Exportkontrolle). Teilweise gibt es auch zivile Potenziale aus militärischer Forschung (z. B. bei der zivilen Nutzung von Kernenergie oder der Luftfahrttechnologie), die allerdings keine Problematik darstellen.

Bei dieser Vielzahl von unterschiedlichen Dimensionen der Folgenabschätzung kann der Eindruck gewonnen werden, dass bei einem derart intensiven Scanning von Risiken (ggf. noch unter Hinzuziehung von zusätzlichen Ethik-, Nachhaltigkeits- und Diversity-Aspekten) kaum mehr eine Entwicklung als gänzlich risiko- oder nachteils-frei betrachtet werden kann. Deshalb muss tatsächlich eine Abwägung von Chancen und Risiken stattfinden (vgl. Kap. 7.1, Neue Risiken der Forschung). Eine Betrachtung über Technikfolgen beinhaltet immer die Abwägung der Wahrscheinlichkeiten eines Schadenseintritts und des Schadensausmaßes im Verhältnis zu den Nutzenaspekten. Letztendlich gibt es keine Technik, die ausschließlich positive Effekte induziert und auch kaum eine, die nur negative Folgen hervorruft: So hat z. B. die (positiv wahr-genommene) Solarenergienutzung durch Fotovoltaik den Nachteil eines hohen Res-sourcenverbrauchs bei der Anlagenherstellung und die (negativ wahrgenommene) Kernenergie hingegen den Vorteil der geringen CO_2-Emissionen. Schadens- und Nut-zenpotenziale neuer Technologien müssen gegeneinander abgewogen werden und dieser Prozess bzw. die dabei anzuwendenden Kriterien sind nicht mehr Teil und Aufgabe der Wissenschaft (auch nicht der Gesellschaftswissenschaften), sondern dieser Konsens muss innerhalb der Zivilgesellschaft bzw. zwischen den Stakeholdern herbeigeführt und verantwortet werden. Dabei muss mit drei Arten von Konflikten umgegangen werden: Interessenkonflikte (Macht- und Ressourcenverteilung), Wis-senskonflikte (Umgang mit technischen Risiken) und vor allem Wertekonflikte (ethi-sche Betrachtung eines Sachverhalts).

4 Management von Forschungseinrichtungen

- Wie sind FuE-Organisationen strukturiert?
- Wie läuft ein Ziel- und Strategieplanungsprozess ab?
- Wie sind FuE-Einrichtungen finanziert?

4.1 Struktur und Akteure einer FuE-Organisation

Wissenschaft und Forschung finden innerhalb strukturierter Organisationen statt. Jeder Wissenschaftler ist eingebunden in ein System mit vielen Subsystemen, die untereinander gekoppelt sind. Innerhalb einer FuE-Organisation gibt es drei verschiedene Akteursgruppen (s. Abb. 4.1):

- forschende Organisationseinheiten (Abteilungen oder Gruppen) mit überwiegend aktiv forschenden Wissenschaftlern (FuE-OEs)
- Verwaltungs- oder Management-OEs (zur Unterstützung der FuE-OEs)
- beaufsichtigende oder beratende Gremien

Bei FuE-Organisationen gibt es unterschiedliche Ausprägungen der internen Governance. Dazu werden im Folgenden zwei grundsätzlich verschiedene Typen charakterisiert:

- FuE-Organisation als Zusammenschluss von rechtlich selbstständigen FuE-Einrichtungen
  - hohe Autonomie der FuE-Einrichtungen; die FuE-Einrichtungen setzen eigene Strategien und alle wesentlichen Geschäftsprozesse selbstständig um (relativ große eigene Verwaltungen)
  - Institutionelle Finanzierung wird von den FuE-Einrichtungen direkt mit ihren relevanten Zuwendungsgebern verhandelt.
  - nur geringe Wechselwirkungen zwischen den FuE-Einrichtungen
  - geringe Corporate Identity innerhalb der FuE-Organisation (eher Charakter einer „Holding")
  - relativ heterogenes FuE-Gesamtportfolio
  - In der (relativ kleinen) Zentrale werden übergreifende Wechselwirkungen mit der Politik und Gesellschaft gepflegt sowie interne Dienstleistungen angeboten.
- FuE-Organisation mit einzelnen rechtlich nicht selbstständigen FuE-Einrichtungen
  - Autonomie und Governance der FuE-Einrichtungen wird mit der Leitung der FuE-Organisation (Zentrale) verhandelt.
  - Institutionelle Finanzierung wird von der Zentrale mit den Zuwendungsgebern verhandelt und an die FuE-Einrichtungen weiter geleitet.
  - hoher interner Vernetzungsgrad

DOI 10.1515/9783110517828-004

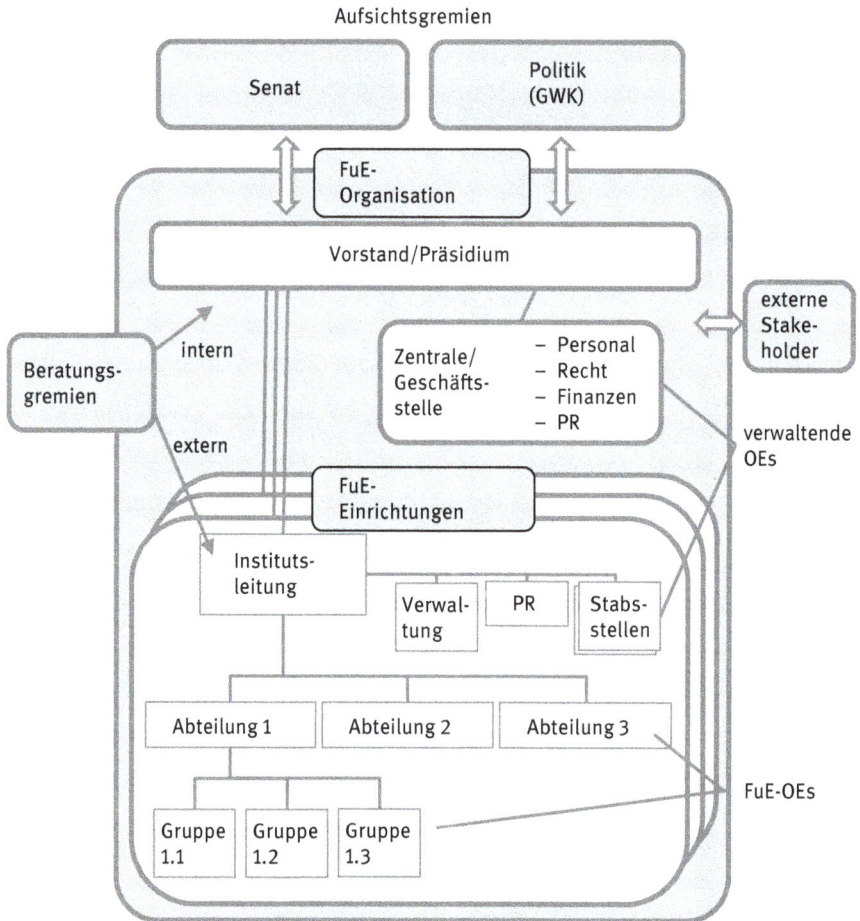

Abb. 4.1: Struktur einer FuE-Organisation: Eine FuE-Organisation besteht aus einer Anzahl von (weitgehend autonomen) FuE-Einrichtungen (Institute), die jeweils eine eigene Leitung und eine eigene Organisationsstruktur mit verwaltenden und forschenden OEs besitzen. Die FuE-Organisation hat eine eigene Zentrale für übergreifende Geschäftsprozesse und Strategiebildung. Daneben gibt es beaufsichtigende Gremien für die FuE-Organisation und beratende Gremien sowohl für die FuE-Organisation (intern besetzt) als auch für die einzelnen FuE-Einrichtungen (extern besetzt) (eigene Darstellung).

- Ausbildung einer Corporate Identity innerhalb der FuE-Organisation
- abgestimmtes FuE-Gesamtportfolio
- In der (relativ großen) Zentrale werden alle wesentlichen Geschäftsprozesse umgesetzt und dort liegt die Gesamtstrategie der Organisation (nur kleine Verwaltungen an den FuE-Einrichtungen).

Die obige Darstellung charakterisiert zwei unterschiedliche Formen von FuE-Organisationen, wobei die jeweilige Autonomie der einzelnen Einrichtungen nur „de jure"

charakterisiert ist; in der Praxis können entsprechende Rechte und Pflichten individuell zwischen der FuE-Organisation und den FuE-Einrichtungen ausgehandelt und
geregelt werden.

Hinsichtlich der FuE-Organisationen in Deutschland ist die LG und HGF eher dem
losen Verbund der rechtlich selbstständigen FuE-Einrichtungen zuzuordnen und die
FhG und MPG sind FuE-Organisationen rechtlich nicht selbstständiger FuE-Einrich-
tungen mit einer großen Zentrale. Heutige Hochschulen gehören zu dem Modell der
FuE-Organisation mit rechtlich nicht selbstständigen FuE-Einrichtungen (Institute,
Dekanate), wobei das interne Selbstverständnis hinsichtlich der Autonomie oder der
Vernetzung innerhalb der Hochschulen unterschiedlich ausgeprägt ist.

Im Folgenden werden die Prozesse für eine FuE-Organisation beschrieben, die
charakterisiert ist durch eine Zentrale (Vorstand/Präsidium), die die FuE-Organisation strategisch leitet, dabei ihren FuE-Einrichtungen aber eine hohe Autonomie ein-
räumt (also ein Modell „zwischen" den beiden oben dargestellten Charakteristiken).

Die Zentrale mit ihrer Leitung führt die Geschäfte einer FuE-Organisation. Sie
beschließt die Grundzüge der Wissenschafts- und Forschungspolitik sowie die
Ausbau- und Finanzplanung, akquiriert ggf. die institutionelle Förderung bei Bund
und Ländern und disponiert ihre Verteilung auf die Institute. Sie bietet den operativen FuE-Einrichtungen auch ihre Verwaltungsdienstleistungen an. Nach dem Subsidiaritätsprinzip werden dort diejenigen Geschäftsprozesse umgesetzt, die in den
einzelnen Instituten nicht oder weniger effizient bearbeitet werden können (das sind
bei einem Zusammenschluss rechtlich selbstständiger Einrichtungen naturgemäß
weniger Themen als bei rechtlich unselbstständigen Instituten).

Das Innenverhältnis zwischen der Zentrale und den einzelnen FuE-Einrichtungen
(Governance) ist üblicherweise durch eine Reihe von Satzungen und Organisations-
anweisungen geregelt. Dabei kann in der täglichen Arbeit ein Spannungsverhältnis
zwischen den Ebenen „zentral – dezentral" nie ganz vermieden werden, weil nicht
alles Operative bis in das letzte Detail schriftlich regelbar ist. Vielmehr müssen die
Akteure die Balance ständig neu austarieren. Von den dezentralen Einheiten wird die
Zentrale teilweise als „fern von der Basis" angesehen während bei der Zentrale zuweilen Unverständnis herrscht, wenn vorgegebene interne und externe Standards (z. B.
Beachtung des Corporate Designs oder der allgemeinen Geschäftsbedingungen) von
den Instituten im täglichen Geschäft ignoriert werden. Prinzipiell versuchen die FuE-
Einrichtungen gegenüber der Zentrale eine größtmögliche Autonomie zu erlangen;
idealerweise muss sich dabei ein Gleichgewicht einstellen zwischen Freiheiten und
Autonomie einerseits und den entsprechenden Pflichten und Verantwortlichkeiten
gegenüber der gesamten FuE-Organisation andererseits (s. Tab. 4.1).

Verbindliche Vorgaben der FuE-Organisation können durch die FuE-Einrichtungen nicht verändert werden; dazu gehören z. B. gemeinsame Zielsetzungen (Leitbild), Qualitätsstandards oder Compliance-Regeln. Ebenso sind Prozesse wie das
Finanzcontrolling eindeutig vorgegeben und teilweise sogar durch externe Standards (Prüfung durch Wirtschaftsprüfer) festgelegt. Innerhalb dieses verbindlichen

Rahmens können die möglichen Freiheitsgrade der FuE-Einrichtungen gegenüber der FuE-Organisation ausgehandelt werden. Dabei müssen natürlich die aus den Freiheiten resultierenden Verantwortlichkeiten (s. Tab. 4.1) von der Zentrale überprüfbar sein bzw. auch überprüft werden. Bei Verfehlen der Ziele (z. B. wirtschaftliche Schieflage oder unzureichende wissenschaftliche Qualität) gibt es in den FuE-Organisationen i. d. R. Vorgehensweisen, um die FuE-Einrichtungen wieder auf einen erfolgreichen Kurs zu bringen. Dabei werden ggf. temporär die üblichen Freiheiten etwas eingeschränkt; z. B. wird die FuE-Einrichtung verkleinert, die Ausrichtung des Portfolios wird durch Dritte mit bestimmt, die interne Organisation wird angepasst oder es werden personelle Maßnahmen umgesetzt.

Tab. 4.1: Mögliche Balance zwischen Verantwortung und Freiheit einer dezentralen FuE-Einrichtung (gegenüber der Zentrale der FuE-Organisation): Beide Felder bedingen sich wechselseitig: Dem Leiter einer FuE-Einrichtung müssen Freiheiten zugestanden werden, damit er eine entsprechende Verantwortung zur Erreichung von Zielen übernehmen kann. Werden diese erreicht, ist das System in der Balance; wenn die Ziele allerdings nicht erreicht werden, müssen auch die Freiheiten eingeschränkt werden.

Verantwortung	Freiheiten
– Erfüllung der Zielvorgaben (der FuE-Organisation)	– Entwicklung des FuE-Portfolios
– ausgeglichenes Budget	– Allokation von Ressourcen
– hohes wissenschaftliches Renommee	– Wahl der Kooperationen
– Qualitätssicherung der FuE-Projektergebnisse	– Personalauswahl
– Qualifizierung und Zufriedenheit der Mitarbeiter	– interne Organisation

Für den Austausch zwischen Vorstand/Zentrale und den operativen, dezentralen FuE-Einrichtungen hat sich ein Mix aus verschiedenen Prozessen und Instrumenten bewährt. Eine ausschließliche Steuerung durch quantitative Leistungsindikatoren ist kritisch zu sehen, weil sie die Vielfältigkeit der FuE-Einrichtungen üblicherweise nicht abbildet (vgl. Kap. 5.4.3, Evaluierung einer FuE-Einrichtung). Dazu sollte es eine Steuerung durch Prozesse geben wie z. B. ein standardisierter Strategieplanungsprozess für die FuE-Einrichtungen oder Dialogplattformen mit externen Experten, um Entscheidungen der Leitung der FuE-Einrichtungen qualitativ abzusichern. Unerlässlich ist auch die direkte Kommunikation zwischen der Leitung der FuE-Einrichtungen und derjenigen der FuE-Organisation, um gemeinsam künftige Ziele zu vereinbaren (s. Abb. 4.2).

Der Einfluss und die Funktionen von externen Beratungs- oder Aufsichtsgremien werden üblicherweise durch die Satzung der FuE-Organisation beschrieben. Neben diesen formalen Regelwerken kommt es dabei allerdings vor allem auf die gelebte Praxis an, wie nützlich bzw. sinnhaft diese Gremien sind. Die Spannbreite der Nutzenstiftung ist breit: Sie reicht vom nur formalen Abarbeiten der Tagesordnung bei den jährlich vorgeschriebenen Sitzungen bis hin zu einem intensiven Austausch zwischen den Gremienmitgliedern und der Leitung der FuE-Organisation, um kritisch und konstruktiv das Wirken der FuE-Organisation zu unterstützen. Welche Kultur sich jeweils entwickelt, hängt von dem Vorsitzenden des Gremiums, der Auswahl und dem Selbstverständnis der Mitglieder sowie dem Anspruch der Leitung der FuE-Organisation ab: Will sie die Sitzung nur „überstehen" oder sieht sie die Teilnehmer als Unterstützer an?

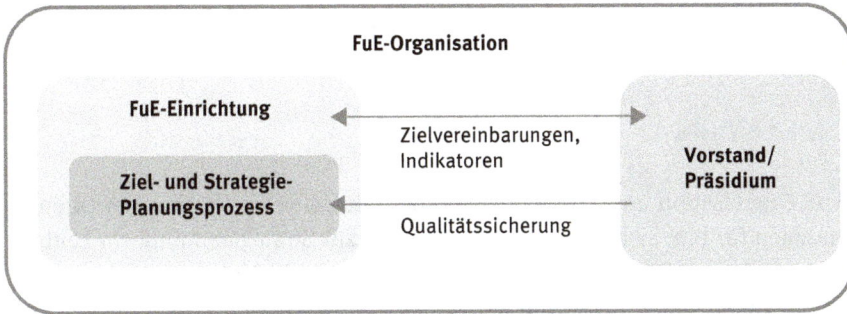

Abb. 4.2: **Steuerung und Management dezentraler FuE-Einrichtung innerhalb einer FuE-Organisation:** Die Wechselwirkungen zwischen dem Vorstand/Zentrale und den dezentralen FuE-Einrichtungen sollten auf verlässlichen Zielvereinbarungen basieren, die ggf. individuell in direkter Kommunikation entstanden sind. Teile der Zielvereinbarungen können auch quantitative Indikatoren enthalten, die für alle FuE-Einrichtungen der FuE-Organisation gelten (z. B. eine Drittmittelquote bei der Finanzierung). Der Vorstand ist verantwortlich für die Qualitätssicherung der Planungsprozesse. Dabei kann er die FuE-Einrichtungen durch Zur-Verfügung-Stellen geeigneter Methoden unterstützen (die fakultativ oder obligatorisch genutzt werden können oder müssen), zusätzlich muss er sicherstellen, dass die Prozesse in der notwendigen Qualität in den FuE-Einrichtungen durchgeführt werden. Das Festsetzen der individuellen Ziele und Strategien selbst liegt in der Freiheit der FuE-Einrichtung (eigene Darstellung).

Die beaufsichtigenden Gremien setzen sich üblicherweise aus hochrangigen Vertretern aus Wissenschaft, Wirtschaft und öffentlichem Leben sowie Vertretern des Bundes und der Länder (als Repräsentanten der fördernden Ministerien) zusammen und beschließen mit der Leitung der FuE-Organisation die Grundzüge der Wissenschafts- und Forschungspolitik. Ein solches Gremium (z. B. Senat) tagt üblicherweise 1–2 Mal pro Jahr.

Weitere beratende Gremien gibt es üblicherweise sowohl auf der Ebene der FuE-Organisation als auch der der FuE-Einrichtung. Bei der FuE-Organisation setzt sich ein solches Gremium u. a. auch aus Mitgliedern der Institute (z. B. Institutsleitungen oder ausgewählte Wissenschaftler aus den Instituten) zusammen. Es handelt sich dann um ein Bottom-up-Gremium, das zwar üblicherweise nicht direkt mitbestimmt, aber die Leitung der FuE-Organisation und weitere Organe bei Fragen von grundsätzlicher Bedeutung beraten oder Empfehlungen bezüglich der Forschungs- bzw. Personalpolitik aussprechen kann. Ein externes beratendes Gremium für die jeweiligen FuE-Einrichtungen (z. B. Kuratorium, wissenschaftlicher Beirat o. ä.) kann sich ähnlich wie auf der Ebene der FuE-Organisation aus Vertretern der relevanten Stakeholder des Instituts zusammensetzen, also z. B. langjährige Kunden, Förderorganisationen, Vertreter von NGOs oder auch Experten der jeweiligen wissenschaftlichen Disziplin. Das Gremium berät die Leitung der FuE-Einrichtung zur wissenschaftlichen und fachlichen Ausrichtung und nimmt Stellung zu möglichen strukturellen Veränderungen. Auch hier gilt, dass der Charakter dieser Treffen durch die jeweiligen Selbstverständnisse der Mitglieder und der Leitung der FuE-Einrichtung geprägt wird.

4.2 Das Leitbild

Jede FuE-Organisation und -Einrichtung erstellt idealerweise als obersten Orientierungsrahmen für ihre Zielsetzungen und als Basis zur Strategiebildung ein Leitbild. Teilweise sind derartige Dokumente anders betitelt (z. B. Unternehmensstrategie, Ziele 20xx, Herausforderungen von morgen etc.), erfüllen aber eine ähnliche Funktion. Innerhalb einer FuE-Organisation oder eigenständigen FuE-Einrichtung wird damit ein Konsens geschaffen über die zukünftige Ausrichtung, die auch schriftlich niedergelegt ist. Ohne einen solchen Konsens ist ein abgestimmtes gemeinsames Handeln kaum möglich. Bereits Seneca formulierte treffend: „Einem Schiff, das seinen Hafen nicht kennt, weht nie ein günstiger Wind". Zur gemeinsamen internen und externen Orientierung ist eine Aussage zu den Zielen, insbesondere zur FuE-Portfolioentwicklung, den benötigten Ressourcen und zu den Wechselwirkungen mit den Stakeholdern notwendig. Dabei beginnt die höchste unabhängige Ebene in der Hierarchie mit der Planung, also zunächst die FuE-Organisation, damit diese Planungen sukzessive in den nächstfolgenden Ebenen detaillierter ausgearbeitet werden.

Ein Leitbild besteht aus drei Elementen und macht Aussagen zu folgenden Fragestellungen:
- Mission: Wofür stehen wir? Welchen Auftrag haben wir? Warum gibt es uns?
- Vision: Wo wollen wir hin?
- Leitsätze: Welches sind unsere wesentlichen Werte und Prinzipien, um die Mission zu erfüllen und die Vision zu erreichen?

Das Leitbild einer FuE-Organisation formuliert ihren Daseinszweck und beschreibt ihre wesentlichen und charakteristischen Prinzipien und Werte. Es ist die Richtschnur für alle Beschäftigten und soll deren Handeln „leiten". Es dient im Innenraum einer gemeinsamen Orientierung sowie dem internen Zusammenhalt und gibt dem Außenraum Vertrauen und Verlässlichkeit. Gerade in Zeiten der zunehmenden Individualisierung und separater Lebensentwürfe gibt ein Leitbild den Mitarbeitern eine mögliche gemeinsame Sinnstiftung hinsichtlich des beruflichen Wirkens. Ein solches Leitbild ist innerhalb der Organisation breit abgestimmt und stellt ein wichtiges Instrument zur internen Steuerung dar.

Das Leitbild stellt mit seiner Mission, Vision und den Leitsätzen den orientierenden Rahmen für die jeweiligen Zielsetzungen einer FuE-Organisation dar. Die Vision entspricht dem Zukunftsbild der FuE-Organisation und korrespondiert meist mit den langfristigen Zielsetzungen. Für die Erreichung der jeweiligen Ziele werden entsprechende Strategien geplant und zur Umsetzung operative Maßnahmen und Projekte verfolgt. Eine entsprechende Planungskaskade (von der Vision bis zu Maßnahmen) kann für jede Hierarchieebene durchgeführt werden, von der FuE-Organisation bis zur FuE-OE (s. Abb. 4.3).

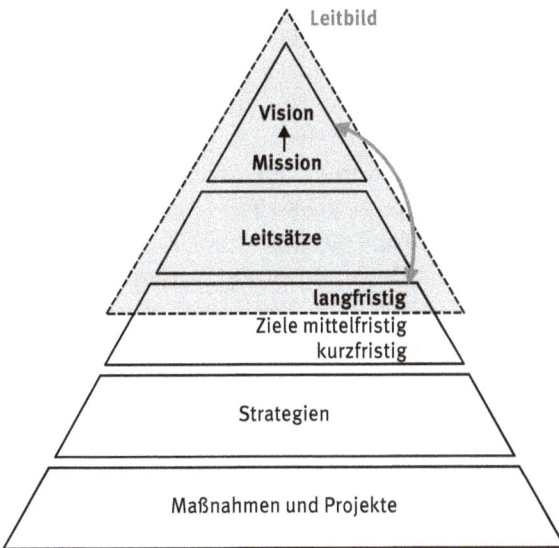

Abb. 4.3: Zur Funktion eines Leitbilds: Aus dem Leitbild werden die nachfolgenden Ziele und Strategien abgeleitet (eigene Darstellung).

Das Leitbild steht an der Schnittstelle zwischen Altem und Neuem: Es stellt einerseits die heutige Position der FuE-Organisation dar und zeigt gleichzeitig langfristige Ziele (Visionen) auf. Es ist einerseits so breit, dass darin alle wesentlichen Aktivitäten abgebildet werden und sich alle Mitarbeiter darin wieder finden, andererseits ist es so spezifisch, dass es (möglichst nur) die eigene Organisation beschreibt. So kann ein Leitbild einer großen FuE-Organisation hinsichtlich des FuE-Portfolios natürlich noch keine konkreten Aussagen zu einzelnen FuE-Themen machen, gleichwohl muss es als Orientierung dienen (können) für die Planungen der nächstfolgenden FuE-OEs.

Durch die oben genannten Strukturelemente Mission, Vision und Leitsätze ist es üblich, inhaltlich folgende Themen zu adressieren:

1. Welches sind unsere wichtigsten Prinzipien (u. a. eigene, prägende Alleinstellungsmerkmale)?

2. Wie gehen wir intern miteinander um? Welches sind unsere wichtigsten internen Werte?
3. Welchen Stellenwert haben die Mitarbeiter? (Sicht des Arbeitgebers)
4. Was können unsere Stakeholder von uns erwarten?

Insbesondere die Stakeholder-Orientierung ist ein wesentliches Element des Leitbilds. Stakeholder für FuE-Organisationen sind üblicherweise:
- Politik, Zuwendungsgeber (institutionelle Förderung) und öffentliche Projektförderer: Jede FuE-Organisation erhält über 50 % ihres Budgets als öffentliche Förderung. Deshalb ist ein Abgleich der Interessen mit den jeweiligen Bundes- und Länderministerien essenziell (vgl. Kap. 2.3, FuE-Fördereinrichtungen).
- Zivilgesellschaft: Indirekt finanziert die Gesellschaft über ihre Steuern die FuE-Organisationen. Erwartet werden FuE-Ergebnisse zur Steigerung der Wettbewerbsfähigkeit und der Attraktivität des Standorts Deutschlands sowie zur Zukunftssicherung der Gesellschaft. Dieser Nutzen muss kommuniziert werden. Ebenso wird eine zunehmende Partizipation eingefordert.
- Wirtschaft: Unternehmen verwerten die FuE-Ergebnisse von anwendungsnahen FuE-Organisationen, d. h. sie sind direkte Kunden für die Auftragsforschung; dazu ist eine zielgerichtete Kommunikation und eine enge Wechselwirkung notwendig.
- Scientific Community: Jede FuE-Organisation ist Teil der jeweiligen wissenschaftlichen Disziplin. Es sollten Aussagen zur eigenen (führenden) Positionierung und auch zur Kooperation mit anderen Partnern gemacht werden.
- Mitarbeitende: Die Mitarbeitenden werden auch oft als interne Stakeholder bezeichnet. Dabei sollte die Wechselwirkung zwischen dem Arbeitgeber und den Arbeitnehmern hinsichtlich Themen wie Arbeitsplatzbedingungen, Weiterbildung oder Karriereentwicklung angesprochen werden.

Teilweise gibt es auch sich widersprechende Erwartungen der Stakeholder (vgl. Kap. 4.3, Tab. 4.2), die in der internen Leitbilddiskussion thematisiert werden müssen. Die oben grob klassifizierten Stakeholder sollten so spezifisch wie möglich angesprochen werden (insbesondere bei den nachfolgenden Hierarchieebenen); so könnten z. B. einzelne wichtige Ministerien direkt adressiert werden oder bei der Wirtschaft könnten besonders die kleinen und mittleren Unternehmen oder die Unternehmen der Region als Zielgruppe hervorgehoben werden. Je spezifischer eine Zielgruppe beschrieben wird umso stärker fühlt sich diese berücksichtigt. Entsprechend den unterschiedlichen Missionen von FuE-Organisationen ergeben sich auch unterschiedliche relevante Stakeholder; während für Hochschulen die Studierenden eine wesentliche Anspruchsgruppe darstellen, hat für eine anwendungsnahe FuE-Organisation der Wirtschaftssektor eine große Bedeutung. Ein zunehmend wichtig werdender Stakeholder für alle öffentlich geförderten FuE-Einrichtungen ist die Zivilgesellschaft; dabei geht es um die Darstellung des Nutzens und die Transparenz der Forschung sowie deren zunehmende Partizipation bei FuE-Dialogen (vgl. Kap. 3.1, Zivilgesellschaft). Im

Leitbild wird also das Selbstverständnis der FuE-Organisation in Bezug auf ihre Stakeholder dargestellt. Das bedeutet allerdings nicht, dass die externen Stakeholder direkt in den Prozess zur Leitbildentwicklung eingebunden sind; das ist eher unüblich.

Ein Leitbild wird durch einen breiten partizipativen Prozess erstellt und soll von allen Mitarbeitern als „ihr" Leitbild angenommen werden. Die Sichten der Leitung einerseits und die der Mitarbeitenden andererseits werden dabei in einem iterativen und transparenten Bottom-up- und Top-down-Diskurs abgeglichen. Bei großen FuE-Organisationen können dazu auch entsprechende Kommunikationsmedien wie interne Blogs oder Chats genutzt werden. Bei der Erstellung des Leitbilds wird also der breite Input der Mitarbeitenden aufgenommen; geschrieben wird es dann final von der Leitung und verabschiedet durch entsprechende beaufsichtigende Gremien.

Die Konzeption und Umsetzung eines Leitbildprozesses ist für das interne Forschungsmanagement einer FuE-Organisation insofern herausfordernd, als dass dieser Prozess üblicherweise nur alle zehn Jahre durchgeführt wird und somit intern kaum eine Prozesserfahrung existiert. Dazu bieten zahlreiche Beratungsunternehmen ihre Unterstützung an und darauf kann eine FuE-Organisation ggf. zurückgreifen.

Leitbilder sollten einerseits stabil und langfristig sein, andererseits sollten sie nach mindestens zehn Jahren überprüft werden, um sowohl die Veränderungen der Organisation aufgrund von wirtschaftlichen, gesellschaftlichen und politischen Entwicklungen zu berücksichtigen als auch um zukünftige Rahmenbedingungen zu antizipieren.

Eine wichtige Funktion eines Leitbilds ist nicht nur die innere Kohäsion und Orientierung, sondern auch die Darstellung der Alleinstellungsmerkmale und die Differenzierung nach außen, insbesondere zu den Wettbewerbern. Als gutes Kriterium zur Überprüfung der Qualität des eigenen Leitbilds gilt, wenn die (Summe der) Aussagen nicht auch gleichzeitig für andere FuE-Organisationen gelten könnten.

Zu den Missionen der deutschen FuE-Organisationen
Vergleicht man die Missionen (oder die Grundsatzpapiere) der vier großen deutschen FuE-Organisationen, so lassen sich kaum signifikante Unterschiede erkennen. Alle reklamieren eine große FuE-Breite sowie eine umfassende Nutzenstiftung; ebenso orientieren sie sich an gesellschaftlich relevanten Themen, sind der Exzellenz verpflichtet und leisten Beiträge für den Innovationsstandort Deutschland. Diese sehr allgemeinen Ansprüche der Missionen waren nicht immer so: Bei der Gründung der FuE-Organisationen in den 50er- und 60er Jahren gab es sehr ausgeprägte differenzierte Zielsetzungen. Diese waren damals zwar nicht in Leitbildern abgelegt, aber sie wurden in den jeweiligen Gründungsdokumenten der FuE-Organisationen näher spezifiziert. Die FuE-Organisationen passten sich im Laufe der Zeit (natürlicherweise) an die Veränderungen ihrer Umwelt an, insbesondere den öffentlichen Förderprogrammen, und infolgedessen haben sich in Deutschland in vielen außeruniversitären FuE-Einrichtungen und auch den Universitäten redundante Kompetenzen ausgebildet. Diese Vielfalt hat auf der einen Seite ein großes (Kreativ-)Potenzial sowie eine Robustheit und Resilienz gegenüber möglichen Fehlsteuerungen (also das Aufnehmen „falscher" Themen), allerdings muss auf der anderen Seite unter Effizienzgesichtspunkten auch eine zu große Redundanz vermieden werden.

Die Zuordnung der jeweiligen außeruniversitären FuE-Einrichtungen (Institute) zu den vier Träger-organisationen ist in der Vergangenheit auch schon angepasst worden (vgl. Kap. 2.1.2, Die außer-universitäre Forschung).

Beispiel eines **Leitbilds einer FuE-Organisation** in Deutschland (Fraunhofer-Gesellschaft, 2016)

Mission
- Wir stehen für angewandte Forschung. Originäre Ideen setzen wir gemeinsam mit Unternehmen in Innovationen um – zum Wohl der Gesellschaft und zur Stärkung der deutschen und europäi-schen Wirtschaft.
- Fraunhofer fördert die fachliche und persönliche Entwicklung der Mitarbeiterinnen und Mitar-beiter, damit diese die Zukunft gestalten – in anspruchsvollen Positionen innerhalb der Fraun-hofer-Gesellschaft oder in anderen Bereichen der Wissenschaft und Wirtschaft.

Vision
- Fraunhofer ist die international führende Organisation der angewandten Forschung.
- Als Innovationstreiber leiten wir strategische Initiativen zu künftigen Herausforderungen und entwickeln daraus technologische Durchbrüche.

Leitsätze
- Wir tragen durch unsere Forschung zu einer nachhaltigen Entwicklung im Sinne einer ökolo-gisch intakten, ökonomisch stabilen und sozial ausgewogenen Welt bei. Dieser Verantwortung fühlen wir uns verpflichtet.
- Wir gestalten ein ausgewogenes Zusammenspiel zwischen exzellenter Forschung und anwen-dungsorientierter Entwicklung. Dieses Alleinstellungsmerkmal ist Motivation für uns und schafft Mehrwert für unsere Partner.
- Wir verstehen unsere Kunden und kennen ihre Herausforderungen von morgen. Gemeinsam entwickeln wir Lösungen für ihren langfristigen Erfolg.
- Wir kooperieren gezielt mit den weltweit Besten aus Wissenschaft und Wirtschaft. Dies stärkt unsere eigene Innovationskraft sowie die der deutschen und europäischen Wirtschaft.
- Wir setzen auf die große Vielfalt und ein enges Miteinander unserer Institute. Durch eine ver-trauensvolle Zusammenarbeit schaffen wir interdisziplinäre Forschungsangebote und steigern damit unsere Attraktivität.
- Unser Erfolg basiert auf dem Wissen und der Begeisterung unserer Mitarbeiterinnen und Mitar-beiter für die angewandte Forschung. Fraunhofer bietet ausgezeichnete Rahmenbedingungen und einen hohen Grad an Selbstbestimmung.

Leitbilder adressieren Ziele, Werte und Prinzipien auf der höchsten Organisations-ebene. Die nachfolgenden Ebenen haben üblicherweise keine weiteren eigenen „Leit-bilder" mehr, weil jede Organisation prinzipiell nur ein „offizielles" Leitbild hat. Allerdings müssen die hierarchisch nachfolgenden OEs das übergeordnete Leitbild auf sich selbst projizieren und detaillierter spezifizieren (ob dieses nun auch Leit-bild heißt oder nicht). Dabei sollte sichergestellt werden, dass ein solches „unterge-ordnetes Leitbild" sich aus dem Leitbild der FuE-Organisation ableitet und diesem nicht widerspricht. Ein solches Herunterladen des übergeordneten Leitbilds auf die eigene FuE-OE ist auf jeden Fall sinnvoll damit sich auch in den einzelnen FuE-OE eine gemeinsame Orientierung und Zielsetzung ausprägen kann.

4.3 Die Ziel- und Strategieplanung

Die Grundlage für die mittelfristigen Ziel- und Strategieplanungen der FuE-Organisation und der nachfolgenden FuE-OEs ist das Leitbild (s. o.). Sollte es keine Leitbilder auf der höchsten Organisationsebene geben, so liegen doch üblicherweise Dokumente vor, die die Ausrichtung der gesamten FuE-Organisation beschreiben und Aussagen zur Ausrichtung des FuE-Profils machen. Ist auch derartiges Material nicht verfügbar, so können vielleicht aktuelle Aussagen des Vorstands (z. B. Rede des Präsidenten) oder der Aufsichtsorgane (z. B. Protokoll der letzten Senatssitzung) herangezogen werden.

Ziele und Strategien, die bereits auf dem Niveau der FuE-Organisation thematisiert wurden, können bzw. müssen von den hierarchisch nächstfolgenden Ebenen übernommen und detaillierter ausgeführt und operationalisiert werden; wenn z. B. eine verstärkte internationale Kooperation auf der Organisationsebene angestrebt wird, müsste die FuE-Einrichtung dann entsprechend konkrete Partner adressieren.

Wesentliche Ziele und Strategien leiten sich aus dem **Risikomanagemen**t (RMS) ab (s. Abb. 4.4). Es zeigt gefährdende Entwicklungen für den Fortbestand der Organisation rechtzeitig auf, so dass Vorkehrungen zur Vermeidung der Risiken getroffen werden können. Das RMS dokumentiert Risiken, die für die FuE-Organisation als Ganzes spürbare Auswirkungen haben und bis zur Bestandsgefährdung reichen können. Diese können durch eine systematische Befragung der Fachabteilungen in der Zentrale identifiziert, beschrieben und bewertet werden. Dabei werden die Risiken (als Produkt aus Schadenshöhe und Eintrittswahrscheinlichkeit) in A-Risiken (Schadensausmaß potenziell bestandsgefährdend), B-Risiken (Schadensausmaß mit spürbarem Schaden) und C-Risiken (Schadensausmaß auch bei gehäuftem Auftreten eher gering) kategorisiert. Folgende Risiken einer FuE-Organisation sind denkbar:

– Geschäftsrisiken (Risiken aufgrund geänderter Rahmenbedingungen im Außenraum):
    – Markt-/Kundenrisiken (z. B. Rückgang öffentlicher Haushalte, rückläufige Wirtschaftserträge)
    – politische Risiken (z. B. Bewirtschaftungsgrundsätze, EU-Finanzierungsmodell, gesellschaftliche Anerkennung von Forschung, Regierungswechsel und Änderung der FuE-Politik)
    – Reputationsrisiken (z. B. wissenschaftliches Fehlverhalten)
    – Wettbewerbs-/Strategierisiken (z. B. Fehlsteuerung des FuE-Portfolios, Wachstumsmanagement)
– Finanzielle Risiken
    – Risiken aus externen Regeln (z. B. Verlust der Gemeinnützigkeit)
    – Beteiligungsrisiken (z. B. Wertverlust von Beteiligungen)
    – Liquiditätsrisiken (z. B. institutionelle Förderung, Forderungsausfälle)

- Operationelle Risiken (Risiken in Folge des Versagens interner Personen oder Prozesse)
    - Betriebs- und Infrastrukturen (z. B. Informationssicherheit)
    - Prozessrisiken (z. B. Compliance, Verstoß gegen Zuwendungsbedingungen)
    - Personalrisiken (z. B. Recruitment)
    - rechtliche Risiken (z. B. Produkthaftung, Verletzung von Schutzrechten)

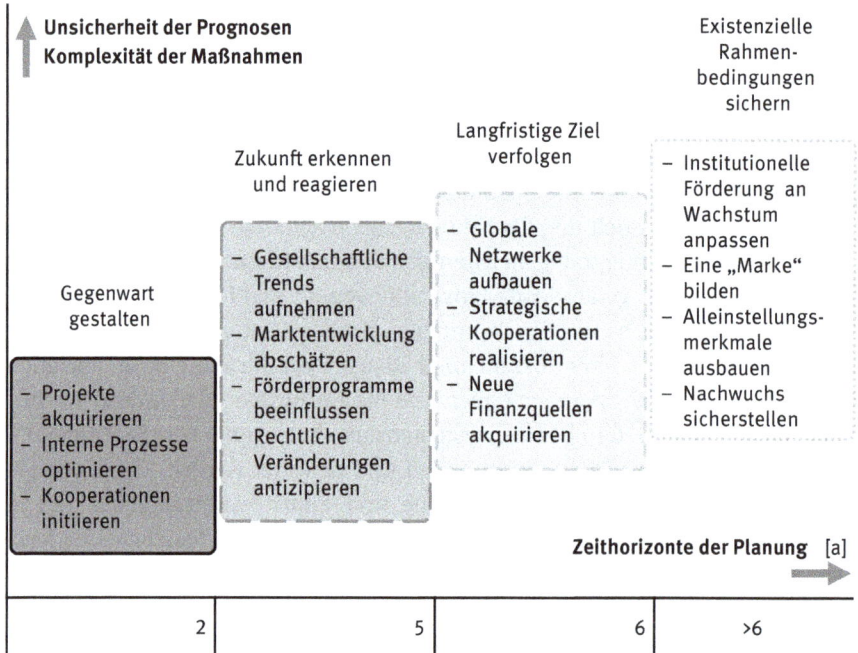

Abb. 4.4: **Ziel- und Planungshorizonte einer FuE-Organisation zur Minimierung von Risiken:** Neben dem operativen Geschäft und kurzfristigen Zielsetzungen muss auch die Zukunftsfähigkeit der FuE-Organisation im Auge behalten werden; dazu gehört z. B. die Sicherung der institutionellen Förderung durch permanente aktive Wechselwirkung mit den politischen Entscheidungsträgern oder die Akquisition neuer Finanzierungsquellen (z. B. Fundraising) (eigene Darstellung).

Sowohl für die außeruniversitären FuE-Organisationen als auch zunehmend für Hochschulen ergeben sich bei der Ziel- und Strategieplanung intrinsische Spannungsfelder, die kaum vollständig auflösbar sind, sondern deren Balance ständig austariert werden muss (s. Tab. 4.2).

Nachfolgend sollen die wesentlichen Inhalte einer Ziel- und Strategieplanung für eine mittelgroße FuE-Einrichtung (rd. 150–400 Mitarbeiter) dargestellt werden. Die Herausforderung für eine solche Organisationseinheit besteht darin, dass sie aus einem noch sehr großen Raum von Alternativen der fachlichen Ausrichtung nunmehr das FuE-Portfolio spezifizieren und konkrete Ziele und Strategien festlegen muss, damit sich die nächstfolgenden operativen Hierarchieebenen daran orientieren können. Eine solche Planung sollte neben der FuE-Portfolioentwicklung auch die Finanzierung und Kooperationen umfassen.

Tab. 4.2: **Spannungsfelder beim Management einer öffentlich geförderten FuE-Organisation**

Einerseits		Andererseits
Eine Organisation mit *einem* Leitbild und *einer* Corporate Identity	↔	Hohe Anzahl weitgehend autonomer FuE-Einrichtungen mit verschiedenen eigenen „Instituts-Kulturen"
Klares formales Aufgabenprofil entsprechend der Mission (Wissenschaft, Forschung (und Lehre für Unis))	↔	Sehr hohe Anzahl unterschiedlicher Kompetenzen, Technologien (und Studiengänge für Unis)
Exzellente Forschung als Output	↔	Nutzendarstellung und Innovationsdruck
Ausbildung und Qualifizierung als originäre Aufgabe (hoher Anteil befristeter Mitarbeiter)	↔	Aufbauen und Halten von Kompetenzen und Knowhow
Institutionelle Förderung	↔	Hohe Drittmittelerträge
Regeln/Tarife des öffentlichen Dienstes	↔	Unternehmerisches Handeln

4.3.1 FuE-Portfolioentwicklung

Die Portfolioentwicklung einer FuE-Einrichtung beschreibt deren zukünftige wissenschaftliche Ausrichtung auf Basis der gegenwärtigen Kompetenzen. Dabei ist insbesondere festzulegen, wie die bestehenden Kernkompetenzen unter Beachtung des Wettbewerbs und der Ausbildung von Alleinstellungsmerkmalen weiter entwickelt werden sollen. Mit einem solchen Prozess und den dazu notwendigen Vorab-Analysen unterscheiden sich FuE-Einrichtungen kaum vom Vorgehen von Unternehmen mit deren Marktbeobachtungen und Produktplanungen. Jede wissenschaftliche Arbeit steht in einem globalen Wettbewerb und deshalb muss das eigene Tun und auch die eigenen Planungen ständig mit dem Wirken in der restlichen Welt (und deren Planungen, soweit bekannt) abglichen werden.

Zur strategischen Planung des Portfolios werden folgende Punkte mit den Führungskräften der FuE-Einrichtung diskutiert (s. Abb. 4.5):

1. Darstellung der aktuellen FuE-Kompetenzen (darstellbar durch eine geeignete Gruppierung der aktuellen Projekte)
2. Analyse der eigenen Position in der Scientific Community (Vergleich zu Wettbewerbern)

Analyse FuE-Einrichtung   Analyse Umwelt

Thematische Gruppierung der   Analyse der Bedarfe der Gesellschaft
aktuellen Projekte   und der Trends in der Wirtschaft

Formulierung der aktuellen
wissenschaftlich-technischen   Analyse der relevanten künftigen
Kernkompetenzen   wissenschaftlichen Herausforderungen

Einordung der eigenen Position in
Relation zu globalen Wettbewerbern

                                    Planungsprozess

Entwicklung des FuE-Portfolios
(Zielsetzung)

Entwicklung von
Strategien und Maßnahmen
(ggf. Anpassung der Ressourcen)

Diskussion der Planungen
mit externen Experten

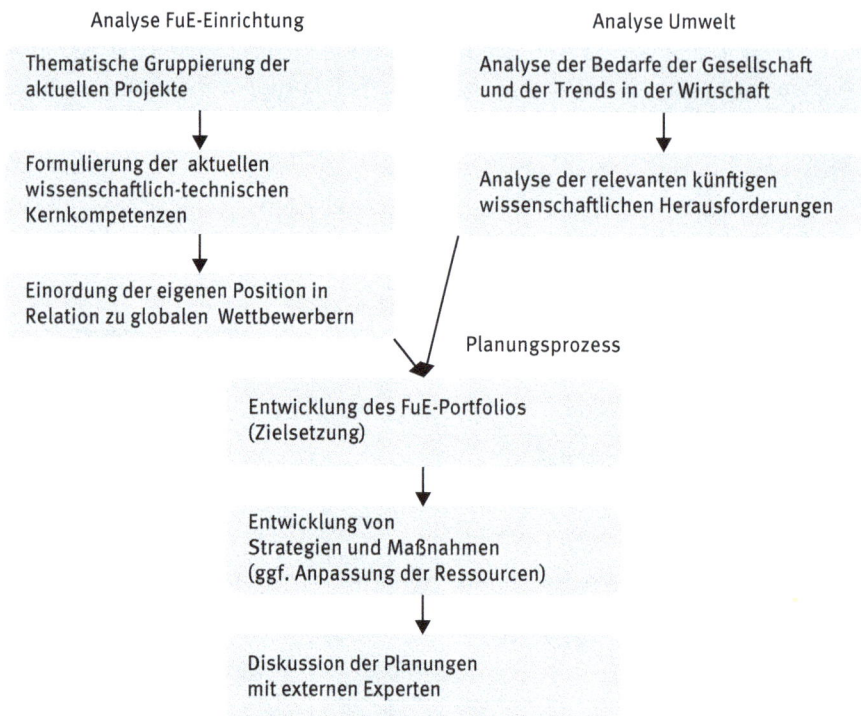

Abb. 4.5: Prozess einer Portfolioplanung für anwendungsorientierte FuE-Einrichtungen: Die aktuellen FuE-Projekte werden entsprechenden Geschäftsfeldern (Bündelung ähnlicher Leistungen aus Nachfragesicht) und Kernkompetenzen (Bündelung von Knowhow und Fähigkeiten zu einzelnen Technologien) zugeordnet. Aus dieser Darstellung des Status quo wird – gepaart mit den Bedarfen der Wirtschaft und Gesellschaft sowie mit der Analyse der Wettbewerber – das eigene Portfolio entwickelt. Das gesamte Strategiedokument wird abschließend in einem Audit mit externen Experten diskutiert, um die eigenen Sichten auf den Prüfstand zu stellen (eigene Darstellung).

3. Künftige Anforderungen von Stakeholdern und Analyse von Trends (u. a. Foresight-Studien, Industrie-Roadmaps)
4. Entwicklung eigener Zielsetzungen
5. Konzeption konkreter Strategien und Maßnahmen zur Umsetzung; Prozess der Umsetzung festlegen

Insbesondere ist die solide Analyse der heutigen eigenen Position (Schritt 1 und 2) unerlässlich für eine Planung in die Zukunft. Dazu sollte die Vielzahl der aktuellen und kurzfristig zurückliegenden FuE-Projekte inhaltlich geeignet gruppiert werden, um die Breite (Anzahl der Gruppen) und Tiefe (Anzahl der Projekte pro Gruppe) des FuE-Portfolios übersichtlich und deutlich zu machen. Hilfreich ist auch das Vorgehen, die fünf wichtigsten Projekte bzw. Veröffentlichungen der FuE-Einrichtung zu benennen (ggf. zunächst von allen Mitwirkenden separat); dadurch werden die (ggf.

unterschiedlichen) Sichten deutlich, welches Thema den Kern des Portfolios aus-macht (Projekte) und für welche Exzellenz die FuE-Einrichtung steht (Publikationen). Ebenfalls ist es sinnvoll, auch benachbarte FuE-Bereiche zu benennen, die in Zukunft von der FuE-Einrichtung nicht bearbeitet werden sollen. Damit wird die Gefahr der permanenten Portfolioverbreiterung (ohne entsprechendes Wachstum) vermieden, die zur Konsequenz hätte, aufgrund unterkritischer Ressourcen keine Exzellenz (und kein Alleinstellungsmerkmal) im Vergleich zu anderen (globalen) Wettbewerbern aufbauen zu können.

Auch eine schonungslose Wettbewerberanalyse ist essenziell zur eigenen Positi-onierung. Neben der Darstellung und Diskussion durch die jeweils betroffenen Wis-senschaftler (die ihre Wettbewerber meist kennen), ist auch eine Recherche durch einen Dritten sinnvoll, der u. a. die Publikationen, Patente und wissenschaftliche Preise anderer Akteure zu den jeweiligen eigenen FuE-Themen darstellt. Ebenso sollten auch interne Wettbewerber (ggf. andere FuE-Einrichtungen innerhalb einer FuE-Organisation) berücksichtigt werden.

Für jeden der Schritte gibt es zur Umsetzung eine Vielzahl von Instrumen-ten, z. B. die SWOT-Analyse. Üblicherweise entwickelt jede FuE-Organisation zum Zweck der internen Qualitätssicherung und aus Gründen der Effizienz für ihre FuE-Einrichtungen und deren FuE-OEs passende Standardprozesse zur Portfolio-entwicklung, so dass diese nicht von jeder einzelnen FuE-OE neu erfunden werden müssen. Wählt jede FuE-OE einen eigenen Prozess, ist eine übergreifende Quali-tätskontrolle schwer durchführbar und die Ergebnisse untereinander kaum ver-gleichbar.

Das künftige FuE-Portfolio muss klar und verständlich für die FuE-OE festgelegt werden. Es muss handlungsleitend für die Mitarbeiter sein, d. h. es sollte so konkret sein, dass neue FuE-Projekte hinsichtlich ihrer Passfähigkeit zur Zielerreichung der FuE-OE diskutiert und bewertet werden können. Wenn neue Projekte bei ihrer Genese und Auswahl nicht konsequent an der Portfolioplanung der OE gespiegelt werden, besteht die Gefahr, dass das Portfolio langsam „ausfranst". Wissenschaftler tendieren dazu, dasjenige zu erforschen, was einfach zu finanzieren ist (falls sie für ihre eigene Finanzierung durch Drittmittel verantwortlich sind). Dieses Spannungsfeld gilt es zu erkennen und entsprechende Kompromisse zu finden.

Neben dem Verfolgen der vorgegebenen Planung muss auch ein „Chancenma-nagement" möglich sein, also die unvorhergesehene Erweiterung oder Aufnahme neuer Geschäftsfelder oder Kernkompetenzen (nach Absprache mit der OE-Lei-tung). Bei einer mittelfristigen Planung kann die Dynamik der Veränderungen im Umfeld der Forschung nur bedingt berücksichtigt werden, d. h. es muss auch eine Flexibilität zum Reagieren auf neue Situationen geben. Deshalb darf eine Planung nicht als starre Vorgabe verstanden werden, sondern eher als eine Roadmap, also ein Weg in die Zukunft. Wenn dann im Laufe der Zeit etwas im „Weg" liegt (um beim Bild der „Roadmap" zu bleiben), muss die Planung anpasst werden. Das Planen und mögliche Anpassen veranlasst Kritiker oftmals dazu, den Sinn einer solchen

Planung prinzipiell in Frage zu stellen. Doch eine Planung ist die Voraussetzung für kohärentes Handeln und sie ist nicht deswegen obsolet, weil man sie ggf. beim Auftreten einer neuen, unvorhersehbaren Situation anpasst. Wichtig ist dabei allerdings, dass die Situation wirklich „unvorhersehbar" ist, denn eine gute Planung sollte die Zukunft so solide antizipieren und robust gegen kleine Störungen sein, dass sie nicht andauernd korrigiert wird; ansonsten wird sie unglaubwürdig. Eine üblicherweise auf fünf Jahre ausgelegte Planung sollte jährlich überprüft und ggf. angepasst werden und nach fünf Jahren sollte der Prozess mit tieferen Analysen komplett neu aufgesetzt werden.

Für eine FuE-Organisation mit einer Anzahl weitgehend autonom planender FuE-Einrichtungen entsteht die Herausforderung, aus der Summe der jeweiligen unabhängigen Einzelplanungen – die somit ein buntes „Patchwork-FuE-Portfolio" ergeben – ein konsistentes Gesamt-Portfolio zu entwickeln. Dabei ist die Nebenbedingung zu beachten, zentral nicht signifikant in die Einzelplanungen einzugreifen (weil dieses Element zu den Freiheiten der FuE-Einrichtung gehörte, vgl. Kap. 4.1, Tab. 4.1) (s. Abb. 4.6).

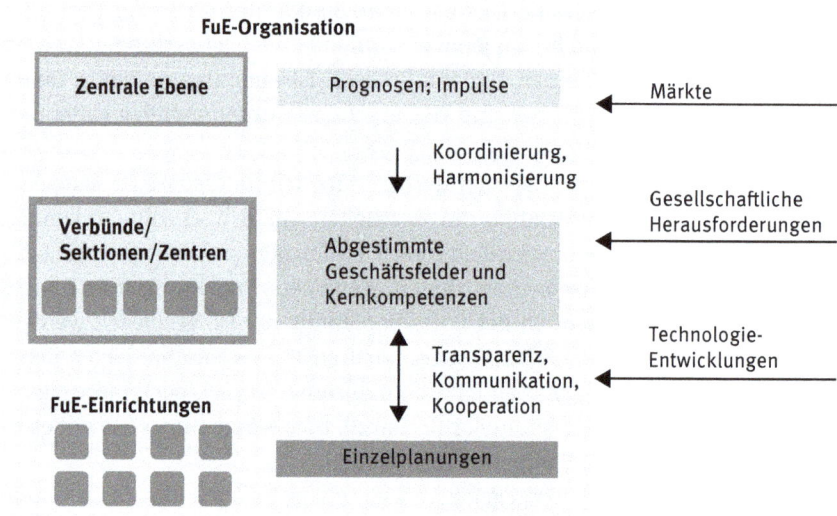

Abb. 4.6: Strategieplanung auf verschiedenen Ebenen einer FuE-Organisation: Vorrangig muss die FuE-Organisation die Anforderungen ihrer externen Stakeholder aufnehmen (s. Pfeile rechts). Dazu muss ein intern abgestimmtes Gesamt-Portfolio über alle FuE-Einrichtungen entwickelt werden. Exemplarisch sind drei Abstimmungsebenen dargestellt. Die Institute planen in Kenntnis der Anforderungen ihr FuE-Portfolio und stimmen es auf einer übergeordneten Ebene (Verbünde/Sektionen/Zentren) untereinander ab. Auf der zentralen Ebene werden größere Themenkomplexe koordiniert und interne Abstimmungen zu Einzelthemen moderiert (eigene Darstellung).

Welche Möglichkeiten hat die Leitung einer FuE-Organisation auf das Gesamt-Portfolio einzuwirken? Zunächst einmal kann sie durch entsprechende Neuberufungen der Leitungen der einzelnen FuE-Einrichtungen fachlich gestalten. Diese Möglichkeit der Einflussnahme besteht allerdings nur zu definierten Zeitpunkten (wenn der vorherige Institutsleiter das Institut verlässt) und in einem begrenzten Umfang (weil für einen evtl. Themenwechsel auch zunächst der geeignete Kandidat gefunden werden muss). Eine weitere Handhabe zur Beeinflussung des FuE-Portfolios hat der Vorstand bei der Gründung neuer oder der Aufnahme bestehender FuE-Einrichtungen (ggf. von anderen FuE-Organisationen) in die eigene FuE-Organisation. Auch diese Ereignisse finden nur selten statt und sind somit nur bedingt geeignet, das Portfolio signifikant zu beeinflussen.

Idealerweise sollten Prozesse und Instrumente etabliert werden, die selbstorganisierend zu einer Optimierung des FuE-Gesamtportfolios führen, also ohne direkten Eingriff des Vorstands/Präsidiums in Planungen der FuE-Einrichtungen. Denn eine dazu notwendige Beurteilungskompetenz zur Relevanz neuer Themen innerhalb eines derart breiten Themenspektrums liegt insbesondere bei den jeweiligen FuE-Einrichtungen (Instituten) und weniger bei der Zentrale; die aktiven Wissenschaftler der Institute sind innerhalb ihrer Scientific Community und teilweise auch mit der Wirtschaft intensiv vernetzt, was für die Mitarbeiter der Zentrale nicht zutrifft. Ein mögliches und einfaches Instrument zur Selbststeuerung ist z. B. eine Kommunikationsplattform zum Austausch der Planungen der einzelnen FuE-Einrichtungen ähnlicher Disziplinen untereinander. Der Vorstand muss für diese Runden ein entsprechendes Vertrauensverhältnis schaffen, damit auch offen über die jeweiligen eigenen Planungen gesprochen wird – weil gerade bei FuE-Einrichtungen mit ähnlichen bzw. überlappenden Kompetenzen auch ein Wettbewerbsaspekt zu beachten ist. Eine weitere mögliche Maßnahme des Vorstands ist die Stimulierung der internen Kooperation: Durch gemeinsame Projekte lernen sich die FuE-Einrichtungen kennen (und schätzen), so dass es dadurch zu einem Abgleich der Interessen kommt. Dafür kann der Vorstand Mittel aus der institutionellen Förderung allokieren (s. Abb. 4.7).

Neben der internen Vernetzung als Mittel zum Abgleich der Portfolios können auf der zentralen Ebene drei weitere Zielsetzungen zur Beeinflussung des FuE-Portfolios verfolgt werden: die Identifizierung von weißen Feldern, Stimulierung von Synergien oder der Abbau von Redundanzen innerhalb der FuE-Organisation.

Für die **Identifizierung „weißer Felder"** stehen eine Reihe von Methoden zur Verfügung (Wettbewerberanalysen, Technology Foresight-Studien, Brainstorming-Workshops, Expertengespräche, Auswertungen von Veröffentlichungen und Patenten etc.). Wichtig bei „neuen" Themen ist, diese nicht unreflektiert aus Studien zu übernehmen, sondern intensiv zu analysieren, ob sie tatsächlich in die Portfolioentwicklung der eigenen FuE-Organisation passen oder ob sie ggf. bisher aus guten Gründen von den einzelnen FuE-OEs (noch) nicht berücksichtigt wurden. Für die Aufnahme neuer FuE-Themen werden Ressourcen und eine klare Zielsetzung benötigt, wie man im Wettbewerb zu denjenigen FuE-Einrichtungen, die das Thema schon aufgenommen haben, bestehen will. Hilfreich als Analyse ist die Einordnung einer neuen Technologie innerhalb des „Gartner-Zyklus´" (vgl. Kap. 1.3, Abb. 1.3) und ihre Passfähigkeit zur bisher geplanten FuE-Portfolioentwicklung.

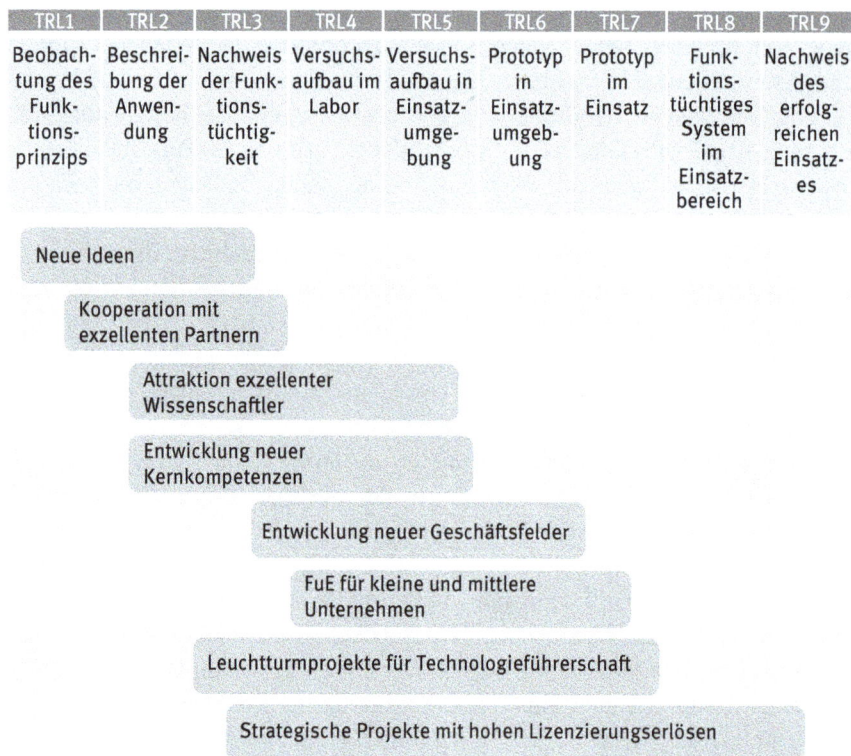

TRL1	TRL2	TRL3	TRL4	TRL5	TRL6	TRL7	TRL8	TRL9
Beobachtung des Funktionsprinzips	Beschreibung der Anwendung	Nachweis der Funktionstüchtigkeit	Versuchsaufbau im Labor	Versuchsaufbau in Einsatzumgebung	Prototyp in Einsatzumgebung	Prototyp im Einsatz	Funktionstüchtiges System im Einsatzbereich	Nachweis des erfolgreichen Einsatzes

Neue Ideen

Kooperation mit exzellenten Partnern

Attraktion exzellenter Wissenschaftler

Entwicklung neuer Kernkompetenzen

Entwicklung neuer Geschäftsfelder

FuE für kleine und mittlere Unternehmen

Leuchtturmprojekte für Technologieführerschaft

Strategische Projekte mit hohen Lizenzierungserlösen

Abb. 4.7: **Beispiele einer Portfolio-Abstimmung durch interne Programme** (Fraunhofer-Gesellschaft): Zur Koordination von großen FuE-Themen und zur gemeinsamen Vorlaufforschung legt der Vorstand spezifische FuE-Programme auf. In einem internen Wettbewerb werden von den kooperierenden Institutskonsortien entsprechende Projekte beantragt. Selbstorganisiert finden dadurch Institute zur Entwicklung neuer Kernkompetenzen zusammen. In den Programmen wird die gesamte Breite des eigenen FuE-Portfolios ohne eine spezifische technologische Priorisierung adressiert, von der Grundlagenforschung bis zur Marktreife (eigene Darstellung).

Eine kooperative **Zusammenführung von Kompetenzen** aus verschiedenen FuE-OEs innerhalb einer FuE-Organisation findet immer dann problemlos und manchmal auch selbstorganisiert statt, wenn eine hohe interne Transparenz herrscht (Wer macht was? Wer kann was?) und die Kooperation sich lohnend im Sinne einer Win-win-Situation für beide Partner auswirkt, insbesondere wenn sie direkt durch eine gemeinsame Projektförderung belohnt wird (manchmal auch „Beutegemeinschaft" genannt). Um Kooperationspartner nicht nur zu einem temporären Ad-hoc-Projekt, sondern zu einer längerfristig angelegten strategischen Zusammenarbeit zusammen zu führen, bedarf es eines größeren Kommunikations- und Koordinationsaufwands. Deshalb werden solche Initiativen oft von der Zentrale moderiert und ggf. auch notwendige Vorleistungen finanziert, z. B. das Schreiben eines White Papers[24] oder einer Antragsskizze für ein umfassendes FuE-Projekt. Derartige „überkritische" strategische Initiativen zu aktuellen Themen – ggf. auch mit externen Kooperationspartnern – werden dann auch von der politischen (Förder-)Seite wahrgenommen und ggf. finanziell unterstützt. Ob es zur internen Kooperation einer zentralen Stimulans bedarf und wie intensiv diese sein muss, ist je nach Kultur der FuE-Organisation unterschiedlich.

Die schwierigste Aufgabe einer Portfolio-Beeinflussung stellt sich für die zentrale Ebene, wenn **Redundanzen** bzw. Überkapazitäten identifiziert werden (sollen) – also zwei FuE-Einrichtungen machen vermeintlich das Gleiche – und ein Abbau von Kapazitäten erwogen wird. Dieser Prozess findet selten statt (Begründung s. u.), wird aber oft von übergeordneten Instanzen (u. a. von den Zuwendungsgebern) gefordert. Dazu müsste zunächst zweifelsfrei eine „Überkapazität" zu einem spezifischen Thema festgestellt werden und dann entschieden werden, welche Kapazität in welcher FuE-OE abgebaut werden soll. Eine solche Analyse und Entscheidung ist auf der zentralen Ebene schwer durchzuführen (dazu müsste eine enorme Überblickskompetenz in der Zentrale vorgehalten werden), und gleichzeitig würde es einen starken Eingriff in die Portfolioplanung der einzelnen FuE-Einrichtungen bedeuten. Schon die Feststellung überlappender Kompetenzen ist äußerst schwierig: Welche Indikatoren sollten hier herangezogen werden? Wie beschreibt man gleiche Kompetenzen? Sind gleiche wissenschaftliche Kompetenzen für unterschiedliche Anwendungskontexte noch gleich? Kann ggf. auch der Einsatz von Ressourcen zu gleichen Kompetenzen an zwei FuE-OEs berechtigt sein, wenn sie einem großen Bedarf in Form eines Auftragsforschungsmarktes gegenüber stehen? Auch hier sollten – wie bei der Strategieplanung der FuE-Einrichtungen – eher Prozesse etabliert werden, die die FuE-Einrichtungen zur Selbststeuerung ihres FuE-Portfolios befähigen, ohne dass der Vorstand eingreifen muss. Wichtig dafür ist, dass die Transparenz innerhalb der FuE-Organisation sichergestellt ist. Erfüllt eine FuE-OE alle Zielabsprachen (ist sie also erfolgreich), ist es schwer begründbar, wenn Top-down in ihr Portfolio eingegriffen wird – zumal damit auch die Balance der Freiheiten und Verantwortungen (vgl. Kap. 4.1, Tab. 4.1) nicht mehr gegeben wäre und konsequenterweise von dem Leiter der FuE-OE dann nicht mehr die volle Verantwortung eingefordert werden könnte. Identifiziert die zentrale Ebene (vermeintliche) Redundanzen, sollten diese bei den Strategieplanungen der betroffenen Institute aktiv angesprochen werden, um dazu Stellungnahmen zu erbitten und eine offene Diskussion zu führen. Das Vertrauen in die Selbststeuerung

---

24 White Paper: Instrument der Unternehmenskommunikation, in dem Sachverhalte (z. B. zur Energiewende) möglichst objektiv erläutert werden, wobei die Position des Verfassers durchaus pointiert herausgestellt werden kann und damit eine Meinungsführerschaft angestrebt wird. Erwartet wird von einem White Paper auch ein Lösungsvorschlag zu einem Problem.

einer FuE-OEs endet allerdings, wenn die FuE-Einrichtung bei einer Evaluierung kritisch beurteilt wird oder ihre Zielvereinbarungen mittelfristig nicht erfüllt; dann muss ggf. auch in die Portfolioplanung eingegriffen werden.

Bei „zentralen Portfolioprozessen", also der Steuerung durch die Zentrale, sollte deren Zielsetzung klar formuliert werden, ansonsten entstehen Unsicherheiten und Irritationen bei den dezentralen FuE-Einrichtungen, inwiefern die jeweiligen eigenen FuE-Planungen betroffen sind und wie „freiwillig" sie an diesen Maßnahmen mitwirken müssen (s. Abb. 4.8).

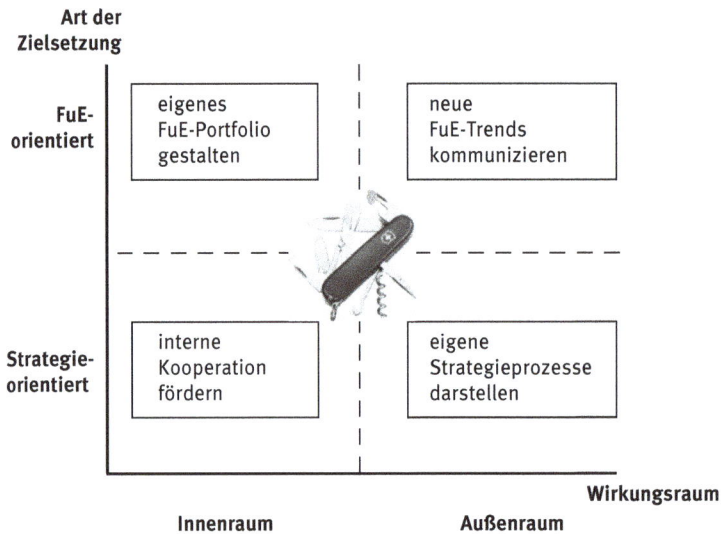

Abb. 4.8: Zielsetzungen zentraler Portfolioprozesse: Die Zielsetzung einer zentralen Einflussnahme durch den Vorstand einer FuE-Organisation muss klar sein. Prinzipiell können unterschiedliche Ziele verfolgt werden: Das FuE-Portfolio der Organisation kann durch Impulse um neue Themen angereichert werden oder Themen können institutsübergreifend gebündelt und fokussiert werden (links oben). Diese Art von Themen sind aber nur bedingt geeignet, um damit im Außenraum als Trendsetter aufzutreten; dazu sind andere Kriterien zu berücksichtigen und Foresight-Methoden einzusetzen (rechts oben). Beabsichtigt eine FuE-Organisation im Außenraum ihre systematischen Strategieplanungen darzustellen (rechts unten), so eignen sich diese Prozesse wiederum nicht unbedingt auch zur Förderung der internen Kooperation (links unten). Der Versuch des gleichzeitigen Erreichens mehrerer Zielsetzungen ähnelt dem Gebrauch eines Schweizer Taschenmessers: Rudimentär erfüllt das Schweizer Produkt zwar viele Funktionen, doch für den professionellen Einsatz gibt es jeweilige Spezialinstrumente. Deshalb sollte man bei zentralen Prozessen auf *eine* Zielsetzung fokussieren (eigene Darstellung).

4.3.2 Finanzierung einer FuE-Einrichtung

Jede FuE-Einrichtung ist aus unterschiedlichen Quellen und durch verschiedene Fördergeber finanziert; Ausnahmen bilden die Ressortforschungseinrichtungen, die fast ausschließlich institutionell gefördert sind und die FuE-Abteilungen von Unternehmen, die fast ausschließlich durch ihr Unternehmen selbst finanziert sind. Die jeweiligen Anteile der öffentlichen und privaten Drittmittel variieren bei den FuE-Einrichtungen erheblich. Prinzipiell gibt es einen Zusammenhang zwischen dem Grad der Anwendungsorientierung einer FuE-Einrichtung und der Höhe ihrer öffentlichen bzw. privaten Finanzierung. Dabei gilt: Je grundlagenorientierter desto öffentlicher und je anwendungsorientierter desto privater wird sie finanziert. Auch der logische Umkehrschluss ist gültig, dass eine FuE-Einrichtung ihr FuE-Portfolio nach ihrem erwarteten Finanzierungsmix ausrichten muss: Wenn eine FuE-Einrichtung also eine nur geringe institutionelle Förderung bekommt und somit einen hohen Anteil des Budgets akquirieren muss, dann muss sie ihre Forschung anwendungsorientiert ausrichten. Wenn also – wie zuweilen von der Politik gefordert – FuE-Einrichtungen mehr Mittel von privater Seite akquirieren sollten, würde das konsequenterweise eine Veränderung und Anpassung deren FuE-Portfolios bedingen mit der Reduktion oder Aufgabe der vorwettbewerblichen Grundlagenforschung und einer Verstärkung der Anwendungsorientierung (Abb. 4.9).

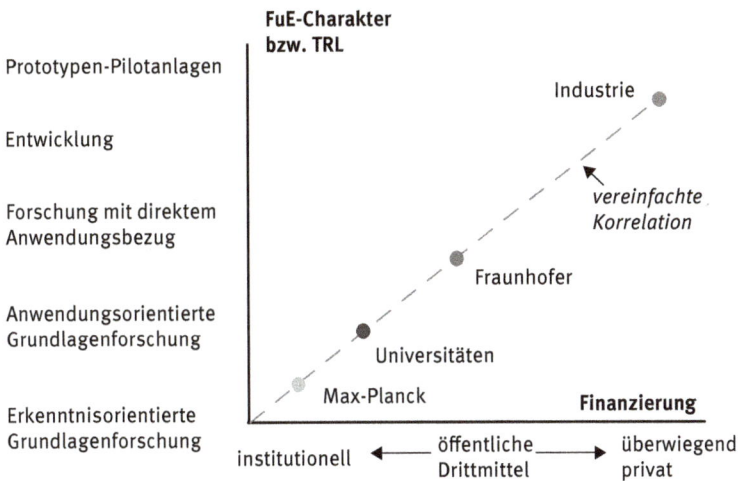

Abb. 4.9: Abhängigkeit des FuE-Charakters einer FuE-Organisation von ihrer Finanzierung: Grundlagenforschung muss stärker öffentlich gefördert werden als anwendungsorientierte Forschung. Bei der Veränderung des Finanzierungsmix´ verändert sich auch der FuE-Charakter der FuE-Organisation. Die Darstellung stellt qualitativ den prinzipiellen Zusammenhang dar und ist nicht mit empirischen Daten hinterlegt (vgl. Kap. 2.3, Abb. 2.7) (eigene Darstellung).

Das Ziel einer strategischen Finanzplanung ist die Sicherstellung eines ausgeglichenen Haushalts der FuE-Organisation bzw. der FuE-Einrichtung, also dass die Summe der Erträge dem Aufwand im Jahresmittel entspricht. Je nach der internen Governance einer FuE-Organisation wird diese finanzielle Verantwortung an die einzelnen

FuE-Einrichtungen und dort ggf. auch weiter an die FuE-OEs (also Abteilungen und Gruppen) delegiert.

Jedes Element des Finanzierungsmix' muss einzeln geplant und mit einer entsprechenden Strategie abgesichert werden. Die Förderungen haben auch unterschiedliche FuE-Charakteristika (s. Abb. 4.10). Im Folgenden werden die wesentlichen Fragestellungen für die verschiedenen Finanzierungsarten und -quellen (s. a. Kap. 2.2.1, Arten der Forschungsförderung, sowie Kap. 2.3, FuE-Förderorganisationen) kurz skizziert:

– Institutionelle Förderung: Diese bedeutendste (im Umfang) und attraktivste (hinsichtlich der Freiheit der Allokation) Finanzierungsquelle ist umfassend abzusichern. Diese Mittel dienen der selbst konzipierten Vorlaufforschung. Dabei sind insbesondere die spezifischen Leistungsvereinbarungen mit den Zuwendungsgebern im Auge zu behalten. Ebenso sollte das allgemeine politische „Klima" hinsichtlich der Forschungsförderung beobachtet werden. Zu klären ist:

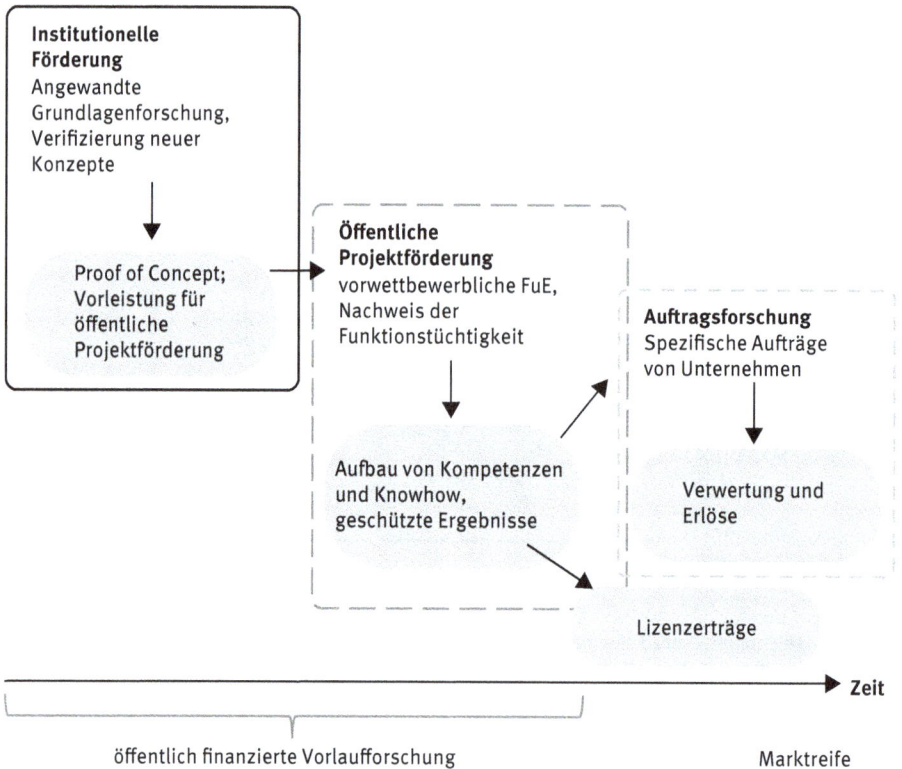

Abb. 4.10: **Komplementarität von öffentlicher institutioneller und Projekt-Förderung bei der anwendungsorientierten Forschung**: Die verschiedenen Förderarten decken unterschiedliche FuE-Charakteristiken ab: Die institutionelle Förderung wird eingesetzt, um erste Ideen zu verifizieren. Diese Ergebnisse sind dann Grundlage, um weitere öffentliche Projektförderung zu akquirieren. Im vorwettbewerblichen Bereich werden somit Kompetenzen aufgebaut, um darauf aufbauend Auftragsforschung durchzuführen (eigene Darstellung).

- Ist die institutionelle Förderung durch verbindliche Vereinbarungen langfristig gesichert?
- Ist sie bei einem Regierungswechsel oder unvorhersehbaren Belastungen der öffentlichen Haushalte ggf. bedroht?
- Welche Leistungsparameter oder Zielvereinbarungen sind hinsichtlich der institutionellen Förderung vereinbart und wie sicher werden diese von der FuE-Organisation erreicht?
- Wann wird die Förderung das nächste Mal verhandelt?

- Öffentliche Projektförderung: Für die Prognose der akquirierbaren Mittel muss die Entwicklung der gesamten Programmförderungen, die für die FuE-Einrichtung relevant sind, realistisch abgeschätzt werden. Wenn keine besonderen neuen Einflüsse hinzukommen (z. B. Beenden der Förderung einer bestimmten Technologielinie) kann in erster Näherung von der gegenwärtigen Fördersituation in die Zukunft extrapoliert werden. Dabei muss allerdings neben der Förderseite auch die Nachfrageseite (ggf. in Form zusätzlicher Antragsteller) analysiert werden. Zu klären ist:
  - Welche öffentlichen Programme sind relevant für die OE? Gibt es genügend Programme und sind diese ausreichend bekannt bei den Wissenschaftlern?
  - Wie kann ein inhaltlicher Einfluss auf neue Programmkonzepte genommen werden? Sind die geplanten Ausschreibungsbedingungen der Programme bzgl. der Inhalte und Rahmenbedingungen günstig für die OE?
  - Wie erfolgreich war die OE bisher bei den relevanten Programmen? Wird ggf. Unterstützung bei der Antragstellung benötigt, um die Erfolgswahrscheinlichkeit zu erhöhen?

- Erträge aus der Auftragsforschung: Für grundlagenorientierte FuE-Einrichtungen ist diese Finanzierungsquelle kaum relevant (vgl. Kap. 6.3.2, Abb. 6.11). Anwendungsorientierte FuE-Einrichtungen, die einen signifikanten Anteil ihrer Finanzierung durch Auftragsforschung abdecken wollen, müssen ihre gesamte strategische Planung, beginnend beim Kompetenzaufbau bis hin zur Akquisition, auf diesen „Markt" ausrichten (vgl. Kap. 6.1, Innovationsmanagement sowie Kap 6.3, Transfer von FuE-Ergebnissen). Bereits bei der Genese eines FuE-Projekts müssen potentielle Interessenten für das Ergebnis identifiziert werden und es muss konsequent auf deren Bedürfnisse hingearbeitet werden. Zu klären ist:
  - Wie groß muss dieser Finanzierungsanteil sein (dieser entspricht meist der Deckungslücke von geplanten öffentlichen Mitteln und dem erforderlichen Gesamtbudget)?
  - Welche Auftraggeber sollen besonders kontaktiert werden? Welche besonderen Marketingmaßnahmen (z. B. Messeteilnahmen) sollen umgesetzt werden?
  - Ist das eigene Portfolio attraktiv genug für Auftraggeber? Wer sind die direkten Wettbewerber im Auftragsforschungsmarkt?

- Sonstige Erträge (aus Lizenzen, Beteiligungen an Spin-offs, Fundraising): Diese
Erlöse sind meist für den Zeitraum des Folgejahres durch bereits bestehende Verträge oder laufende Verhandlungen (z. B. bzgl. eines bevorstehenden Exits aus
einem Spin-off) gut abschätzbar. Zur Abschätzung der Erträge aus dem Fundraising sollte aus der Vergangenheit konservativ extrapoliert werden. Diese Art der
Sonstigen Erträge ist insofern sehr attraktiv, da ihnen kein unmittelbarer Aufwand
in Form von Forschungsleistungen (außer in der Verwaltung) gegenübersteht (vgl.
Kap. 6.3.3, Patente und Lizenzen sowie Kap. 6.3.4, Ausgründungen). Zu klären ist:
    - Welche Erträge sind aus Lizenzeinnahmen, Ausschüttungen an Beteiligun-
    gen an Spin-offs oder Exit-Erlösen auf Basis laufender Verhandlungen zu
    erwarten?

Die **Akquisition der institutionellen Förderung** liegt in der Verantwortung der
Leitung der FuE-Organisation oder der selbstständigen FuE-Einrichtung. Verhand-
lungspartner sind die Zuwendungsgeber (u. a. GWK) sowie für Hochschulen die Länderregierungen. Auf Basis bestehender Vereinbarungen muss vor deren zeitlichem
Auslaufen neu über die Förderhöhe und die entsprechenden Zielvereinbarungen für
eine nächste Periode verhandelt werden. Allerdings sollten nicht nur diese offiziellen
Termine zur Kommunikation mit den Zuwendungsgebern genutzt werden, sondern
vielmehr muss als Teil der Kommunikationsstrategie permanent eine Interaktion der
FuE-Einrichtungen mit den Zuwendungsgebern bei der Umsetzung der landes- oder
bundespolitischen Forschungsziele angestrebt werden.

Mit der Akquisition der institutionellen Förderung liegt es auch in der Hand der
Leitungen der FuE-Organisation oder der selbstständigen FuE-Einrichtungen, diese
Mittel intern auf die nächstfolgenden Hierarchieebenen zu verteilen. Mit der institutionellen Förderung ist (normalerweise) keine Auflage hinsichtlich der Verwendung
verbunden (im Gegensatz zur Projektförderung); die Mittel müssen nur für den sat-
zungsgemäßen Zweck der FuE-Organisation verwendet werden. Die Verteilungsregeln
werden durch den Vorstand/das Präsidium der FuE-Organisationen festgelegt und
intern transparent kommuniziert. Dabei sind unterschiedliche Prinzipien möglich:

- „Gießkannenprinzip": Die institutionelle Förderung wird an die Institute propor-
tional zu deren Größe (Gesamtbudget oder Betriebshaushalt) weitergeleitet.
- Zielvereinbarungen: Es gibt individuelle Zielvereinbarungen mit den FuE-Einrichtungen oder Indikatoren für die gesamte FuE-Organisation, an denen sich die
Höhe der institutionellen Förderung bemisst. Bei der Steuerung über Indikatoren
kann direkt ein Algorithmus erstellt werden, der die Maßzahl der Indikatoren mit
den entsprechenden Fördermitteln verknüpft (z. B.: Pro eingeworbenem Euro aus
der Wirtschaft erhält die FuE-Einrichtung 0,3 Euro als institutionelle Förderung).
- Zweckgebundene Förderung: Es gibt keinen allgemeinen Verteilungsschlüssel,
sondern die Förderungen basieren auf Einzelanträgen der FuE-Einrichtungen,
seien es FuE-Projekte (z. B. auf Basis von internen Programmen) oder andere
zweckgebundene Maßnahmen wie z. B. Bau oder Investitionen.

Meistens ist ein Mix aus diesen obigen Verteilungsprinzipien anzutreffen.

Beispiel der internen **Allokation der institutionellen Förderung** bei FuE-Organisationen

Fraunhofer (Institute sind rechtlich nicht selbstständig):
- 60 % der institutionellen Förderung: Verteilung an die Institute auf Basis eines Algorithmus mit drei Parametern, zwei davon leistungsabhängig: Größe des Betriebshaushalts, Anteil der Wirtschaftserträge an den Aufwendungen und EU-Erträge. Die Mittel können von den Instituten autonom disponiert werden.
- 40 % der Förderung als zweckgebundene Zuwendung: Verfolgung spezifischer interner Strategien sowie Einzelfallentscheidungen des Vorstands, u. a. Interne FuE-Programme, Personalförderung, Infrastruktur (Bau, strategische Investitionen).

Helmholtz-Gemeinschaft (Einrichtungen sind rechtlich selbstständig):
   Die HGF verteilt ihre institutionelle Förderung nicht einzeln an ihre 18 selbstständigen Zentren, sondern über Zentren-übergreifende Forschungsprogramme. Diese Programme, auf die sich in der Regel mehrere Helmholtz-Zentren um finanzielle Förderung bewerben, sind den sechs großen Forschungsbereichen der Helmholtz-Gemeinschaft zugeordnet: Energie, Erde und Umwelt, Gesundheit, Luftfahrt/Raumfahrt und Verkehr, Schlüsseltechnologien sowie Materie. Pro Forschungsbereich sind mehrere Zentren beteiligt. Die forschungspolitischen und thematischen Ausrichtungen werden von den Helmholtz-Zentren mit ihrem Senat und den Zuwendungsgebern diskutiert und beschlossen.

Die Finanzplanung einer FuE-Einrichtung mit den unterschiedlichen Finanzierungsquellen ist Prognose und Zielvorgabe zugleich (s. Abb. 4.11). Sie ist als direkte Vorgabe für die Akquisition zu verstehen. Diese Vorgaben erscheinen Wissenschaftlern oftmals als unredlich, weil sie nicht vorab wissen können, ob ein Projekt gefördert wird oder ein Kunde einen Auftrag erteilt. Für einzelne Projekte oder Kundenanfragen ist tatsächlich keine Prognose zu leisten, aber in der Gesamttätigkeit einer FuE-OE mit ihrer strategisch geplanten Antragstellung bei Förderorganisationen und Akquisition bei Unternehmen sollten auf Grund ihrer Attraktivität kumuliert über den Zeitraum von einem Jahr die vorgegebenen Ziele erreicht werden; diese Unsicherheit, eine Nachfrage nach einem Produkt oder einer Dienstleistung nicht exakt vorherbestimmen zu können hat auch jedes Unternehmen; für die Erreichung der Zielvorgaben baut es auf gute Planung, attraktive Produkte und eine professionelle Kommunikation.

FuE-Einrichtungen, die nicht überwiegend institutionell gefördert sind, haben somit einen permanenten Akquisitionsdruck. Das Kriterium einer ausreichenden Finanzierung ist absolut prioritär. Aus diesem Akquisitionsdruck heraus folgen verschiedene Verhaltensmuster: So wird bei der Gefahr einer Deckungslücke auf der Ebene der Wissenschaftler (fast) alles an Förderung akzeptiert, was in Konsequenz ggf. zu einer „Ausfransung des FuE-Portfolios" führen kann. Daneben gibt es zuweilen auch die ungewöhnliche Situation, dass durch politische FuE-Kampagnen auf Landes- oder Bundesebene (z. B. Konjunkturprogramme, regionale Stärkung von Standorten) plötzlich ein temporärer Überschuss an öffentlicher FuE-Förderung verfügbar ist, so dass die FuE-Organisationen intensiv über eine sinnhafte Verwendung der angebotenen Fördermittel nachdenken müssen; denn eine Ablehnung solcher Mittel ist keine Option. Durch diesen permanenten Akquisitionsdruck insbesondere bei anwendungsorientierten FuE-Einrichtungen wachsen und schrumpfen diese weniger aufgrund einer souveränen strategischen Portfolioplanung (Welche Themen sollen aufgenommen oder zurückgefahren werden?), sondern eher entsprechend ihrer aktuell verfügbaren Finanzierung. Die Frage der idealen Größe einer spezifischen FuE-Organisation oder -Einrichtung (im Hinblick auf Mission, Organisation, Exzellenz etc.) innerhalb eines gegebenen Forschungssystems wird selten gestellt.

Private Mittel [%]

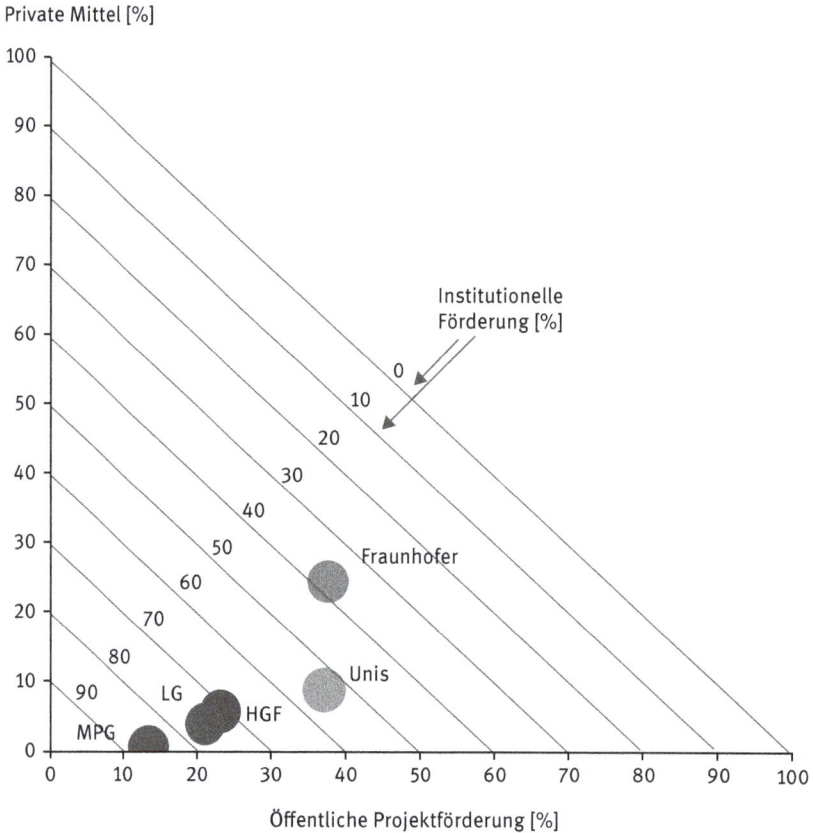

Abb. 4.11: Darstellung des Finanzierungsmix' der institutionell geförderten deutschen FuE-Organisationen: Dargestellt sind die Budgets, die sich zusammensetzen aus öffentlicher Projektförderung (horizontal), privaten Mitteln (ohne Erträge aus Sonderrechten) (vertikal) und institutioneller Förderung (schräge Linien). Die Fraunhofer-Gesellschaft erlöst die höchsten Erträge aus der Wirtschaft, die anderen FuE-Organisationen und die Universitäten haben nur geringe Wirtschaftsanteile in ihrem Budget (< 10 %). Ebenso sind die unterschiedlichen Verteilungen der institutionellen Förderung und der öffentlichen Projektförderung der FuE-Organisationen sichtbar: Die Max-Planck-Gesellschaft als grundlagenorientierte FuE-Organisation wird zu einem sehr hohen Anteil institutionell gefördert und akquiriert kaum private Drittmittel (eigene Darstellung; Daten: (Gemeinsame Wissenschaftskonferenz GWK, 2015), (Bundesministerium für Bildung und Forschung, 2016)).

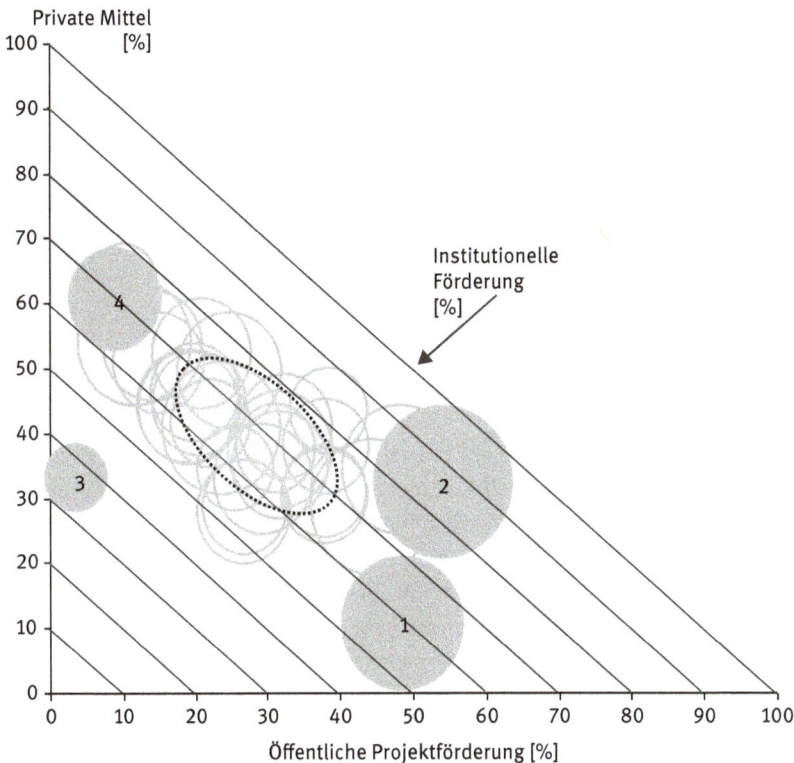

Abb. 4.12: Typische Verteilung des Finanzierungsmix' einer Anzahl FuE-Einrichtungen einer fiktiven FuE-Organisation für ein Bilanzjahr: Jeder Kreis stellt eine FuE-Einrichtung der FuE-Organisation dar, die Lage der Kreise entspricht dem Finanzierungsmix und deren Größe dem Budget der FuE-Einrichtung. Die nummerierten Kreise 1–4 repräsentieren beispielhaft einzelne FuE-Einrichtungen mit extremen Finanzierungsverhältnissen (s. u.). Der „Finanzierungs-Arbeitspunkt" einer FuE-Organisation ergibt durch das arithmetische Mittel der Finanzsituationen aller FuE-Einrichtungen (s. Abb. 4.11). Die Positionen der FuE-Einrichtungen (Institute) streuen, weil sie sich im Bilanzjahr individuell in unterschiedlichen Situationen und Entwicklungsphasen befinden. Die ovale Fläche (gestrichelt) Fläche symbolisiert den Bereich des idealen Arbeitspunkts für die jeweilige FuE-Organisation (hier z. B. für Fraunhofer).

Beispielinstitute: **Institut 1** hat aufgrund des Erfolgs bei der öffentlichen Projektakquisition zum Aufbau einer neuen Kernkompetenz (rd. 50 %) die Bearbeitung von Industrieprojekten im Bilanzjahr vorübergehend etwas zurückgefahren (rd. 10 %). **Institut 2** ist noch erfolgreicher bei der öffentlichen Projektakquisition und bearbeitet gleichzeitig Industrieprojekte (rd. 30 %), so dass es die ihm zustehende institutionelle Förderung nicht verbraucht (rd. 15 %). **Institut 3** hat kaum öffentliche Mittel akquirieren können und trotz guter Industrieerträge (rd. 35 %) verbraucht es mehr institutionelle Förderung (rd. 65 %) als ihm zusteht; ggf. werden Reserven aus den Vorjahren aufgebraucht. **Institut 4** verbraucht seine institutionelle Förderung im Plan (rd. 32 %) und akquiriert sehr viel Auftragsforschungsprojekte (rd. 60 %), so dass nur zu einem geringen Anteil öffentliche Projekte akquiriert werden müssen. Da die Institute unterschiedlich groß sind, beeinflussen sie den integralen Arbeitspunkt der FuE-Organisation auch unterschiedlich (eigene Darstellung).

Die Finanzplanung steht somit in einem unmittelbaren Zusammenhang mit der FuE-Portfolioplanung und dem dort ggf. vorgesehenen Abbau oder Aufbau von Kapazitäten. Bei Wachstumstendenzen ist insbesondere zu berücksichtigen, dass die institutionelle Förderung nicht unbedingt mit der entsprechenden Dynamik mitwächst, so dass deren relativer Anteil ggf. sinkt und der Anteil der notwendigen Drittmittel steigen muss.

Ein beschlossenes Jahresbudget muss natürlich kontinuierlich von der Verwaltung hinsichtlich seiner Einhaltung kontrolliert werden; Überschreitungen müssen vorab durch das Management genehmigt werden.

4.3.3 Kooperationen

Wissenschaft und Forschung finden global vernetzt statt. Es gibt nicht mehr den einzelnen Erfinder („in der Garage"), der bahnbrechende Durchbrüche ertüftelt – wobei auch heute noch ein Einzelner viel Geld mit genialen Geschäftsideen verdienen kann. Der Stand des globalen Wissens wird fortwährend durch eine Vielzahl von FuE-Einrichtungen vorangetrieben. Ebenso sind Innovationen mittlerweile nicht mehr einer einzelnen Disziplin zuordenbar, sondern sie sind komplex und zunehmend interdisziplinär. Derartige vielfältige Kompetenzen für neue Produkte und Verfahren können kaum mehr von einem einzelnen Team vorgehalten werden, deshalb werden zunehmend Kooperationen angestrebt. Ein weiterer Treiber für Kooperationen ist die gemeinsame Nutzung großer Infrastrukturen wie z. B. Reinräume oder Strahlenquellen.

Bei einer Forschungskooperation muss es – wie auch bei Kooperationen zwischen Unternehmen (oder auch im privaten Bereich) – Vorteile für die beteiligten Partner geben (Win-win-Situation). Dabei sollte die Kooperation kein Selbstzweck sein, sondern ein Mittel zum Zweck. Deshalb ist es irritierend, wenn FuE-Einrichtungen die Anzahl ihrer FuE-Kooperationen mit anderen FuE-Partnern als einen eigenen Leistungsindikator ausweisen: Eventuell soll dadurch auch der „Glanz" renommierter Partners auf die eigene FuE-Einrichtung abstrahlen; ebenso soll auch mit Kooperationen bekannter Unternehmen die Anwendungsnähe einer FuE-Einrichtung demonstriert werden. Wenn die konkreten Kooperationsbeziehungen nicht bekannt sind, kann prinzipiell auch über die Qualität der Kooperation keine Aussage gemacht werden (s. u. Kooperationsintensitäten).

Kooperationen müssen ein konkretes Ziel haben, das für eine FuE-Einrichtung entweder alleine nicht erreichbar ist oder weniger schnell bzw. weniger exzellent erreicht wird als mit einem Partner; man möchte sein eigenes Wirken komplettieren, entweder durch zusätzliche wissenschaftliche Expertise von FuE-Partnern (um größere FuE-Systeme zu bearbeiten) oder um die Wertschöpfungskette weiter zu entwickeln: Dieses sind die üblichen Ausgangssituationen für die Suche nach Partnern. Dabei kann es sich um eine (zunächst) einmalige Projektkooperation oder auch eine mittelfristige strategische Partnerschaft handeln, die ggf. durch ein gemeinsames Programm oder einen längerfristigen Vertrag getragen wird.

Der Ausdruck der „Kooperation" ist breit interpretierbar hinsichtlich der Tiefe und Breite der Wechselwirkungen zwischen den Partnern. Eine Kooperation muss mithin zwischen den Partnern hinsichtlich der jeweiligen Erwartungen und der Rahmenbedingungen sorgfältig abgeglichen werden. Bei Kooperationen zwischen Unternehmen und FuE-Einrichtungen gibt es unterschiedliche **Kooperationsintensitäten**. Im Folgenden sind derartige Kooperationen skizziert, mit nach unten zunehmender Intensität:

- **Informationsaustausch:** Beide Partner informieren sich über ihre wissenschaftlichen Aktivitäten und Planungen; ggf. nehmen sie auch wechselseitig an Veranstaltungen teil. Bei diesem Austausch ist darauf zu achten, dass er für beide gleichermaßen nützlich ist. Dabei muss Obacht gegeben werden, dass Unternehmen nicht einseitig die Ergebnisse der FuE-Einrichtung abziehen.
- **FuE-Projekt-Kooperation:** Bei öffentlich geförderten Verbundprojekten zwischen Unternehmen und FuE-Einrichtungen ergeben sich die jeweilige Finanzierung und die entsprechenden Rechte aus den Förderbescheiden der Förderorganisationen. Daneben gibt es auch bilaterale gemeinsame Projekte, wenn beide Partner ein Interesse am Ergebnis haben (z. B. die FuE-Einrichtung an den Grundlagen und das Unternehmen an der Umsetzung) und beide ihre jeweiligen Aufwände selbst finanzieren. Dabei sind die Aufwände des Unternehmens oftmals schwer nachvollziehbar, weil diese auch in Sachleistungen (z. B. Zur-Verfügung-Stellen von Material) bestehen. Die Nutzung der Rechte ist bei dieser Kooperationsart vorab zu klären und in einer Vereinbarung zu fixieren; manchmal liegt bei dieser Kooperationsform gar kein Vertrag vor, weil beide Partner entsprechende Eigenforschungsprojekte generieren.
- **Auftragsforschung:** Hierbei handelt es sich weniger um eine Kooperation als um ein direktes Auftraggeber-Auftragnehmer-Verhältnis. Die Wechselwirkung zwischen beiden Partnern ist durch einen Vertrag klar geregelt (vgl. Kap. 6.3.2, Auftragsforschung).

Ähnliche Kooperationscharakteristiken gibt es zwischen zwei (oder mehreren) FuE-Einrichtungen:

- Informationsaustausch: Üblicherweise sind die FuE-Einrichtungen innerhalb ihrer Scientific Community schon intensiv vernetzt, so dass ein enger Informationsaustausch über verschiedene Medien und auch persönliche Treffen (z. B. auf Konferenzen) stattfindet. Dieser wird mit „befreundeten" FuE-Einrichtungen weiter intensiviert.
- FuE-Projekt-Kooperation: Diese Kooperationsart ist weit verbreitet, insbesondere durch die Teilnahme an öffentlich geförderten FuE-Programmen (s. u. Projektförderung der Europäischen Kommission). Ebenso können auch andere FuE-Programme auf eine solche Kooperation abzielen, entweder interne Programme

(zur Stimulierung der internen Kooperation) oder auch spezifische Programme zwischen FuE-Organisationen.
- Kooperation innerhalb einer Auftragsforschung: Besonders anspruchsvolle Kooperationsart (und kommt deshalb seltener vor), weil einer der Partner die Gesamtverantwortung gegenüber dem Kunden übernehmen und somit für den anderen Partner ggf. haften muss.

Beispiel einer **Kooperation zwischen zwei FuE-Organisationen**: Programm zur Kooperation von Max-Planck und Fraunhofer
Das BMBF hat aktiv im Rahmen des Pakts für Forschung und Innovation (s. Kap. 2.1.2) die Kooperation zwischen der anwendungsorientierten Fraunhofer-Gesellschaft und der grundlagenorientierten Max-Planck-Gesellschaft unterstützt. Das Ziel war, dass sich die Wissenschaftler aus beiden „Forscherkulturen" annähern und ihre Ziele und Methoden aufeinander abstimmen. Nach den ersten Erfolgen im Zusammenspiel zwischen der anwendungsorientierten Forschung und der Grundlagenforschung wird diese Kooperation nun durch die eigene institutionelle Förderung der beiden FuE-Organisationen fortgesetzt.

Bei der Suche nach geeigneten wissenschaftlichen Kooperationspartnern sollten folgende Kriterien berücksichtigt werden:
- Kompetenz: Besitzt der Partner die gewünschten Kompetenzen? Ist er auf gleichem „Exzellenzniveau"?
- Kommunikations- und Transaktionskosten: Ist der Partner ähnlich organisiert wie die eigene FuE-Organisation? Wie groß sind die Abstimmungserfordernisse? Gibt es bisher Erfahrungen und Kontakte zu dem Partner?
- Verwertung: Können Strategien zur Verwertung der gemeinsamen Ergebnisse gefunden werden?

Ebenso sorgfältig geprüft werden sollten externe Kooperationsanfragen an die eigene FuE-Einrichtung:
- Hat das eigene Institut die FuE-Kompetenz, die vom Anfragenden benötigt wird?
- Sind eigene Ressourcen verfügbar?
- Passt das Kooperationsprojekt in das eigene FuE-Portfolio?
- Sind alle beteiligten Partner auf einem ähnlichen Exzellenzniveau (oder möchte jemand nur möglichst einfach an das Knowhow kommen)?
- Wie sind die Finanzierung und die Organisation der Kooperation geregelt?
- Wie sind die sonstigen Rahmenbedingungen geregelt (z. B. Rechte am Ergebnis)?
- Welche Unterschiede in den jeweiligen „Forschungskulturen" sind zu befürchten (z. B. wenn Grundlagenwissenschaftler mit anwendungsorientierten Wissenschaftlern zusammen arbeiten)?

Bei FuE-Kooperationen arbeiten Wissenschaftler aus unterschiedlichen FuE-OEs in einem Projekt miteinander und deshalb bedarf es üblicherweise dazu entsprechender formaler Vereinbarungen mit unterschiedlicher Detaillierungstiefe. Folgende Kooperationen sind möglich:

- Zwischen Wissenschaftlern innerhalb der hierarchisch niedrigsten FuE-OE einer FuE-Organisation, z. B. Bildung eines Projektteams innerhalb einer Abteilung: Hierzu bedarf es keiner Kooperationsvereinbarung (beide haben den gleichen Vorgesetzten). Die Basis der Zusammenarbeit ist der Projektplan.
- Zwischen internen FuE-OEs der gleichen Hierarchieebene, z. B. zwischen Abteilungen innerhalb eines Instituts: Für diese interne Kooperation bedarf es oftmals eines (nicht zu unterschätzenden) Kommunikationsaufwands, denn die internen Abgrenzungen (und auch Abstoßungseffekte) sind zum Teil sehr stark. Ein eigener Vertrag ist üblicherweise nicht notwendig, wenn es sich noch um die gleiche Kostenstelle handelt.
- Zwischen FuE-Einrichtungen einer FuE-Organisation, z. B. zwischen dezentral verteilten Instituten von FuE-Organisationen oder den globalen FuE-Abteilungen von Unternehmen: Da es oftmals an der internen Transparenz mangelt (Wer macht was? Wer kann was?), ist ein zusätzliches Management zur Initiierung notwendig; ebenfalls müssen auch innerbetriebliche Vereinbarungen über eine interne Leistungsverrechnung etc. verhandelt werden, da die Kooperation dann Kostenstellen-übergreifend stattfindet.
- Zwischen Forschergruppen aus unterschiedlichen FuE-Organisationen, z. B. Wissenschaftler aus zwei Hochschulen oder aus einer FuE-Einrichtung und einem Unternehmen: Diese Form wird u. a. bei BMBF-Verbundprojekten stimuliert, in dem Unternehmen und Forschungseinrichtungen zusammen Projekte beantragen und bearbeiten. Die Bedingungen sind üblicherweise in standardisierten Verträgen geregelt.
- Zwischen Forschern aus unterschiedlichen Ländern und FuE-Organisationen, z. B. Forschergruppen aus Einrichtungen von EU-Staaten innerhalb eines geförderten EU-Projekts: Hierzu sind neben der fachlichen Exzellenz auch interkulturelle Kompetenzen notwendig. Die Verträge sind entweder standardisiert (z. B. bei der EU-Kommission) oder müssen individuell verhandelt werden.
- Zwischen Forschern aus unterschiedlichen Ländern und Organisationen an einem Standort, z. B. international getragene Forschungseinrichtungen wie die Forschungseinrichtung für Teilchenphysik CERN in Genf (vgl. Kap. 2.1.4): Die Bedingungen für das Arbeiten an internationalen FuE-Einrichtungen sind standardisiert geregelt.

Bei der letztgenannten Kooperationsart ist das Besondere, dass sich die Forscher von ihrer Heimatorganisation weg bewegen und an einem neuen Ort zusammen kommen. Dies ist bei den sonstigen oben dargestellten Kooperationsformen eher nicht üblich; die Projekte sind oftmals so konzipiert, dass die unterschiedlichen Arbeitspakete an den Standorten der jeweiligen FuE-Einrichtungen bearbeitet und die Ergebnisse dann über moderne Kommunikationstechnologien ausgetauscht werden. Schwieriger wird es, wenn Probenmaterial physisch übergeben werden muss. Die kontinuierliche Kommunikation oder das kooperative Arbeiten an verteilten Orten ist zwar technisch aufgrund der modernen IuK-Technologien keine Hürde mehr, dennoch muss im Projektmanagement sorgfältig darauf geachtet werden, dass die Projektabläufe und -ergebnisse zeitlich und qualitativ entsprechend zusammen passen. Für die Qualitätssicherung des Projekts sind letztendlich auch persönliche Treffen notwendig, insbesondere auch, um gemeinsam im Projektteam die Ergebnisse untereinander im Sinne eines Skeptizismus (vgl. Kap. 5.3, Wissenschaftliche Integrität) auszutauschen. Und in letzter Konsequenz müssen sich die Wissenschaftler auch untereinander vertrauen, wozu der direkte persönliche Kontakt von Zeit zu Zeit unverzichtbar ist. So dienen wissenschaftliche Kongresse nicht nur dem Austausch neuer Ergebnisse, sondern auch zu einem großen Teil der persönlichen Netzwerkpflege.

Im Ziel- und Strategieplan der FuE-Einrichtung sollte deutlich aufgezeigt werden, zu welchen eigenen Zwecken aktiv Kooperationen gesucht werden und nach welchen Kriterien die Suche abläuft. Die identifizierten Kooperationspartner müssen dann anhand der Kriterienliste (s. o.) ausgewählt werden.

In diesem Zusammenhang ist auch das Thema der „Internationalisierung" als Treiber von Kooperationen zu sehen. Wissenschaft ist global und eine internationale Vernetzung ist für jede FuE-Einrichtung unverzichtbar. Allerdings muss jeweils erörtert werden, welche Art der Vernetzung mit welcher Intensität notwendig ist. Schon das Veröffentlichen von FuE-Ergebnissen in internationalen Journalen ist eine Informationsvernetzung – allerdings noch keine Kooperation. Neben dem aktiven wissenschaftlichen Zusammenarbeiten mit internationalen Einrichtungen in Form von Projektkooperationen gibt es auch noch andere Maßnahmen der Vernetzung, wie z. B. die Aufnahme internationaler Wissenschaftler oder die Teilnahme oder Ausrichtung internationaler Konferenzen. Die jeweiligen Kooperationspartner, -inhalte und -formen sollten in der Strategiediskussion der FuE-Einrichtung erörtert werden.

Bei den üblichen Vernetzungen und Kooperationen verbleiben die Wissenschaftler weitgehend an ihren Standorten (bis auf einen Sabbatical-Aufenthalt).[25] Teilweise erwägen FuE-Organisationen auch die Gründung einer ständigen eigenen Außenstelle oder einer **FuE-Einrichtung im Ausland.** Die Gründe können verschieden sein, u. a. die Nähe zu einer spezifischen wissenschaftlichen Exzellenz (z. B. einer renommierten Hochschule), der Zugang zum Markt (um eigene Auftragsforschung anzubieten) oder die Rekrutierung ausländischer Wissenschaftler. Vor einer solch bedeutenden strategischen Entscheidung müssen die organisatorischen und gesetzlichen Rahmenbedingungen intensiv durch Experten geprüft werden, weil dazu viel juristischer sowie

---

25 Sabbatical (allgemein: jüdischer Ruhetag): Arbeitszeitmodell, bei dem der Arbeitnehmer bis zu einem Jahr für persönliche, außerberufliche Zwecke oder zur Weiterbildung seine derzeitige Position ruhen lässt. Teilweise werden dazu Urlaubsansprüche angespart oder Sonderurlaub gewährt. Im Wissenschaftsbereich wurde der Begriff von Professoren in den USA für ein Forschungs- oder Freisemester geprägt.

betriebs- und personalwirtschaftlicher Sachverstand außerhalb des FuE-Bereichs benötigt wird. Ist eine Entscheidung zum Aufbau einer Entität im Ausland oder der Beteiligung an einer FuE-Einrichtung im Ausland einmal gefallen, kann sie – nach ggf. langwierigen Verhandlungen mit ausländischen politischen Stellen zur Umsetzung der Gründung – üblicherweise nicht ohne großen Imageschaden revidiert werden.

Die **Projektförderung der Europäischen Kommission** fördert eine intensive Kooperation zwischen den europäischen FuE-Einrichtungen, denn bei einer Vielzahl von FuE-Programmen innerhalb des EU-Forschungsrahmenprogramms ist nur ein Konsortium mit FuE-Einrichtungen aus mehreren Mitgliedsländern antragsberechtigt. Dabei gibt es zuweilen bei Antragstellern den Verdacht, als verfolge die EU-Kommission gleichzeitig zwei verschiedene – sich teilweise widersprechende – politische Ziele, nämlich das der wissenschaftlichen Exzellenz und das der Europäischen Kohäsion.[26] Deshalb wurden manchmal „zur Sicherheit" weitere FuE-Einrichtungen aus Mitgliedsländern mit unterdurchschnittlichem Bruttoinlandsprodukt in das Konsortium aufgenommen. In diesem Zusammenhang ist es wichtig, die Ausschreibungsunterlagen zu öffentlichen Programmen intensiv zu studieren und die Bedingungen für die Zusammensetzung des Konsortiums genau zu befolgen bzw. sich darüber hinaus noch zusätzlich bei den Programmmanagern über den „Geist des Programms" (der zwischen den Zeilen steht) zu informieren (vgl. Kap. 2.2.2, FuE-Programmmanagement).

Neben der Kooperation innerhalb einer gleichen Disziplin mit ihrer jeweils spezifischen Terminologie und den eigenen Methoden werden zunehmend auch Kooperationen (durch die Politik) angeregt, die über die eigene Disziplin hinausreichen; insbesondere im Bereich des Innovationsmanagement erwartet man sich davon zusätzliche Impulse für neue Durchbruchinnovationen (vgl. Kap. 6.1). Notwendig ist dazu der Aufbau entsprechender Anbindungskompetenzen zu anderen Disziplinen. Man unterscheidet drei Arten der disziplinenübergreifenden FuE-Kooperationen:

- Multidisziplinäre Forschung: Kooperation von Wissenschaftlern ähnlicher Fachrichtungen, die prinzipiell ein gleiches Grundverständnis haben (z. B. Maschinenbauer und Chemiker)
- Interdisziplinäre Forschung: Kooperation von Wissenschaftlern verschiedener Fachrichtungen, die jeweils unterschiedliche spezifische Vorgehensmodelle und Methoden sowie Fachsprachen verwenden (z. B. Psychologen und Informatiker)
- Transdisziplinäre Forschung: Kooperation von Wissenschaftlern mit außerwissenschaftlichen Akteuren, oftmals bezogen auf lebensweltliche Problemlagen (z. B. Medizintechniker und Rollstuhlfahrer) (vgl. Kap. 3.1, Zivilgesellschaft)

---

26 Europäische Kohäsion (Zusammenwachsen): Wichtiges Element der EU-Politik zur Umverteilung zwischen reicheren und ärmeren (strukturschwachen) Regionen (< 75 % des BIP des Durchschnitts der EU). Etwa ein Drittel der Haushaltsmittel der EU werden dafür eingesetzt. Von dem Fonds für regionale Entwicklung (einer der drei Kohäsionsfonds) partizipieren auch in Deutschland die Neuen Bundesländer; u. a. wurden davon Neubauten von FuE-Einrichtungen mitfinanziert.

Bei der interdisziplinären Forschung, wenn z. B. ein Materialwissenschaftler mit einem Mediziner an neuen Implantaten forscht, entwickeln beide neue „Anbindungskompetenzen" über ihre Disziplin hinaus und sind somit zunehmend netzwerkfähig für eine übergreifende Forschung an größeren Systemen. Inwiefern der Grad der Ähnlichkeit bzw. der Verschiedenheit der Kompetenzen der Partner mit dem Erfolg ihrer Kooperation korreliert ist schwierig zu bestimmen: Prinzipiell kooperieren Forscher effizienter zusammen, wenn sie nicht direkt im Wettbewerb zueinander stehen, also eher unterschiedliche Kompetenzen haben; allerdings kann auch die Zusammenarbeit zwischen Wissenschaftlern mit sehr weit auseinander liegenden Disziplinen, z. B. zwischen Geisteswissenschaftlern und Naturwissenschaftlern, schwierig sein, weil ggf. Probleme hinsichtlich der wissenschaftlichen Methoden, Denkweisen und der Wissenschaftssprache auftreten können.

4.4 Prozess der Strategieplanung

Eine Ziel- und Strategieplanung beginnt bei der höchsten Hierarchieebene, der FuE-Organisation. Nur mit einer übergeordneten konsistenten Planung der inhaltlichen Ausrichtung (Forschung und ggf. Lehre), der Ressourcen und sonstiger wesentlicher Ziele kann eine gemeinsame Orientierung für Mitarbeiter und eine Verlässlichkeit für den Außenraum hergestellt werden. Eine solche FuE-Planung wird heutzutage in den FuE-Organisationen und -Einrichtungen noch auf sehr unterschiedlichen Standards hinsichtlich ihrer Form und ihres Inhalts betrieben: Das Spektrum der dokumentierten Strategien reicht von einem Institutsleiter, der alleinig die Planungen „im Kopf hat", bis hin zu qualitätsgesicherten und partizipativen Prozessen der FuE-OEs, um die kurz- und mittelfristigen Ziele mit den entsprechenden Strategien zu entwickeln und in einem Dokument darzustellen. Eine solche Planung in einer FuE-Organisation ist vergleichbar mit der eines produzierenden Unternehmens, das seine Produktpalette für die Zukunft festlegt: Aber während derartige Unternehmensplanungen für jeden selbstverständlich sind, haben ähnliche Prozesse in FuE-Einrichtungen noch nicht die gleiche Akzeptanz gefunden.

Die oben dargestellten Themen der FuE-Portfolioplanung, der Finanzierung und der Kooperation sind mithin wesentliche Elemente der Ziel- und Strategieplanung einer FuE-Einrichtung. Im Folgenden werden einige Hinweise zum Management eines solchen Planungsprozesses gegeben.

4.4.1 Management des Strategieplanungsprozesses

Vor der Durchführung eines Prozesses zur Ziel- und Strategieplanung einer FuE-OE ist es wichtig, alle beteiligten Wissenschaftler von der Sinnhaftigkeit des Prozesses zu überzeugen und sie „ins Boot zu holen". Dabei kommt es nicht vorrangig auf die

Auswahl der Planungsmethode an (das Angebot ist reichlich) und auch nicht – so überraschend sich das anhört – nur auf das Ergebnis, sondern vielmehr ist „der Weg das Ziel". Interne Diskurse mit Kollegen und ggf. mit Externen schärfen die eigene Sicht und dadurch entsteht ein Mehrwert für die eigenen Erkenntnisse und das zukünftige Verhalten jedes Prozessteilnehmers.

Im Folgenden wird kein spezifischer Planungsprozess vorgestellt, weil dieser spezifisch für die „Kultur" der FuE-Einrichtung gestaltet werden muss (es gibt dazu auch genügend Produkte am Markt). Jeder Planungsprozess sollte jedoch folgende qualitätssichernde Kriterien erfüllen:

– Zweck und Notwendigkeit kommunizieren (Vorphase des Projekts): Die Durchführung eines solchen Planungsprozesses muss von den Akteuren im Institut (auch von der Leitung!) als sinnvoll angesehen werden. Ist die Leitung der OE nicht überzeugt und initiiert den Prozess nur aufgrund von Vorgaben der nächsthöheren OE, führt dies zu unbefriedigenden Ergebnissen und zur Unzufriedenheit der Mitarbeiter. Für diese Vorphase sollte ausreichend Kommunikationsbedarf einkalkuliert werden. Mögliche Methoden sollten vorgestellt und ggf. durch den Dialog mit den Mitarbeitern noch angepasst werden.

– Prozess konzipieren: Die Methode zur strukturierten Diskussion der Ziele und Strategien und ihr Aufwand sollte der Größe und Komplexität der FuE-Einrichtung entsprechen. Sie wird allen Wissenschaftlern (auch denjenigen, die nicht aktiv am Prozess beteiligt, aber durch ihn betroffen sind) transparent kommuniziert. Der Prozess muss nicht von jeder FuE-Einrichtung neu erfunden werden; es gibt vielfältige Literatur und erwogen werden kann auch ein Benchmark mit ähnlichen OEs, die ggf. einen solchen Prozess schon durchgeführt haben (innerhalb oder auch außerhalb der eigenen FuE-Organisation); auch externe Berater stehen dafür zur Verfügung. Der Prozess ist unbedingt als internes Projekt (im Auftrag des OE-Leiters) mit einem entsprechenden Projektmanagement durchzuführen. Der Projektleiter berichtet direkt dem OE-Leiter.

– Keine Strategie ohne Ziel: Am Anfang des Prozesses steht die Zieldiskussion. So trivial diese Aussage erscheint, so selten wird sie befolgt. Bei vielen „Strategiesitzungen" wird eher aus der gegenwärtigen Situation heraus über zukünftige Strategien (also Wege) geredet, ohne sich vorab über Ziele geeinigt zu haben. Eindeutige Ziele zu vereinbaren ist unerlässlich, um dann passende Strategien zur Zielerreichung zu erarbeiten.

– Beteiligte festlegen: An diesem Prozess sind nicht alle Mitarbeiter (wie bei der Leitbilderstellung) und auch nicht alle Wissenschaftler beteiligt, sondern die wesentlichen Führungskräfte wirken aktiv am Prozess mit und kommunizieren die Ergebnisse in ihren OEs.

– Dritte einbeziehen: Die interne Sichten der OE und deren Planungen sollten auch mit unabhängigen Dritten diskutiert und abgeglichen werden. Dadurch werden evtl. institutsinterne Fehleinschätzungen zu Marktentwicklungen oder zum Wettbewerb korrigiert. Die Auswahl derartiger externer Experten ist insofern eine

Herausforderung, als diese weder ein direkter Wettbewerber sein sollten noch unkritische „Claqueure", die nur freundliche Kommentare geben; sie müssen die Kompetenzen des Instituts fachlich einschätzen können und dabei die Planungen vertraulich behandeln.

- Vollständigkeit sicherstellen: Die finalen Dokumente enthalten Aussagen zu allen wesentlichen Aspekten der Portfoliogestaltung und sonstigen Strategieelementen (s. u.). Sie sind klar und verständlich, so dass sie handlungsleitend für alle Mitarbeiter sind.
- Planung verfügbar machen: Die ausführlichen Ergebnisse des Planungsprozesses sind zunächst nur für den Führungskreis, der am Prozess mitgewirkt hat, verfügbar; denn darin sind u. a. auch konkrete Planungen festgeschrieben, die vertraulich sind. Für die weitergehende Kommunikation nach innen und außen – auch von Teilen des Dokuments – werden entsprechende Absprachen getroffen.
- Strategieplan ernst nehmen: Die Planungen dienen als verlässliche Orientierung und als Basis für das Handeln in den entsprechenden OEs (mit der oben angesprochenen Flexibilität hinsichtlich der Anpassung). Nur mit diesem gemeinsamen Verständnis ist der ganze Prozess sinnvoll. Die Leitung der OE muss diese Haltung vorleben, sonst scheitert der nächste Prozess.

Zu folgenden Themen macht ein Strategiedokument einer FuE-OE Aussagen:
- Gesamtszenario: Welche relevanten Veränderungen in Wissenschaft, Gesellschaft und Wirtschaft sind zu erwarten? Wie wirken sich diese auf die OE bzw. auf die gesamte FuE-Organisation aus? Welche konkreten Zielvorgaben gibt es (von Stakeholdern oder übergeordneten OEs)?
- Entwicklung des FuE-Portfolios: Welche Kernkompetenzen deckt die OE heute ab (möglichst aktuelle FuE-Projekte gruppieren und übersichtlich darstellen)? Welche Zielsetzungen gibt es? Welche Themen sollen nicht aufgenommen werden? Wie fügt sich das OE-Portfolio in dasjenige der anderen OEs der FuE-Organisation ein?
- Nutzung der Ergebnisse: Wie werden die Ergebnisse vornehmlich kommuniziert und ggf. verwertet (meist nur auf Projektbasis zu entscheiden, aber Zielsetzungen hinsichtlich Veröffentlichungen, Auftragsforschung oder Lizenzierungen können getroffen werden)? Müssen alle Patente im aktuellen Patentpool weiterhin gehalten werden?
- Personal und Finanzierung: Wie sieht der heutige und der geplante Finanzierungsmix aus? Wie wird das Erreichen der Finanzplanung sichergestellt? Soll die OE wachsen oder schrumpfen? Ist die OE attraktiv genug für exzellente personelle Anwerbungen?
- Wettbewerber: Wer sind die FuE-Wettbewerber der OE (interne und externe)? Welche Strategie verfolgt die OE bzgl. einer Kooperation oder einer Abgrenzung?
- Kooperationen: Welche Kompetenzen und Kooperationspartner werden zur Umsetzung der FuE-Ziele benötigt? Wie sieht die internationale Vernetzung aus?

Im Markt werden komplementär zu Instrumenten der Strategieplanung auch viele zur Strategieimplementierung und -verfolgung angeboten, u. a. die Balanced Scorecard.[27] Allgemein gilt, dass die Ziel- und Strategieplanungen transparent innerhalb der FuE-Einrichtung bzw. der jeweiligen OE kommuniziert werden und die entsprechende Umsetzung der Strategien dann durch die jeweiligen Führungskräfte verantwortet werden. Zur Feststellung des Soll-Ist-Abgleichs gibt es verschiedene Methoden; eine der einfachsten ist eine Zielvereinbarung und deren Überprüfung (vgl. Kap. 5.4.3, Evaluierung einer FuE-OE).

4.4.2 Prognosemethoden

Für Planungen braucht man Annahmen über die Zukunft. Diese galt früher als ausschließlich schicksalsbestimmt, mittlerweile rückt die Zukunft aber immer näher, d. h. wir müssen uns in immer kürzeren Zeitabständen neu orientieren und können uns kaum mehr auf Bewährtes verlassen. Deshalb gibt es einen steigenden Bedarf, in die Zukunft zu schauen, um sich dementsprechend vorzubereiten. Gleichzeitig scheint uns die Zukunft auch durchaus beeinflussbar. So ist es einerseits unumgänglich, über die Zukunft nachzudenken, andererseits existieren dafür kaum robuste wissenschaftliche Werkzeuge. Aus diesem Dilemma heraus hat sich mittlerweile eine Profession sogenannter „Zukunftsforscher" entwickelt, um den zunehmenden Bedarf an Zukunftswissen durch Bücher, Einzelberatungen oder Vorträge (mit hohen Honoraren) zu befriedigen. Diese Beratungen können hilfreich sein, gleichwohl sollte darauf geachtet werden, dass die Aussagen auf einer gesicherten sozialwissenschaftlichen Basis beruhen und nicht nur – journalistisch aufbereitet – die heutige Situation abbilden: Teilweise werden schon eingetretene Entwicklungen als Zukunftstrends verkauft oder einzelne Beobachtungen vorschnell in die Zukunft extrapoliert. Zu einer methodisch soliden Vorgehensweise gehört eine klare Fragestellung, die präzise Operationalisierung, überprüfbare Hypothesen, eine plausible Auswahl der Methoden, die nachvollziehbare Auswertung mit Validitätsnachweis sowie die Kennzeichnung von Interpretation und Spekulation (Rust, 2008). Es ist prinzipiell schwer, von einer Wissenschaftlichkeit und Forschung zu sprechen, wenn der Forschungsgegenstand – die Zukunft – noch nicht existiert und die Aussagen auch nicht direkt verifiziert werden (Kriterium der Falsifizierbarkeit). Dieses Dilemma kann aufgelöst werden, wenn die erforschbare und zu beschreibende Zukunft nicht die Gegenwart einer zukünftigen Zeit sein soll, sondern vielmehr Teil der heutigen Gegenwart, d. h. ihre heutige Konstruktion darstellt (Grunwald, 2009). Unser Zukunftsbild ist mithin ein in der heutigen

---

27 Balanced Scorecard: Von Kaplan und Norton eingeführte Methode, um Strategien eines Unternehmens in verständliche Kennzahlen zu übersetzen. Die Kennzahlen werden in die Bereiche der Kunden-, Finanz-, Prozess- und Mitarbeiterperspektive gruppiert (Kaplan, 2005). Inzwischen gibt es auch Anpassungen dieser Perspektiven zur Einführung der Balanced Scorecard in FuE-Organisationen.

Gegenwart erzeugtes Bild von der Zukunft. Dies bedeutet konsequenterweise, dass jedes Zukunftsbild einer Organisation und/oder der Umwelt von den verschiedenen am Prozess Beteiligten durch mündliche, schriftliche oder anderweitige Kommunikation erzeugt und damit vermittelt werden muss. Wenn wir z. B. über den Energiemix im Jahre 2050 reden, reden wir nicht darüber, wie dieser Energiemix wirklich sein wird, sondern darüber, wie wir ihn uns heute vorstellen. Deshalb basieren auch alle Prognoseverfahren auf einem intensiven kommunikativen Austausch zwischen Experten, Betroffenen oder anderen Stakeholdern – u. a. auf der Basis von Bildern.

Letztendlich sind für FuE-Organisationen solche Zukunftsmethoden relevant, die aktuelle sozioökonomische Trends vor dem Hintergrund erwarteter technisch-wissenschaftlicher Entwicklungen zusammenführen und dann durch Akteure aus Gesellschaft, Politik, Wirtschaft und Wissenschaft bewertet werden. Dazu zählen u. a. die Technologievorausschauen zur Früherkennung von Marktbedarfen oder Technologietrends, um Anregungen für die Ausrichtung des eigenen FuE-Portfolios zu erhalten (vgl. Kap. 3.5). Ebenso relevant für FuE-Organisationen sind auch Umfeldprognosen zur Abschätzung von politischen, gesellschaftlichen und wirtschaftlichen Entwicklungen (insbesondere das Umfeld der FuE-Organisation betreffend), um die Positionierung der FuE-Organisation „zukunftsfähig" zu gestalten. Bei diesen Umfeldprognosen werden keine FuE-Themen oder Nachfragetrends dargestellt, sondern die FuE-Organisation erarbeitet – meist extern moderiert – interaktiv ihren relevanten, spezifischen Zukunftsausschnitt. Dazu gibt es eine große Methodenvielfalt (z. B. Trend Impact Analysis oder Zukunftswerkstatt), denn viele Unternehmensberatungen bieten dazu ihre eigenen Prozesskreationen an; diese basieren weitgehend auf einigen grundlegenden Kernprozessen mit geringen Modifikationen. Der Grundprozess der kreativen Ideenfindung ist meist ähnlich.

Grundmuster für **interaktive Workshops**, um Ideen für neue zukünftige Umfeldentwicklungen (Szenarien), neue Bedarfe (Innovationen), neue Technologien (Technologievorausschau) oder aktuelle Problemlösungen zu generieren.

Eine Gruppe mit motivierten Teilnehmern (Mischung aus Mitarbeitern auf einer ähnlichen Hierarchieebene mit unterschiedlichen Charakteren und Kompetenzen) wird von einem Moderator durch folgenden Prozess geführt:

1. Der Moderator erzeugt durch einführende Kreativspiele eine entspannte Atmosphäre.
2. Der Moderator formuliert eine präzise Fragestellung (ggf. mit Rahmenbedingungen oder Einschränkungen); es wird u. a. auch dargestellt, was nicht zum „Suchfeld" gehört. Kurze Verständnisfragen sind zugelassen.
3. Einzeln oder in Kleingruppen (2–3 Teilnehmer) schreiben die Teilnehmer Ideen/Vorschläge auf Karten.
4. Die Vorschläge werden hintereinander von den Teilnehmern erläutert und an eine Pinnwand gepostet. Dabei sind nur Verständnisfragen zugelassen, keine Bewertungen.
5. Nach Abschluss der Runde werden die Vorschläge (unter Mitwirkung der Gruppe) thematisch sortiert und gruppiert.

6. Die Teilnehmer priorisieren individuell die thematischen Gruppen (z. B. durch „Punkte kleben").
7. Die Themen mit der höchsten Priorität werden in Kleingruppen tiefer erarbeitet; dazu macht der Moderator entsprechende Vorgaben, welche Art von Ergebnis er erwartet (z. B. „Steckbriefe" als Vordruck mit zu beantwortenden Fragen).
8. Die Ergebnisse werden anschließend (außerhalb des Workshops) vom Management ausgewertet und dienen als Anregung für weitere Entscheidungen und ggf. weitere Ausarbeitungen.

Mit der Methode der **Szenariotechnik** können alternative Vorstellungen über Entwicklungen in der Zukunft in Bezug auf die eigene Organisation dargestellt werden. Dazu werden oft Bilder zur Visualisierung der möglichen und wahrscheinlichen Entwicklungen einzelner Einflussfaktoren verwendet (s. Abb. 4.13).

Die Bevölkerung fordert Effizienz und Effektivität von der Forschung

„Big Brother"

„Alles ist verbunden"

Wissenschaft, Gesellschaft und Wirtschaft vernetzen sich

Abb. 4.13: Bildliche Darstellung von prognostizierten einzelnen Entwicklungen als Input für Zukunftsszenarien (Graphic Recording): Quellen: Oben rechts und unten links (European Commission, 2015), oben links und unten rechts (Fraunhofer-Gesellschaft, 2012).

Schritt 1: Identifikation von Einflussfaktoren

Schritt 2: Formulierung von verschiedenen
Zukunftsannahmen

Schritt 3: Szenarios als Bündel von
Zukunftsannahmen

Schritt 4: Festlegung eines
Orientierungsszenarios

■ Einflussfaktoren

▨ Zukunftsannahmen

▢ Zukunftsannahmen des Orientierungsszenarios

Abb. 4.14: **Der Szenario-Prozess**: Die Szenariotechnik basiert im Wesentlichen auf 4 Schritten:
1: Relevante Einflussfaktoren (hier:6) werden identifiziert und in ihrem Ist-Zustand beschrieben.
2: Denkbare Entwicklungen der Einflussfaktoren (jeweils 2–4 Ausprägungen) werden in Form von
plausiblen Zukunftsannahmen diskutiert und formuliert.
3: Basierend auf einer Konsistenzprüfung (Konflikte, Übereinstimmungen und Verstärkungen
zwischen den einzelnen Zukunftsannahmen werden analysiert) werden konsistente, also logisch
widerspruchsfreie Rohszenarien generiert (dazu existieren entsprechende Softwareprogramme).
4: Ein Orientierungsszenario wird ausgewählt (Auswahl wird durch die Leitung der FuE-Organisation
begründet). Dazu werden die Chancen und Risiken analysiert (Fraunhofer-Gesellschaft, 2012).

Szenarien sind also weder Prognosen, bei denen Extrapolationen gegenwärtiger
Trends in die Zukunft erfolgen noch realitätsferne Utopien. Es werden vielmehr quantitative Daten und Informationen mit qualitativen Einschätzungen und Wertvorstellungen verknüpft, so dass als Ergebnis detaillierte Beschreibungen mehrerer möglicher
Zukunftssituationen entstehen. Es geht also nicht darum, die Zukunft vorauszusagen,
sondern auf sie vorbereitet zu sein und mögliche Chancen und Risiken für die unterschiedlichen Zukunftsannahmen zu erkennen. Als Ergebnis des Prozesses werden

oftmals verschiedene Szenarien dargestellt; diese sind nicht objektiv, sondern repräsentieren die Sichtweise des Szenarioteams. Insofern sind sie auch keine Strategien
(wie etwa die Roadmaps, s. u.), sondern (nur) Denkwerkzeuge, die als Grundlage zur
Entwicklung der Unternehmensstrategie dienen. Demnach sind Szenarien nicht dann
gut entwickelt, wenn sie später exakt eintreten, sondern vielmehr wenn sie durch ein
Orientierungsszenario im Unternehmen oder in FuE-Organisationen die Planungen
gezielt unterstützen (s. Abb. 4.14).

Mit **Technology-Roadmapping** wird eine Gruppe von Verfahren bezeichnet,
die als Strukturierungs- und Entscheidungshilfen für Organisationen dienen, um
eine spezifische Technologie oder ein Produkt risikosicher bis zur Marktreife weiter
zu entwickeln (unter Berücksichtigung des stetigen Wandels der Umwelt). Dabei
kann man sich eine Roadmap – in Analogie zu einer Straßenkarte – als einen Plan
vorstellen, der Wege zwischen einem Ausgangspunkt (heute) und einem konkreten
Zielpunkt (Marktreife in der Zukunft) verbindet. Während die Straßenkarte geografi-
sche Punkte durch Straßenzüge verbindet, verbindet die Strategie-Roadmap zeitliche
Punkte. In der Karte sind dann in Form von terminlichen Zwischenstationen Ereignisse eingezeichnet, die auf dem Weg zum Ziel berücksichtigt bzw. erreicht werden
müssen. Dabei werden die Zeitabläufe von der aktuellen Situation und der derzeitigen technischen Position bis zum definierten Innovationsziel dargestellt und die
entsprechenden Markt- bzw. Umfeldbedingungen visualisiert. Die Roadmap schafft
damit Transparenz bei der Verfolgung der Entwicklung künftiger Produkte und dient
insbesondere der internen Kommunikation zwischen den verschiedenen Entwick-
lungsbereichen (s. Abb. 4.15).

4.4.3 Externe Beratung und Benchmarking

Im Folgenden werden für FuE-Einrichtungen drei Management-Bereiche dargestellt,
die u. a. durch Externe begleitet werden können:
- Beauftragung von externen Experten für spezifische Dienstleistungen (Veranstal-
  tungen, Umfragen, Moderation, Layout etc.)
- Forum mit externen FuE-Experten zum Abgleich eigener Sichten zur Markt- und
  Technologieentwicklung
- Benchmarking mit anderen FuE-Einrichtungen zum Abgleich von Geschäftspro-
  zessen oder Strategien

Für die Konzeption und Durchführung von Prozessen, die standardmäßig auch in
anderen (FuE-)Organisationen eingesetzt werden (z. B. Strategieplanung) oder die
nur sehr selten durchgeführt werden (z. B. Leitbildentwicklung) sollte die Option
geprüft werden, sich durch externe Experten beraten zu lassen und entsprechende
Dienstleistungen einzukaufen. Damit kommen die Prozesse schnell in Gang und sie
sind verlässlich nach dem Stand des Wissens gestaltet, so dass auch schnell eigenes

Knowhow aufgebaut werden kann. Dies gilt sowohl für komplette Prozesse als auch für einzelne Kernkompetenzen oder Geschäftsprozesse, die fallweise benötigt werden und üblicherweise nicht in jeder FuE-Einrichtung zur Verfügung stehen, z. B. Durchführung von Umfragen, Organisation von Messeteilnahmen, Moderation von größeren Foren, Durchführung großer Veranstaltungen, Durchführung eines Assessment Centers bei der Einstellung von Führungskräften oder auch nur Übersetzungen von Dokumenten in andere Sprachen.

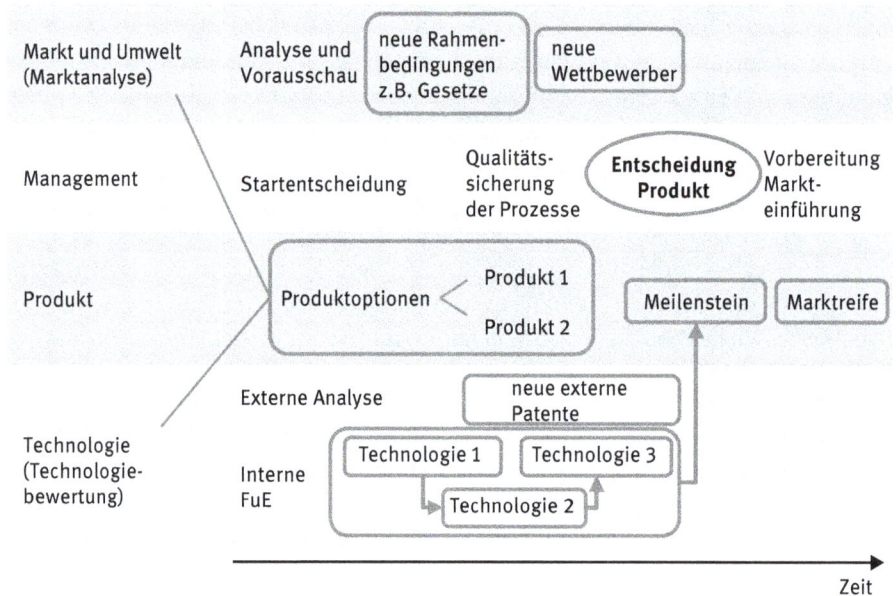

Abb. 4.15: **Darstellung einer Produkt-Roadmap:**
– Markt-und Umwelt: Aktuelle und erwartete Trends des Marktes und auch des Umfelds (z. B. erwartete Gesetze oder mögliche neue Wettbewerber) müssen während der Produktentwicklungsphase permanent analysiert werden bzw. müssen künftige Entwicklungen auch schon antizipiert werden.
– Management: Das Unternehmensmanagement muss die Qualität des gesamten Prozesses sichern und zu bestimmten Zeitpunkten Entscheidungen zum „Go or Stop" treffen.
– Produkt: Aus einer Marktanalyse (meist extern) und Technologiebewertung (meist intern) wird eine Produktentwicklung in Gang gesetzt mit entsprechenden funktionalen und qualitativen Anforderungen. Dazu werden spezifische Meilensteine definiert (vgl. Kap. 6.1.2; Weiterentwicklung der Ideen).
– Technologien: Erforderliche Technologien (intern entwickelt oder von extern erwartet) werden mit ihren Abhängigkeiten und Folgebeziehungen hinsichtlich der zeitlichen Entwicklung dargestellt; notwendig ist die kontinuierliche Analyse des aktuellen Stands des Wissens.
(eigene Darstellung)

Ein anderer Bereich mit Potenzial für externe Beratung ist die **FuE-Portfolio-planung** im Rahmen der regelmäßigen Ziel- und Strategieplanung. Dabei geht es weniger um die Prozess-Unterstützung (für die ggf. Unternehmensberater in Frage kommen), sondern um den fachlichen Input und die Kommentierung zu aktuellen oder geplanten FuE-Inhalten durch Fachexperten. Sowohl zu der eigenen konkreten Planung als auch zu allgemeinen aktuellen Themen können Austausche mit Experten (aus Wirtschaft, Wissenschaft, Politik) initiiert werden. Zwar gibt es dazu üblicherweise auch reguläre beratende Gremien, die eine FuE-Einrichtung mit Rat und Tat begleiten, doch zum einen tagen diese meist nur einmal im Jahr und zum anderen müssen zu spezifischen Aspekten des FuE-Portfolios auch entsprechende spezifische Experten befragt werden, insbesondere, wenn es um Einschätzungen zur zukünftigen Entwicklung des Marktes geht.

Ebenso sollte das Hereinholen externer Expertise erwogen werden, wenn es um die Optimierung von spezifischen Geschäftsprozessen oder Managementmethoden geht, z. B. die Umsetzung eines Nachhaltigkeitsmanagements, das Erschließen neuer Finanzierungsquellen oder das Aufsetzen neuer FuE-Programme. Wenn die Leitung einer OE die Professionalität oder Effizienz bestimmter Geschäftsprozesse, Instrumente oder Strukturen steigern möchte, sollte sie einen Vergleich mit anderen FuE-Organisationen anstreben (**funktionales Benchmarking**). Der Anstoß dazu kann auch von den unmittelbar Betroffenen kommen (z. B. von der Personalabteilung zum Thema „Alumni"), wenn diese fühlt, dass es noch Entwicklungspotenzial gibt, das sie schnell erschließen möchte. Das relevante Benchmarking-Thema sollte möglichst präzise formuliert sein, z. B. Erstellung eines Nachhaltigkeitsberichts in FuE-Einrichtungen, Aufbau eines Fundraising oder Konzeption eines Programms zur Attraktion exzellenter Wissenschaftler. Das Benchmarking sollte mithin eine Win-win-Situation erzeugen mit einem offenen, gegenseitigen Austausch von Wissen und Knowhow über die relevanten Themen (der Benchmarking-Partner muss nicht unbedingt auch eine FuE-Organisation sein, wenn auch einiges dafür spricht). Dabei stellt jeder Partner sein Vorgehen dar und gibt damit auch entsprechende Informationen preis – je nach dem gegenseitigen Vertrauensverhältnis. Wenn man selbst einen ganz neuen Prozess starten möchte und somit noch keine eigene Best Practice anbieten kann, ist man auf einen Vertrauensvorschuss angewiesen – zumal u. U. bei den gewählten Benchmarking-Themen wie z. B. Fundraising eine reale Wettbewerbssituation zwischen den FuE-Organisationen aufkommen könnte.

Der Prozess des funktionalen Benchmarking für FuE-Einrichtungen beinhaltet folgende Schritte:

1. Identifizierung eines signifikanten Benchmark-Themas aus dem Bereich des Forschungsmanagements, für das die Performance gesteigert werden soll (ggf. auf Basis einer eigenen SWOT-Analyse), z. B. Führungsinformationssysteme, Strukturen von Zielvereinbarungen, Anbindung an Hochschulen, Szenarioprozesse

2. Recherche eines Best-Practice-Partners, bei dem das Benchmark-Thema sehr gut ausgebildet ist

3. Ansprache des Partners zum definierten Thema und Darstellen des eigenen Anlasses und auf welchem Niveau sich das Thema in der eigenen FuE-Einrichtung befindet

4. Persönlicher Austausch der Experten der beiden Einrichtungen und Identifizierung von Prozessen, Instrumenten, Strukturen (PIS), die für eine Übernahme in die eigene Einrichtung sinnhaft erscheinen

5. Übertragung und Adaption der PIS auf die eigene Einrichtung; Sicherstellen, dass die Maßnahmen des Partners auch passend für die eigene Einrichtung sind (was woanders – mit anderen Rahmenbedingungen – erfolgreich ist, muss nicht unbedingt für die eigene Einrichtung passen)

Bei großen FuE-Organisationen mit teilweise unabhängigen oder dezentral verteilten FuE-Einrichtungen ist ein besonderes Augenmerk auf das interne Benchmarking zu richten. Oftmals werden in den einzelnen OEs bereits kreative eigene Lösungen entwickelt, die auch für die gesamte FuE-Organisation anwendbar sind. Dies ist insbesondere der Fall für solche Prozesse, die nicht von der Zentrale obligatorisch vorgegeben sind wie z. B. interne Kommunikation, Kundenzufriedenheitsanalysen, Dialoge mit der Zivilgesellschaft oder Wissenschaftleraustausch. Meist sind derartige Eigenentwicklungen einzelner FuE-OEs innerhalb der gesamten FuE-Organisation nicht transparent, deshalb lohnt bei Bedarf eine kurze interne Recherche. Entwicklungen und Optimierungen von PIS durch eine OE innerhalb der eigenen FuE-Organisation sind mit hoher Wahrscheinlichkeit ohne großen Anpassungsbedarf direkt auf andere OEs übertragbar.

4.5 Personalmanagement

Das Gebiet des gesamten Personalmanagements – insbesondere im Bereich der Forschung und Wissenschaft – ist breit und komplex; im Folgenden soll nur auf einige spezifische Elemente eingegangen werden, die einen engen Bezug zum Forschungsmanagement haben, das sind:

- Befristete Arbeitsverhältnisse und damit notwendiges Wissensmanagement
- Karrierewege eines Wissenschaftlers
- Bindung der ehemaligen Wissenschaftler als Alumni
- Führung von Wissenschaftlern
- Mentoring

In FuE-Einrichtungen werden bei der Kostenkalkulation drei Kategorien von Angestellten unterschieden: Wissenschaftler, Techniker und Verwaltungsangestellte. In der Regel sind etwas mehr als die Hälfte der Mitarbeiter Wissenschaftler, also Mitarbeiter mit einer akademischen Ausbildung. Viele davon sind wissenschaftlich tätig, einige arbeiten auch in der „Verwaltung" (Juristen, Betriebswirte) und einige sind Forschungsmanager. Der Erfolg einer FuE-Einrichtung hängt davon ab, inwieweit alle Mitarbeiter gemeinsame Ziele verfolgen und dafür zusammen arbeiten – diese Anmerkung ist auch für andere Organisationen und Unternehmen zutreffend, aber aufgrund der Zusammensetzung der „Belegschaft" einer FuE-Einrichtung mit einem hohen Anteil an Wissenschaftlern besonders hervorzuheben: Denn die in FuE-Einrichtungen teilweise anzutreffende Separierung von wissenschaftlichem und nicht-wissenschaftlichem Personal (technisches und Verwaltungs-Personal) sollte vermieden und mit viel Fingerspitzengefühl gehandhabt werden, um eine „Zweiklassen-Mitarbeiterschaft" zu vermeiden. So ist z. B. für einen Leiter eines FuE-Projekts die kundige Bedienung eines Analysegeräts durch einen technischen Assistenten oder das Controlling der Projektfinanzen durch einen Verwaltungsmitarbeiter als Dienstleistungen genauso wichtig wie die unmittelbaren wissenschaftlichen Tätigkeiten seiner Kollegen. Zuweilen bedarf das Zusammenspiel zwischen den Wissenschaftlern und den Verwaltungsangestellten auch einer Moderation (u. a. von Forschungsmanagern), um z. B. zwischen der Patentabteilung oder auch dem Einkauf auf der einen und den Wissenschaftlern auf der anderen Seite zu vermitteln. Hier gibt es oftmals Reibungsverluste, weil Wissenschaftler und die Verwaltung unterschiedliche Prioritäten setzen bzw. Ziele haben: Die Wissenschaftler haben ihre aktuellen Anforderungen des FuE-Projekts (insbesondere den Faktor „Zeit") vor Augen während die Verwaltung die Verantwortung für die ordnungsmäßige Abwicklung der Geschäftsprozesse hat; das Konfliktfeld kann bei der Abrechnung der Kosten von Dienstreisen beginnen und bei Verträgen mit Dritten hinsichtlich der Nutzung von Rechten enden. Und da die meisten FuE-Einrichtungen aufgrund ihrer institutionellen Förderung dem Besserstellungsverbot[28] unterliegen, sind somit eine große Anzahl von Regelungen des öffentlichen Dienstes zu beachten.

Wie eine Mission Mitarbeiter unterschiedlicher Hierarchiestufen motivieren kann:
Im 15. Jahrhundert hämmerten in einem Steinbruch in Westdeutschland Arbeiter Steine aus einem Felsen, um sie als Baumaterial aufzubereiten. Dabei gab es Aufpasser, die die Leistung der Arbeiter kontrollieren sollten. Einem Aufseher fiel auf, dass es neben den Drückebergern (die er andauernd ermahnen musste) und den soliden Arbeitern (die ihr Soll weitgehend erfüllten) auch einen

---

28 Besserstellungsverbot: Legt fest, dass FuE-Organisationen, die eine institutionelle öffentliche Förderung erhalten, ihre Mitarbeiter nicht besser stellen dürfen als Angestellte des öffentlichen Dienstes; das betrifft den Tarifvertrag, die Dienstreisebestimmungen, das Beschaffungswesen und weitere Regelungen.

gab, der unermüdlich und mit Leibeskräften Steine aus dem Felsen schlug, selbst, wenn der Aufseher sich (vermeintlich) abwendete. Eine solche Arbeitsleistung irritierte den Aufseher und er ging zu dem Arbeiter und fragte: „Warum schlägst du wie ein Verrückter Steine aus dem Felsen für das bisschen Lohn?" „Steine aus dem Felsen schlagen ..." erwiderte der Arbeiter „... darum geht es nicht: Ich arbeite mit am Bau des Kölner Doms!"

4.5.1 Befristete Arbeitsverhältnisse

In FuE-Organisationen besteht zwischen den Arbeitsverträgen der Wissenschaftler und denen des Technik- und Verwaltungspersonals ein signifikanter Unterschied hinsichtlich der Vertragslaufzeit, denn Wissenschaftler werden üblicherweise zunächst nur befristet eingestellt (außer bei Unternehmen oder Ressortforschungseinrichtungen) (s. Abb. 4.16). In Deutschland gibt es dazu das Wissenschaftszeitvertragsgesetz bzw. auch die Drittmittelbefristung für die öffentlich geförderten FuE-Organisationen und Hochschulen.[29] Die standardisierte Befristung von Wissenschaftlern ist ein vieldiskutiertes Thema in den FuE-Organisationen: Einerseits ermöglicht sie eine hohe Fluktuation, so dass permanent neue Themen durch Nachwuchswissenschaftler aufgenommen werden können und das entsprechende Kreativitätspotenzial hoch bleibt. Andererseits ist die permanente Unsicherheit der Wissenschaftler hinsichtlich ihrer beruflichen Zukunft ggf. auch abträglich für ihre Zufriedenheit. Dabei muss allerdings auch auf die originäre Rolle der außeruniversitären FuE-Organisationen hingewiesen werden, die – ähnlich wie Universitäten – auch einen Ausbildungs- und Qualifizierungsauftrag für Nachwuchswissenschaftler haben: Sie können diese somit auch nur für die Zeitdauer der Qualifikation aufnehmen, damit sie danach Karrieren außerhalb der FuE-Organisation verfolgen.

Für das Forschungsmanagement ist mithin der Fokus auf drei Aspekte der Mitarbeiterführung zu lenken: eine konsistente Befristungspolitik, eine effiziente Einführung des Mitarbeiters und das Übernehmen des Knowhows vor seinem Ausscheiden.

Vor dem Hintergrund des intrinsisch hohen Befristungsgrads von Nachwuchswissenschaftlern und somit einer starken Fluktuation von Personal ist es unabdingbar für eine FuE-Organisation, ihre Befristungspolitik klar und transparent zu kommunizieren – was voraussetzt, dass es eine solche Strategie über die gesamte FuE-Organisation hinweg gibt. Zwischen dem Vorgesetzten und dem Wissenschaftler sollte bei einem befristeten Beschäftigungsverhältnis Klarheit über die Zukunft des Mitarbeiters bestehen. Trotz eines eindeutigen Arbeitsvertrags mit einem dort

---

29 Wissenschaftszeitvertragsgesetz, Drittmittelbefristung (WissZeitVG): Schränkt die Befristung von wissenschaftlichem Personal ein. Es kann ohne besonderen Sachgrund nur bis zu max. 6 Jahren befristet beschäftigt werden. Nach einer Promotion ist eine weitere Befristung bis zu 6 Jahren möglich. Über die max. 12 Jahre hinaus sind weitere sukzessive „Drittmittel-Befristungen" möglich, wenn die Mitarbeiter aus Mitteln Dritter für ein bestimmtes befristetes Projekt mit finanziert werden.

Anteil befristet beschäftigter Wissenschaftler

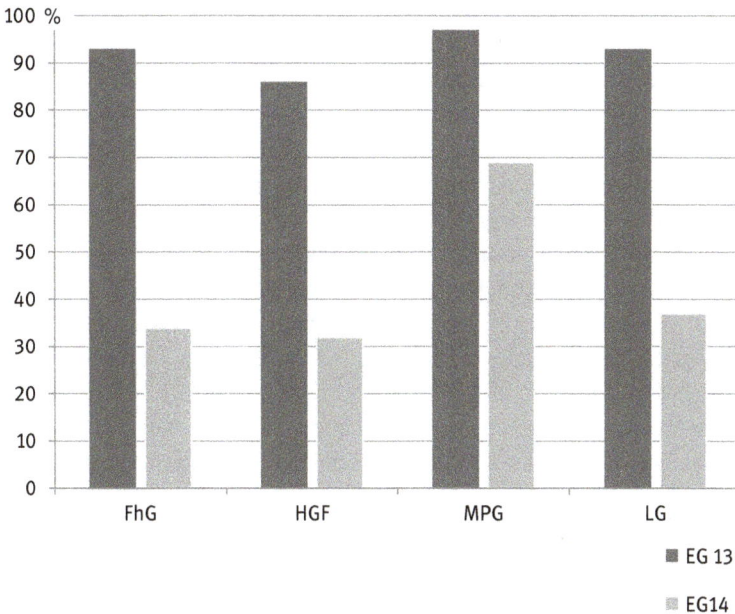

Abb. 4.16: **Anteil der befristet beschäftigten Nachwuchswissenschaftler in den vier öffentlich geförderten FuE-Organisationen in Deutschland:** Während junge Nachwuchswissenschaftler als Uniabsolventen (Eingruppierungsstufe im Tarifvertrag für den öffentlichen Dienst (TVöD) EG 13) fast ausschließlich befristet eingestellt werden, sinkt der Befristungsgrad nach längerer Zugehörigkeit und der Erlangung einer weiteren Qualifikation, z. B. der Promotion (höhere Eingruppierung in die EG 14) deutlich (eigene Darstellung, Daten (Gemeinsame Wissenschaftskonferenz GWK, 2015)).

ausgewiesenen Ende des Arbeitsverhältnisses gibt es manchmal trotzdem andere Erwartungen des Mitarbeiters, die sich u. a. auf mögliche mündliche „Zwischenabsprachen" mit Hinweisen über eine eventuelle Verlängerung oder Entfristung beziehen. Ein verbindlicher Austausch über die Erwartungen des Arbeitnehmers einerseits und die Möglichkeiten des Arbeitgebers andererseits sollte im Rahmen des regelmäßigen Mitarbeitergesprächs stattfinden. Mitarbeiter schätzen dabei die klare und unmissverständliche Entscheidung (auch wenn sie zu ihren Ungunsten ausfällt) mehr als die permanente Unsicherheit und die Unmöglichkeit, die Zukunft zu planen. Eine solche Unsicherheit kann die Mitarbeiter in der letzten Phase ihres Arbeitsverhältnisses demotivieren.

Aus dem Umstand, dass Mitarbeiter nur eine befristete, kurze Zeit in der FuE-Einrichtung verbleiben (z. B. nur für die Dauer einer Promotion), muss der Ein- und Ausstieg möglichst effizient und effektiv organisiert werden, damit sich die neuen Mitarbeiter schnell in ihre OE integrieren (das gilt natürlich prinzipiell auch für unbefristet eingestellte Mitarbeiter). Dazu gehört – neben der selbstverständlichen Einführung in das konkrete Aufgabengebiet – eine Erläuterung der gesamten

FuE-Einrichtung (und ggf. auch der übergeordneten FuE-Organisation) mit ihren jeweiligen Zielen und Prinzipien sowie den internen Prozessen und Abläufen. Unverzichtbar ist die persönliche Betreuung bzw. Begleitung neuer Mitarbeiter durch einen erfahrenen Mitarbeiter (Mentor). Die Betreuungsdauer ist abhängig von der Komplexität der Aufgabenstellung und der jeweiligen Umgebung: Während ein Wissenschaftler, der für ein konkretes FuE-Projekt eingestellt wurde, schnell einsteigen kann und zunächst nur seine unmittelbare Forschungsumgebung kennen muss, ist das Umfeld eines Forschungsmanagers, der übergreifende Aufgaben und die gesamte Organisation durchschauen muss, komplexer und bedarf einer längeren Betreuung. Insbesondere bei Doktoranden ist auf eine durchgängige fachliche Betreuung im Hinblick auf die Sicherung der wissenschaftlichen Integrität zu achten. Zur Qualitätssicherung bieten sich auch formale schriftliche Betreuungsvereinbarungen an, die die Pflichten und Aufgaben des Promovierenden und des Betreuers regeln.

Bei befristeten Mitarbeitern in FuE-Organisationen muss ein besonderes Augenmerk auf die Sicherung des Wissens bei ihrem Ausscheiden gelegt werden. Dieses ist ein wesentlicher Teil des Wissensmanagements der FuE-Einrichtung. Die Strategien zur Wissens- und Erfahrungssicherung sind:

– Projektbegleitende Sicherung von Erfahrungswissen während der Beschäftigung: Verteilung der Expertise auf mehrere Köpfe und kontinuierliche Dokumentation des Wissens, insbesondere der FuE-Projektergebnisse (zur Dokumentation von FuE-Ergebnissen gibt es auch entsprechende Vorschriften zur Qualitätssicherung von Projekten und zur Sicherung wissenschaftlicher Integrität; vgl. Kap 5.3)
– Fokussierter Wissenstransfer vor Ausscheiden des Mitarbeiters: qualitätsgesicherte Übergabe des intrinsischen Wissens (persönliche Erfahrung) und extrinsischen Wissens (Daten, Fakten) an Nachfolger durch Transfergespräche und Projekt-Tandems sowie verdichtete Aufbereitung von Schlüsselinformationen; kurz- oder mittelfristige Übergangsphase mit Doppelbesetzung der entsprechenden Stelle
– Ad-hoc-Wissenstransfer nach Ausscheiden des Mitarbeiters: Zugriff auf persönliche Expertise über die Vertragsdauer hinaus, u. a. durch Bindung des Mitarbeiters als Alumnus

Mit befristeten Mitarbeitern sollte rechtzeitig erörtert werden, wie eine Karriere außerhalb der FuE-Einrichtung aussehen könnte und wie der Arbeitgeber sie dabei unterstützen kann, z. B. durch den Besuch von Kursen zur weiteren Qualifizierung, die Nutzung des Netzwerks der FuE-Einrichtung für mögliche zukünftige Arbeitgeber, einen zeitlichen Freiraum für Bewerbungen oder die Teilnahme an einem Mentoring-Programm. Nur bei einer guten Betreuung der befristeten Mitarbeiter und ihrer intensiven Vernetzung innerhalb der FuE-Einrichtung kann davon ausgegangen werden, dass diese sich nachfolgend als Alumni emotional positiv an die FuE-Einrichtung gebunden fühlen und sich die Attraktivität der FuE-Einrichtung auch durch Mundpropaganda herumspricht.

4.5.2 Karriere eines Wissenschaftlers

In FuE-Einrichtungen sind die Karrierewege weniger konkret planbar als in Unternehmen. Meistens entwickeln sich die Karrieren eher durch Chancenmanagement, d. h. eine Stelle wird unvorhergesehen frei und es ergibt sich die Chance einer internen Bewerbung. In FuE-Einrichtungen weniger ausgeprägt (als in Unternehmen) ist die proaktive Personal- und Karriereentwicklung von Mitarbeitern durch die jeweiligen Führungskräfte oder die Personalabteilung. Dabei wird eventuell von der Annahme ausgegangen, dass Wissenschaftler als intelligente Köpfe ihren individuellen Karriereweg selbst finden werden ohne weitere aktive Unterstützung des Arbeitgebers (zumal es sich teilweise auch um befristete Arbeitsverhältnisse handelt). Dieses Thema sollte zumindest beim jährlichen Mitarbeitergespräch regelmäßig erörtert werden.

Der Weg eines Wissenschaftlers innerhalb einer FuE-Einrichtung beginnt bei dem erfolgreichen Vorstellungsgespräch (denn dort werden schon viele Rahmenbedingungen festgelegt) und endet beim Austritt, wobei auch danach noch ein „Verhältnis" zur FuE-Einrichtung bestehen kann (z. B. als Alumnus). Die Rekrutierung von wissenschaftlichem Personal geschieht über verschiedene Pfade. Zunächst einmal gibt es die übliche Ausschreibung offener Stellen in den geeigneten Medien (heutzutage fast ausschließlich internetbasierte Bewerbungs-Plattformen). Da sich die öffentlich finanzierten FuE-Einrichtungen untereinander hinsichtlich der Gehälter kaum unterscheiden, ist sowohl die Attraktivität der ausgeschriebenen Stelle als auch die Attraktivität der ausschreibenden Einrichtung, also deren „Marke", ausschlaggebend (s. Tab. 4.3). Kriterien für einen Wissenschaftler bei der Auswahl der FuE-Einrichtung sind u. a.:

–   Das FuE-Portfolio entspricht der persönlichen Neigung und/oder es bestehen schon eigene FuE-Kompetenzen durch vorhergehende Tätigkeiten.
–   Die FuE-Einrichtung ermöglicht exzellente Forschung (hohe Anerkennung in den Medien, Fachjournalen; entsprechende Kommunikation innerhalb der Scientific Community) und es ist eine sehr gute investive Ausstattung zu erwarten.
–   Die Mission (Leitbild) und die strategischen Ziele der FuE-Einrichtung entsprechen den persönlichen Zielen des Wissenschaftlers (Ausrichtung und Art der Forschung, Produktpalette etc.).
–   Es besteht die Möglichkeit der akademischen Qualifizierung (Promotion, Lehraufträge etc.) inklusive einer guten eigenen Betreuung.
–   Die Pflichten, die außerhalb der originären Forschungstätigkeit zu übernehmen sind, z. B. Tätigkeiten, die zu den weiteren Aufgaben der FuE-Einrichtung gehören (z. B. Halten von Vorlesungen, Betreuung von Nachwuchswissenschaftlern, Akquirieren von FuE-Aufträgen), werden als zusätzlich qualifizierend wahrgenommen.
–   Der Wissenschaftler hat einen hohen Grad an Selbstbestimmung.
–   Die FuE-Einrichtung verfügt über ein breites Netzwerk und bietet gute Bedingungen für Karrieren außerhalb der FuE-Einrichtung im akademischen Bereich oder in der Wirtschaft.

Eines der langfristigen Ziele einer FuE-Einrichtung ist die Schaffung einer hohen Attraktivität für exzellente (Nachwuchs-)Wissenschaftler. Dabei sollten prägnante Alleinstellungsmerkmale herausgearbeitet und kommuniziert werden, um im Wettbewerb um brillante Köpfe zu bestehen. Diese Merkmale sollten natürlich real auch nachweisbar sein und im Strategieplan auftauchen.

Tab. 4.3: **Attraktivität von Arbeitgebern in Deutschland für Studierende der Naturwissenschaften an Universitäten:** Die Umfrage zeigt, dass die deutschen FuE-Organisationen Max-Planck, Fraunhofer und Helmholtz (DLR) bei den Studierenden der naturwissenschaftlichen Fakultäten eine hohe Attraktivität besitzen. Dies ist insofern bemerkenswert, da die Unternehmen den Wissenschaftlern im Mittel signifikant höhere Gehälter zahlen als die FuE-Organisationen (Universum, 2016); Umfrage bei 4647 Studierenden der Naturwissenschaften an 215 Universitäten.

Platzierung	Arbeitgeber
1	Max-Planck-Gesellschaft
2	Bayer
3	Fraunhofer-Gesellschaft
4	BASF
5	Novartis Pharma
6	Merck
7	Roch
8	DLR (Zentrum für Luft- & Raumfahrt)
9	Boehringer Ingelheim Pharma
10	Audi

Viele FuE-Einrichtungen haben enge, institutionalisierte Verbindungen mit den örtlichen Hochschulen (Universitäten und Fachhochschulen). Entweder haben ihre Wissenschaftler Lehraufträge an den Hochschulen oder es gibt sogar gemeinsame Berufungen, d. h. eine Person wird gleichzeitig als Leiter einer FuE-Einrichtung und als Inhaber eines Lehrstuhls der Universität berufen. Dazu gibt es unterschiedliche standardisierte Berufungsmodelle.[30] Diese intensive Kooperation stellt eine

---

30 Gemeinsame Berufungsmodelle: Form der Kooperation zwischen Universitäten und außeruniversitären FuE-Organisationen. In der Praxis haben sich folgende Standardmodelle entwickelt (nach unten mit zunehmender Integration in die Hochschule):
– Berliner Modell (Erstattungsmodell): Berufung auf eine Professur an der Hochschule und gleichzeitig Zuweisung des Berufenden zur Wahrnehmung der Leitungsfunktion der FuE-Einrichtung; die FuE-Einrichtung erstattet der Hochschule die Bezüge
– Jülicher Modell (Beurlaubungsmodell): Berufung auf eine Professur an der Hochschule bei gleichzeitiger Beurlaubung im dienstlichen Interesse (Leitung der FuE-Einrichtung); Übernahme von Lehrverpflichtungen
– Karlsruher Modell (Nebentätigkeitsmodell): Berufung auf eine Professur an der Hochschule auf einen Lehrstuhl mit vollen akademischen Rechten und Pflichten; zusätzliche Übernahme der Leitung der FuE-Einrichtung in Nebentätigkeit, die von der FuE-Einrichtung vergütet wird

Win-win-Situation für beide Seiten dar, für die Universität mit ihren Studierenden und für die FuE-Einrichtungen (s. Tab. 4.4).

Tab. 4.4: **Synergien einer gemeinsamen Berufung von einer außeruniversitären FuE-Einrichtung** (als Leiter) **und einer Universität** (als Lehrstuhlinhaber)

Vorteile für die FuE-Einrichtung:	Vorteile für die Universität:
– Gewinnung von studentischen Hilfskräften durch Kontakt bei Vorlesungen – Gewinnung von jungen Absolventen (Bachelor, Master) – Gewinnung von Doktoranden – Durchführung von Grundlagenforschung durch Doktoranden am Uni-Lehrstuhl – Möglichkeit der Abnahme von Prüfungen aufgrund akademischer Einbindung – Attraktivität der akademischen Anbindung für Mitarbeiter (Begleitung von Promotionen, Vorlesungen) – Persönlicher Anreiz für Institutsleiter (Professortitel) – Ausweis wissenschaftlicher Qualifikation im Außenraum (Professor als Leiter)	– Übernahme von Ausbildungsleistungen (Lehre) und Mitwirkung in den akademischen Gremien – Steigerung der Attraktivität der Universität durch Integration von angewandter Forschung in die Lehre – Zugang der Studierenden zur anwendungsorientierten Forschung (durch die Lehre und als wissenschaftliche Hilfskraft) – Gemeinsame Nutzung von Infrastruktur

Ein Studierender beginnt seine Karriere (im Sinne des beruflichen Entwicklungspfades) meist bereits an der Uni (außerhalb des eigenen Studiums) in Form einer Teilzeitbeschäftigung als wissenschaftlicher Mitarbeiter bei einem ihn fachlich interessierenden Lehrstuhl; daran schließt sich dann u. U. die Durchführung der Bachelor- und/oder der Masterarbeit an diesem Lehrstuhl an und bei guter Leistung des Absolventen wird ihm vom Lehrstuhl ggf. eine Promotion angeboten. Eine ähnliche Entwicklung kann auch bei FuE-Einrichtungen mit einer entsprechenden Uni-Kooperation durchlaufen werden, wobei hier eine nachfolgende Entfristung (nach der Promotion) etwas wahrscheinlicher ist, weil bei Hochschulen eine dauerhafte Anstellung eher die Ausnahme darstellt.

Eine Karriereplanung bedarf des Abgleichs der individuellen Potenziale und Erwartungen des Wissenschaftlers mit den Anforderungen und Möglichkeiten der FuE-Einrichtung, gespiegelt vor dem Hintergrund der aktuellen Lebensphase des Wissenschaftlers. Die Vielfalt der Entwicklungsmöglichkeiten ist groß. Man kann grob zunächst zwischen drei Karrierepfaden unterscheiden, die im Folgenden kurz charakterisiert werden:

– Fachkarriere:
    – Der Wissenschaftler erreicht eine sehr hohe wissenschaftliche Exzellenz und Reputation auf einem Fachgebiet und diese Position wird auch durch die FuE-Einrichtung entsprechend ausgewiesen (z. B. „Senior Scientist").

- – Er führt üblicherweise nur ein kleines Teams, das aufgrund seiner Exzellenz sehr gut finanziert ist.
- – Er übernimmt wenig/keine Querschnittsfunktionen in der FuE-Einrichtung.
- – Führungskarriere:
  - – Der Wissenschaftler steigt in der Organisationshierarchie auf und übernimmt Leitungsfunktionen für FuE-OEs.
  - – Er übernimmt zunehmend Funktionen und Aufgaben im Forschungsmanagement und führt selber kaum mehr eigene FuE durch, ist aber noch mit den Arbeiten seiner FuE-Einrichtung befasst und betreut auch noch wissenschaftliche Arbeiten.
- – Funktionskarriere:
  - – Der Wissenschaftler entwickelt sich weg von seiner wissenschaftlichen Disziplin und spezialisiert sich als Forschungsmanager auf ein Querschnittsgebiet außerhalb der aktiven Forschung, z. B. Qualitätsmanager, Business Developer, PR-Beauftragter.

4.5.3 Alumni

Wenn ein Mitarbeiter nach einer für ihn erfolgreichen Arbeitsphase wegen Befristung des Vertrags oder durch eigene Kündigung in gutem gegenseitigem Einvernehmen aus einer FuE-Einrichtung ausscheidet, sollte der Kontakt in beiderseitigem Interesse aufrecht gehalten werden. So kann z. B. der ausgeschiedene Mitarbeiter (Alumnus) dem früheren Arbeitgeber bei Bedarf ad hoc sein Knowhow nochmal zur Verfügung stellen (manchmal sind es nur kurze Hinweise, die signifikant zu einer Problemlösung beitragen) oder auch noch andere Interaktionen oder beratende Funktionen aufrecht erhalten. Für die Pflege eines solchen Alumni-Netzwerks ausgeschiedener Mitarbeiter gibt es mittlerweile in den FuE-Organisationen, insbesondere in den Hochschulen, eigene verantwortliche Forschungsmanager.

Alumni-Vereinigungen blicken in den USA, Großbritannien und Frankreich auf eine lange Tradition zurück; in Deutschland etablieren sich die Alumni-Vereinigungen erst seit den 90er-Jahren. Die Alumni haben die Möglichkeit, die sozialen Kontakte mit ihrer ehemaligen Ausbildungsstätte weiter zu pflegen und diese haben die Möglichkeit, das Erfahrungspotenzial und das Netzwerk der Alumni zu nutzen.

Die Alumni-Arbeit wird in den FuE-Organisationen sehr unterschiedlich gehandhabt. Teilweise haben die FuE-Organisationen das Potenzial derartiger Netzwerke noch nicht erkannt beziehungsweise setzen noch nicht die richtigen Instrumente ein, um eine lebenslange Verbundenheit aufzubauen. Bei einigen FuE-Organisationen beschränkt sich die Alumni-Arbeit auf die regelmäßige Zusendung von allgemein zugänglichen Informationen und die Einladungen zu öffentlichen Veranstaltungen. Dadurch wird allerdings keine (erwartete) Exklusivität erzeugt und eine solche Verbindung geht – zumindest wenn die ehemaligen persönlichen Ansprechpartner wechseln – verloren.

Aufenthalt in der FuE-Einrichtung	Gute Betreuung und intensives Netzwerk

Verlassen der FuE-Einrichtung

Alumni

< 5 Jahre nach Austritt	Teilnahme an Alumnitreffen wegen „alter" Kollegen und emotionaler Bindung	Nutzen für die FuE-Einrichtung:

Alumni

> 5 Jahre nach Austritt	Teilnahme an Alumnitreffen wegen des gewachsenen Alumni-Netzwerks	– Friendraising – Brainraising – Fundraising

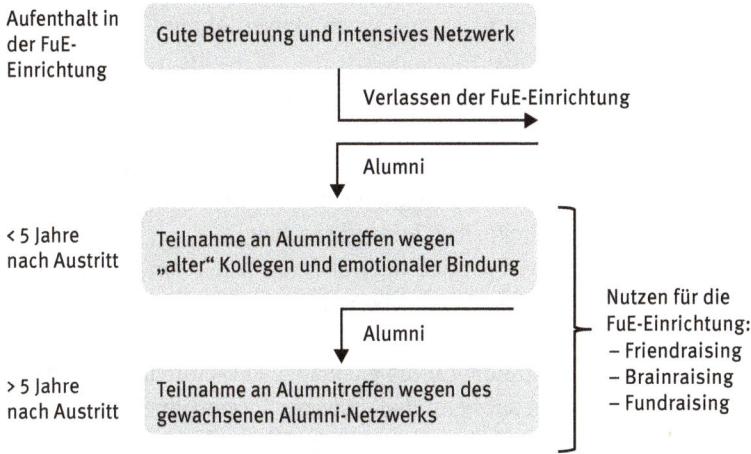

Abb. 4.17: Phasen eines Alumni-Netzwerks und der Nutzen: Eine erfolgreiche Alumni-Arbeit beginnt während der Präsenz der späteren Alumni an der FuE-Einrichtung. Eine gute Betreuung, ein ansprechendes Arbeitsumfeld, eine enge Vernetzung mit Kollegen und eine Wertschätzung seitens des Arbeitgebers sind Voraussetzungen für eine spätere emotionale Bindung an „sein Institut" oder „seine Hochschule". Nach dem Verlassen der FuE-Einrichtung kommen die Alumni dann gerne zurück, um ehemalige Kollegen wieder zu sehen und wegen ihrer emotionalen Verbundenheit mit ihrer alten Institution. Beide Elemente lassen im Laufe der Zeit an Bedeutung nach (die alten Kollegen werden weniger und der emotionale Bezug schwindet); nun kommen die Alumni zurück, weil sie mittlerweile das Zusammenkommen mit den anderen Alumni (aus sehr unterschiedlichen beruflichen Positionen, Einrichtungen und Regionen) schätzen und sich daraus ein neues, attraktives Netzwerk entwickelt (das ehemalige Institut spielt dabei ggf. nur noch eine untergeordnete Rolle) (eigene Darstellung).

Zum Etablieren eines erfolgreichen Alumniwesens sind drei Phasen zu unterscheiden. Zunächst einmal kann eine emotionale Verbundenheit mit einer FuE-Einrichtung nur aufrechterhalten werden, wenn eine solche Verbundenheit überhaupt jemals bestand. Alumni sind „Zöglinge", darunter wird also eine enge persönliche Bindung und Ausbildung durch persönliche Leitung verstanden. Die erlebte Zeit in der FuE-Einrichtung muss der Alumnus somit als einen wesentlichen und emotional positiv besetzten Teil seines Lebens empfunden haben, damit diese „Stimmung" lebenslang trägt (Phase 1). Es nützt mithin nichts, aufwändige Alumnitreffen abzuhalten, wenn die Alumni als Doktoranden eher vernachlässigt wurden oder die Kultur am Institut eher bedrückend als stimulierend empfunden wurde (vgl. Kap. 6.2.2, Interne Kommunikation). Es muss ferner noch ein persönliches Netzwerk zu den ehemaligen Kollegen, die noch an der FuE-Einrichtung arbeiten, geben, damit es Alumni an die Stätte ihres ehemaligen Wirkens zurückzieht (2. Phase). Und da die ehemaligen Kollegen an der FuE-Einrichtung mit der Zeit auch weniger werden, muss an ihre Stelle das persönliche Netzwerk mit den anderen (neuen) Alumni treten (3. Phase) (s. Abb. 4.17).

Für eine FuE-Einrichtung ergeben sich aus einem aktiven Alumni-Netzwerk folgende Nutzenaspekte:

- „Friendraising": Ideelle Unterstützung durch die Alumni; ehrenamtliche Tätigkeiten; Kontaktvermittlung; Mentoring
- „Brainraising": Nutzung des Praxiswissens und der FuE-Erfahrung aufgrund der früheren Tätigkeit in der FuE-Einrichtung oder der neuen Position; Sparringspartner für FuE-Planungen; direkte FuE-Zusammenarbeit
- „Fundraising": Einwerben von Spenden oder anderen Arten von Förderungen (von privat oder von den aktuellen Arbeitgebern der Alumni)

Ein aktives Alumni-Netzwerk – attraktiv für die ehemalige FuE-Einrichtung und die Alumni gleichermaßen – kann nur aufrechterhalten werden, wenn eine kontinuierliche zielgerichtete Kommunikation mit den Alumni über Themen und Personalia der FuE-Einrichtung stattfindet, die auch die Wertschätzung für die Alumni zum Ausdruck bringt; das „Mit-Aufnehmen" in übliche Verteiler reicht nicht.

Beispiel eines **Alumni-Netzwerks eines Unternehmens** (McKinsey)
- über 30.000 Mitglieder
- Mitglied wird, wer mindestens ein Jahr im Unternehmen war. Die Mitgliedschaft erfolgt automatisch beim Ausscheiden.
- Die Mitgliedschaft ist kostenfrei. Die Finanzierung der zentralen Aktivitäten erfolgt über das Unternehmen.
- In der Geschäftsstelle kümmern sich mehrere Mitarbeiter um das Alumniwesen.
- Die Kommunikation erfolgt zentral über einen monatlichen Newsletter. Über die Website wird ein permanenter Infofluss und Austausch aufrechterhalten. Pro Region werden eigene Newsletter verschickt.
- In Deutschland gibt es alle zwei Jahre eine große Alumni-Veranstaltung mit übergeordneten Themen. Diese wird von den Ehemaligen als sehr attraktive Möglichkeit des Netzwerkens geschätzt.

4.5.4 Führungskräfte

Wie bei Unternehmen tragen auch in FuE-Einrichtungen die Führungskräfte auf den verschiedenen Ebenen entscheidend zum Erfolg der Organisation bei. Dabei gelten für Führungskräfte auch zunächst die gleichen Anforderungen wie für Führungskräfte in Unternehmen, Behörden oder sonstigen Organisationen, u. a. dass sie Vorbilder sein und die Werte und Prinzipien des Gesamtunternehmens vorleben sollen. Darüber hinaus sind die Anforderungen einer FuE-OE Führungskraft insbesondere:

- Repräsentation der FuE-OE nach außen und Vertretung gegenüber der nächsthöheren OE
- Moderation der Schnittstellen zur Kooperation mit andern FuE-OEs

- Interne Organisation
- Ressourcenakquisition sowie -allokation
- Verantwortung für die Zielerreichung und Strategieplanung
- Führung und Betreuung der Wissenschaftler und der nicht-wissenschaftlichen Mitarbeiter als ein Team

Eine Besonderheit bei FuE-Einrichtungen ist, dass die Führungskräfte „Wissenschaftler" führen müssen, was sich als eine besondere Herausforderung herausstellen kann: Wissenschaftler fühlen sich oftmals als kreative Freigeister und reklamieren eine hohe eigene Autonomie bei ihrem wissenschaftlichen Arbeiten. Interventionen von Vorgesetzten werden teilweise als störend oder als Einmischung empfunden, insbesondere weil der Vorgesetzte seinem Mitarbeiter bezüglich der detaillierten Fachkenntnis in FuE-Projekten i. d. R. „unterlegen" ist. Ein weiteres Spannungsfeld öffnet sich, wenn der Vorgesetzte vor kurzem noch gleichgestellter Kollege war; denn ein interner Aufstieg in Führungspositionen ist in FuE-Einrichtungen durchaus üblich, wobei die neuen Führungskräfte diese Positionen nicht vorrangig wegen ihrer Führungsqualitäten erlangen, sondern wegen ihrer fachlichen Exzellenz oder der Loyalität gegenüber der übernächsten Hierarchieebene. Teilweise werden die Führungspositionen von den Mitarbeitern gar nicht aktiv angestrebt (weil sich damit unweigerlich ihr Aufgabenprofil ändert), sondern sie werden von Vorgesetzten aktiv zur Bewerbung aufgefordert und wollen/können sich diesem „Karrieresprung" nicht aktiv entziehen.

Prinzipiell wird von einem kollegialen Miteinander zwischen Wissenschaftlern ausgegangen, deshalb wird die Funktion des Führens von der Führungskraft teilweise nicht konsequent wahrgenommen; sie geht davon aus, dass die Ziele innerhalb der FuE-OE klar sind, jeder eine ausreichende fachliche Qualifikation besitzt und intrinsisch motiviert ist. Assoziationen mit klassischen Hierarchiemodellen werden im Wissenschaftsbereich möglichst vermieden. Im Kreise erfahrener Wissenschaftler innerhalb eingespielter Teams ist eine solche Selbststeuerung sicher vorhanden, aber für die Betreuung von wissenschaftlichem Nachwuchs bedarf es einer konsequenten Führungsrolle (Wissenschaftsrat, 2015). Auch im Leitbild einer FuE-Organisation sollten die Anforderungen und die Erwartungen an die Führungskräfte formuliert sein. Derartige Leitsätze geben Orientierung für Führungskräfte und Mitarbeiter, um – neben den üblichen Anforderungen – insbesondere die spezifischen Herausforderungen an eine Führungskraft in der FuE-Organisation unter Berücksichtigung der Mission zu adressieren. Für diese spezifischen Ansprüche ist es unerlässlich, dass angehende Führungskräfte geschult werden – entweder durch Learning By Doing (z. B. zunächst als stellvertretender OE-Leiter) oder durch spezielles Training.

Während die sozialen Kompetenzen einer Person kaum mehr signifikant durch Schulungen zu verändern sind (da der grundsätzliche Erwerb dieser Fähigkeiten in der Phase der Kindheit liegt), können doch Methoden der Führung vermittelt werden. Insbesondere für Führungskräfte in FuE-Einrichtungen eignet sich das Modell des

„beidhändigen Führens" (K. Rosing, 2011): Dabei wird durch ein „öffnendes Verhalten" die Kreativität der Mitarbeiter gefördert, Raum für eigene Ideen gegeben, Autonomie gewährt und es werden auch Risiken und Fehler zugelassen; insgesamt soll dabei das Eigenengagement geweckt werden. Beim „schließenden Verhalten" werden von der Führungskraft klare Aufgaben verteilt, ein zielgerichtetes Arbeiten eingefordert, der Fortschritt beobachtet und durch die Führungskraft eingegriffen, falls das Ziel gefährdet ist. Eine erfolgreiche Führung zeichnet sich dabei nicht durch einen Mittelweg zwischen diesen beiden Verhaltensweisen aus, sondern durch deren situationsbezogene Anwendung. Dieses öffnende und schließende Verhalten ist vergleichbar mit den sukzessiven divergenten und konvergenten Prozessen beim Ideenmanagement (vgl. Kap. 6.1.1, Ideenfindung und Exploration, Tab. 6.1).

Ein wichtiges Instrument zur Beurteilung der Führungskräfte einer FuE-Organisation ist die Befragung der Mitarbeiter hinsichtlich ihrer Zufriedenheit. Nur durch eine solche anonymisierte, quantitativ auswertbare Befragung kann jede Führungskraft unmittelbar hinsichtlich ihrer Führungsfähigkeit beurteilt werden. Führt eine FuE-Organisation eine solche Mitarbeiterbefragung durch, muss sie allerdings auch Konsequenzen aus den Ergebnissen ziehen und Veränderungsprozesse initiieren bei denjenigen Themen, die kritisch beurteilt wurden, u. a. auch bei einer kritischen Beurteilung von Führungskräften.

Beispiele von **Fragen zur Beurteilung der Mitarbeiterzufriedenheit** hinsichtlich der direkten Führungskraft:
– Meine Führungskraft zeigt auf, welche Leistungen sie von mir erwartet
– Meine Führungskraft delegiert Verantwortung und überträgt die notwendigen Entscheidungsbefugnisse
– Meine Führungskraft gibt mir ausreichend Rückmeldungen zu meinen Leistungen

Führungskräfte müssen sich allerdings nicht nur auf Mitarbeiterbefragungen (die nur alle 4–5 Jahre durchgeführt werden) oder die formalisierten jährlichen Mitarbeitergespräche verlassen, um auf interne Verbesserungspotenziale aufmerksam gemacht zu werden: Alle Mitarbeiter identifizieren permanent während ihrer Arbeit (kleinere und größere) „Ineffizienzen" um sich herum und haben teilweise auch Ideen, diese zu eliminieren; allerdings kommunizieren sie darüber nur mit „Kollegen beim Kaffee". Solche Themen sollten offen diskutiert werden (in Anlehnung an das Kaizen),[31] allerdings gibt es dafür in FuE-Einrichtungen üblicherweise keine geeigneten Plattformen und

---

31 Kaizen (jap.: Veränderung zum Besseren): Methodisches Konzept des ständigen Strebens nach kontinuierlicher Verbesserung für Produkte oder interne Prozesse. Diese japanische Lebens- und Arbeitsphilosophie wurde in der westlichen Wirtschaft als „Kontinuierlicher Verbesserungsprozess (KVP)" als Teil des Qualitätsmanagementsystems aufgenommen.

auch nicht die entsprechenden Kulturen. Hat ein Mitarbeiter suboptimale Abläufe bei Geschäftsprozessen anderer Abteilungen festgestellt (weil er ggf. ein interner „Kunde" war) und will dies zur Sprache bringen, so wird ihm ggf. unkollegiales Verhalten vorgeworfen; trifft die Kritik gar Vorgesetzte, so kann sich der Mitarbeiter nicht sicher sein, ob sich dieses „Engagement" negativ auf seine berufliche Entwicklung auswirkt. Dabei sollte Kritik heutzutage vielmehr als Chance zur ständigen Verbesserung gesehen werden und sie sollte nicht nur erlaubt, sondern sogar eingefordert werden. Falls diese Kultur noch nicht etabliert ist, könnte man zunächst mit anonymen internetgestützten Plattformen anfangen, auf denen Mitarbeiter ihre Anregungen hinterlassen können. Notwendig ist dabei allerdings, dass eine solche Meinungsäußerung ausdrücklich gewünscht ist – sonst lastet den Vorschlagenden der Vorwurf des Denunziantentums an. Hilfreich zum Aufspüren von Optimierungspotenzial ist auch die Methode, dass die übergeordnete Führungskraft (Präsident, Institutsleiter oder Lehrstuhlinhaber) den direkten Dialog mit Mitarbeitern aller Hierarchieebenen sucht. Derartige Kulturen sind natürlich nicht nur in FuE-Einrichtungen sinnhaft, aber ggf. kann die üblicherweise offene Kommunikationskultur zwischen Wissenschaftlern und die prinzipiell hohe Motivation in FuE-Einrichtungen diese in besonderem Maße ermöglichen (vgl. Kap. 5.1, FuE-Projektmanagement). Die oben beschriebenen Ansätze des kontinuierlichen Verbessern haben übrigens nichts (oder nur wenig) mit dem formalen betrieblichen Vorschlagswesen zu tun, weil dieses vorwiegend auf prämienorientierte Verbesserungen mit der Zielrichtung von ökonomischen Einsparungen ausgelegt ist.

Die FuE-Organisationen werden durch die Zuwendungsgeber von Bund und Ländern durch ihre Zielvereinbarungen dazu gedrängt, den **Anteil von Frauen im wissenschaftlichen Bereich**, insbesondere in Führungspositionen, signifikant zu erhöhen. Dazu sind über den Pakt für Forschung und Innovation (vgl. Kap. 2.1.2) Zielquoten für Frauen auf allen Karrierestufen festgelegt (s. Abb. 4.18). Um diese Ziele zu erreichen muss das Management chancengerechte Karrieremodelle und familienfreundliche Organisationsmodelle etablieren. Daneben muss langfristig das Interesse für die MINT-Fächer (Mathematik, Informatik, Naturwissenschaften, Technikwissenschaften) bereits in der schulischen Ausbildung insbesondere für die Mädchen geweckt werden. Auch daran beteiligen sich alle FuE-Organisationen bereits durch entsprechende Maßnahmen wie z. B. Girls Days[32] oder School Labs.[33]

---

[32] Girls Day: Jährlich stattfindender Aktionstag, der speziell Mädchen motivieren soll, technische und naturwissenschaftliche Berufe zu ergreifen. Unternehmen und FuE-Organisationen laden dazu Mädchen ab der 5. Klasse einen Tag lang ein, um typische Arbeitsplätze im Umfeld von Naturwissenschaft und Technik kennen zu lernen. Üblich ist auch, dass Mitarbeitertöchter die Gelegenheit haben, den FuE-bezogenen Arbeitsplatz ihrer Eltern kennenzulernen.
[33] School Labs: Schülerlabore des Deutschen Zentrums für Luft- und Raumfahrt (DLR), die Kindern und Jugendlichen die Möglichkeit bieten, aktiv die Technik zu entdecken. Die Schüler können an den verschiedenen Standorten die Arbeitsweise von Wissenschaftler kennenlernen und auch selbst Experimente durchführen, z. B. zum Geheimnis des Fliegens (Göttingen) oder zur Schwerelosigkeit (Bremen).

Anteil von Frauen

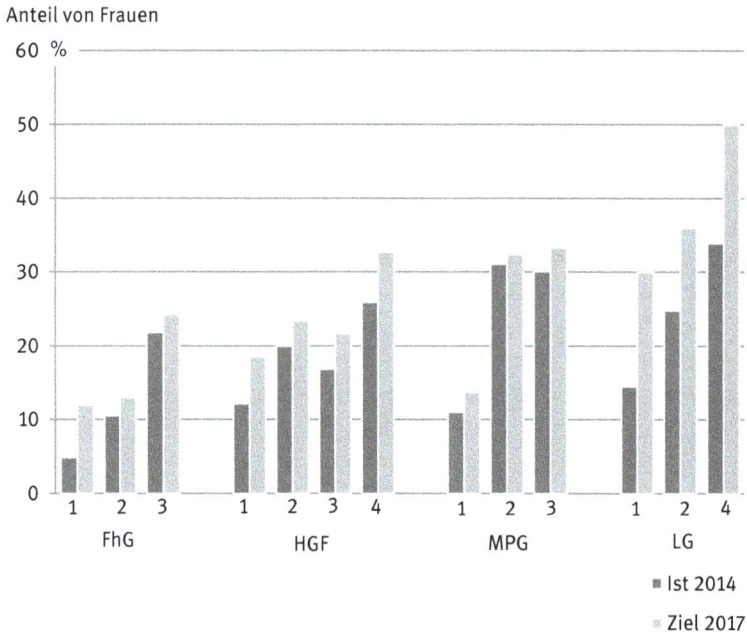

Zielsetzungen für den Frauenanteil in den vier deutschen FuE-Organisationen auf den entsprechenden Führungsebenen: Für alle FuE-Organisationen gibt es Zielsetzungen für 2017, die mit der GWK ausgehandelt wurden. Diese sind unterschiedlich, weil die FuE-Organisationen auch unterschiedliche wissenschaftliche Disziplinen innerhalb ihres FuE-Portfolios mit entsprechend unterschiedlichen Frauenanteilen bei den Universitätsabsolventinnen abdecken (z. B. im Life Science Bereich und bei den Gesellschaftswissenschaften ist dieser höher als bei den Technikwissenschaften) (eigene Darstellung nach (Gemeinsame Wissenschaftskonferenz GWK, 2015)).
Ebene 1: Institutsleitung, Direktoren
Ebene 2: Abteilungsleitung, Forschungsgruppenleitung
Ebene 3: wissenschaftliches Personal mit und ohne Leitungsfunktion
Ebene 4: Leitung selbstständiger Forschungs-/Nachwuchsgruppen (bei LG ist Ebene 3 wegen Heterogenität der Einrichtungen nicht ausgewiesen)

4.5.5 Mentoring

Mentoring ist ein Personalentwicklungsinstrument, bei der eine noch unerfahrene Nachwuchskraft (Mentee) direkt durch eine hierarchisch höher stehende oder berufserfahrenere Person (Mentor) begleitet wird. Insbesondere jungen Führungskräften soll damit geholfen werden, sich weiter zu entwickeln. Die Mentor-Mentee-Paarungen können dabei aus der gleichen FuE-Organisation oder aus unterschiedlichen Einrichtungen (auch aus Unternehmen) zusammengesetzt werden. Auch für die gezielte Begleitung von weiblichen potenziellen Führungskräften gibt es entsprechende Mentoring-Programme.

Die möglichen Themen werden oft individuell zwischen den „Paarungen" festgelegt; sie reichen von der Ausbildung, der Karriere bis zur Persönlichkeitsentwicklung oder Work-Life Balance.

Erfolgsfaktoren von Mentoringprogrammen:

- Verbindliche Zieldefinition des Mentoring-Programms
- Feststellung der Eignung und Qualifikation der Mentoren
- Strukturierte Auswahl der Mentees nach konkreten Kriterien
- Sorgfältiges Matching der Mentor-Mentee-Paarungen (für den FuE-Bereich: Berücksichtigung der wissenschaftlichen Position des Mentee; dem Mentor sollte die FuE-Szene nicht ganz neu sein)
- Moderierte Begleitung des Programms, u. a. auch Rahmenprogramm (Vorträge) für die Paarungen

Das Mentor-Mentee-Verhältnis sollte von besonderem Vertrauen und der Verschwiegenheit des Mentors geprägt sein. Es ist ein grundsätzlich anderes Verhältnis als dasjenige zwischen Führungskraft und Mitarbeiter oder einem Betreuer und einem Nachwuchswissenschaftler. Die Mentoringprogramme im FuE-Bereich unterscheiden sich kaum von denen bei Unternehmen oder sonstigen Organisationen (z. B. Cross-Mentoring München).[34]

---

[34] Cross Mentoring München: Mentoring-Programm der Stadt München (Referat für Arbeit und Wirtschaft) mit dem Ziel, Frauen mit Führungskräftepotenzial auf ihrem Karriereweg zu unterstützen. Die Teilnehmerinnen (Mentees) aus Unternehmen, FuE-Einrichtungen und Behörden bekommen ein Jahr lang eine erfahrene Führungskraft (Mentor) aus ähnlichen Münchener Unternehmen und Einrichtungen an die Seite gestellt.

5 Qualitätssicherung in der Forschung

- Wie wird wissenschaftliche Leistung bewertet?
- Was gehört zu einem professionellen Projektmanagement?
- Wie wird ein Projekt kalkuliert?

FuE-Projekte sind hinsichtlich ihrer Methoden, Arbeitspakete und Ergebnisse sehr unterschiedlich, allerdings gelten für alle ähnliche qualitätssichernde Regeln, sowohl beim Projektmanagement, der wissenschaftlichen Integrität als auch bei der Evaluierung oder der Kalkulation.

5.1 FuE-Projektmanagement

Das Projektmanagement beginnt mit der Planung eines FuE-Projekts. Diese umfasst folgende Elemente:
- Planung der Ressourcen:
  - verfügbare Zeit (Start und Ende des Projekts)
  - beteiligte Personen (Wissenschaftler, sonstige Mitarbeiter, Externe)
  - benötigte Infrastrukturen (Geräte, Datenbanken etc.)
  - Finanzierung
- Planung der Arbeitsschritte bzw. -pakete
- konkrete Zielsetzung des Projekts (inkl. Kriterien der Zielerreichung)
- Planung der Kommunikation bzw. Nutzung der Ergebnisse

Trotz aller heutzutage zur Verfügung stehenden elektronischen Projektplanungstools müssen die wesentlichen Entscheidungen und strukturelle Festlegungen durch den Projektleiter erfolgen. Projekte bewegen sich stets in einem Spannungsfeld von drei Zielgrößen: Kosten, Qualität und Zeit. In der industriellen Produktion wurden nach der Priorisierung der Kosten (60er Jahre mit Massenproduktion durch Automatisierung) und der Qualität (80er Jahre „Made in Germany") auch die Zeit als essenzielles Kriterium erkannt (heute: „Erster im Markt"). Für FuE-Projekte sind die drei Kriterien unter verschiedenen Blickwinkeln zu betrachten (s. Abb. 5.1):
- **Kosten**: Geplante Kosten müssen/sollten eingehalten werden. Doch die notwendige Kostendisziplin richtet sich je nach Art der Förderung des Projekts.
  - Bei vorwiegend institutionell geförderten FuE-Einrichtungen der Grundlagenforschung ist die Kostenfrage unkompliziert: Es gibt für die Projekte zwar einen vorab intern kalkulierten Kostenrahmen, dieser kann allerdings durch die eigene FuE-Einrichtung relativ einfach angepasst werden, da sie selbst über die Disposition der Förderung verfügt. Kostenüberschreitungen sind gegenüber Dritten nicht zu rechtfertigen und zusätzliche Aufwände

DOI 10.1515/9783110517828-005

sind durch den Projektleiter nur innerhalb der FuE-Einrichtung zu begründen.

– Bei öffentlich geförderten FuE-Projekten ist das Fördervolumen fix und nicht erweiterbar. Wird innerhalb des Finanzierungsrahmens das geplante Ergebnis nicht erreicht, muss das Projekt trotzdem beendet werden (oder es wird ggf. mit eigener institutioneller Förderung weiter geführt).

– Bei Auftragsforschungsprojekten muss das versprochene Ergebnis (wie dieses auch immer im Vertrag spezifiziert wurde) erbracht werden (s. u. Qualität). Dabei kann es zur finanziellen Unterdeckung kommen (die ggf. durch institutionelle Förderung aufgefangen werden muss) oder es kann auch ein Gewinn entstehen. Unternehmen sind nur bereit, den finanziellen Rahmen nachträglich zu erweitern, wenn das Projekt eng durch das Unternehmen begleitet wurde und die Ergebnisse vielversprechend sind.

– **Qualität:** Bei FuE-Projekten gibt es unterschiedliche Qualitätsaspekte; zunächst einmal gilt als ein Qualitätsmerkmal die Anwendung guter wissenschaftlicher Praxis (vgl. Kap. 5.3). Damit ist allerdings nur ein absolutes Mindestkriterium erfüllt und noch keine Aussage zum „Erfolg" des Projektergebnisses gemacht. Unter Qualität von FuE-Projekten wird insbesondere verstanden, dass das im Projektantrag versprochene Ergebnis erreicht bzw. eine Erkenntnis generiert wurde, die den Stand des Wissens signifikant vorangetrieben hat (vgl. Kap. 5.4.2, Evaluierung eines Projekts).

– **Zeit:** Der Zeitfaktor spielt in den FuE-Abteilungen der Unternehmen eine große Rolle, bei öffentlich geförderten Projekten ist die Projektdauer durch den Projektantrag festgelegt. Oftmals stimmen Förderorganisationen einer beantragten kostenneutralen Verlängerung zu, d. h. wenn die Mittel in der vereinbarten Projektlaufzeit nicht verbraucht wurden, können sie auch noch später für das Projekt abgerufen werden. Bezüglich der Disposition der Ressource Zeit ist zum einen der benötigte Zeitraum für das Projekt zu kalkulieren, zum anderen auch die Verteilung der Personalressourcen über die Anzahl der beteiligten Projektmitarbeiter, kalkuliert in Form von „Mitarbeiterjahren".[35]

Bei FuE-Projekten müssen aufgrund der Planungsunsicherheit des Projektverlaufs die Zwischenergebnisse kontinuierlich hinsichtlich ihrer Relevanz und ihres Beitrags zum angestrebten Endergebnis überprüft werden. Diese „Meilensteine" dokumentieren den Projektfortschritt und den Abgleich mit dem erwarteten Resultat zu einem bestimmten Zeitpunkt der Projektlaufzeit. Ein Meilenstein sollte bereits im Projektantrag so klar formuliert sein, dass er unmissverständlich den wesentlichen

---

35 Mitarbeiterjahre: Maß für das Arbeitsvolumen von FuE-Projekten als Anzahl der Vollzeit-Mitarbeiter-Arbeitsstunden auf ein Jahr normiert. Das Maß macht keine Aussage über die Projektlaufzeit; z. B. kann ein Projekt mit dem Volumen von 2 Mitarbeiterjahren durch 4 Vollzeitmitarbeiter in einem halben Jahr bearbeitet werden.

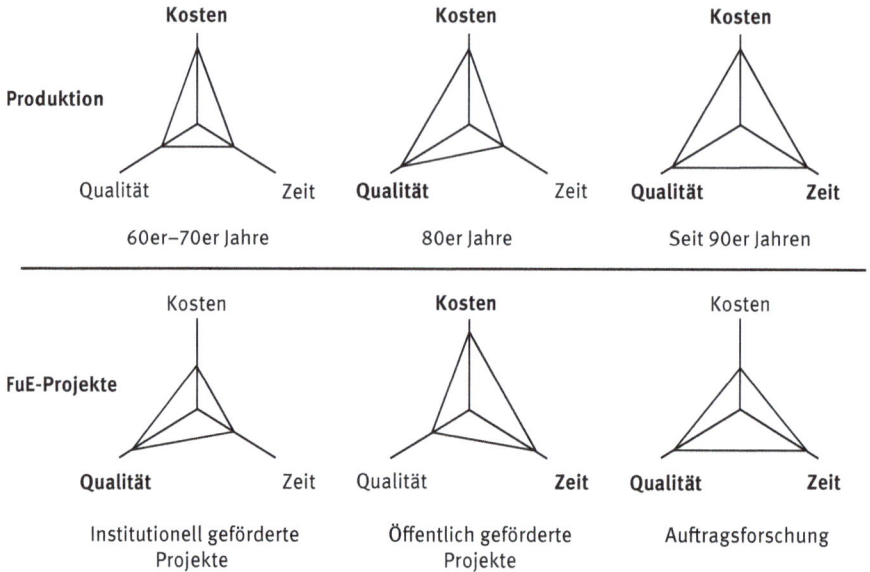

Abb. 5.1: **Dreieck der Projektziele:** In der Produktion sind heute die Kriterien Kosten, Qualität und Zeit gleichermaßen wichtig (s. oben rechts). In der Vergangenheit war der Zeitfaktor nicht so dominant wie heute („Time to Market"). Bei FuE-Projekten (unten) gibt es je nach ihrer Finanzierungsart unterschiedliche Prioritätensetzung: Bei institutionell geförderten FuE-Projekten ist vor allem die Qualität ausschlaggebend. Bei öffentlich geförderten FuE-Projekten sind der Finanzrahmen und die Projektlaufzeit weitgehend festgesetzt, somit kann nur die Qualität als freier Parameter angepasst werden. Bei Auftragsforschungsprojekten stehen die Qualität und oft auch die verfügbare Zeit nicht zur Disposition, hier muss ggf. die Finanzierung (entweder durch das Unternehmen oder durch Eigenmittel) angepasst werden (eigene Darstellung).

Fortschritt des Projekts adressiert und er sollte (möglichst quantitativ) überprüfbar sein. Für die Meilensteine gilt – was für den gesamten Projektplan gilt –, dass man sie auch ggf. aufgrund neuerer Erkenntnisse anpassen muss. So muss bei einer Zwischenevaluierung entschieden werden, ob der zu Beginn des Projekts definierte Meilenstein bei seinem zeitlichen Erreichen im Projektablauf noch die relevanten Kriterien adressiert. Dabei kann der Projektfortschritt durchaus zeigen, dass die ehemals bei Projektbeginn gesetzten Spezifikationen nicht unbedingt zur Erreichung des Projektziels erreicht werden müssen, sondern aus neuerer Kenntnis heraus andere Zielparameter wichtig sind. Ebenso könnte sich bei einer Meilensteinüberprüfung herausstellen, dass trotz des Erreichens des ehemals geplanten Meilensteins das Projekt trotzdem nicht weiter fortgeführt werden sollte, z. B. aufgrund neuer politischer oder wirtschaftlicher Rahmenbedingungen (z. B. neue Gesetze, Nachfragerückgang) oder neuer wissenschaftlicher Erkenntnisse (z. B. neue Veröffentlichungen zum gleichen Thema). Der Projektleiter ist dafür verantwortlich zu beobachten, ob sich die äußeren Bedingungen verändern und das Projekt ggf.

entsprechend angepasst werden muss. Die Meilensteintermine sind ein wichtiges Hilfsmittel, um den Projektfortschritt kritisch zu hinterfragen und um innerhalb des Projektteams den Status des Projekts untereinander abzugleichen.

Der Erfolg eines FuE-Projekts, das aus vielen parallelen Arbeitspaketen besteht, kann insbesondere von dem Erfolg eines bestimmten Arbeitspakets abhängen (kritischer Pfad). Dann ist diesem Arbeitspaket eine besondere Aufmerksamkeit zu widmen, denn bei dessen Scheitern müsste ggf. das ganze Projekt eingestellt oder angepasst werden. Diese kritischen Pfade sind insbesondere bei der Antragstellung schon zu adressieren und deren Gelingen besonders abzusichern.

Nach der Genehmigung des Projektplans durch die Fördergeber oder Auftraggeber wird der genehmigte Arbeitsplan abgearbeitet. Für die entsprechende Verfolgung des Projektplans trägt der Projektleiter die Verantwortung. Neben seiner wissenschaftlich-fachlichen Begleitung muss auch der Ressourcenverbrauch verfolgt werden, d. h. der Fortschritt des Projekts muss mit dem Abruf der Mittel synchron verlaufen. Hierbei unterstützt üblicherweise die Verwaltung den Projektleiter durch ein entsprechendes Finanzcontrolling. Unplanmäßige Mittelabflüsse können u. U. schon ein Hinweis sein, dass es im Projektablauf zu Störungen oder Verzögerungen kommt, bevor der Projektleiter dazu direkt von den Beteiligten informiert wurde: Ein zu geringer Mittelabfluss für ein Arbeitspaket kann darauf hindeuten, dass das jeweilige Projektteam gerade andere „wichtigere" Projekte bearbeiten muss und ein zu hoher Mittelabfluss weist ggf. darauf hin, dass für die Erbringung des spezifizierten Ergebnisses ein höherer Aufwand als geplant notwendig war.

Ein professionelles Projektmanagement ist essenziell für den Erfolg einer FuE-Einrichtung; insbesondere die Meilensteinüberprüfung ist als ein wesentliches Element der Projektsteuerung ernst nehmen (s. Abb. 5.2). Das ist allerdings nur möglich, wenn in der FuE-Einrichtung auch die Kultur herrscht, dass ein kritischer Diskurs und ggf. auch ein Abbruch eines zu Beginn solide geplanten FuE-Projekts an einem der gesetzten Meilensteine während des Projektverlaufs keinen Malus für die Forscher oder den Projektleiter darstellt, sondern vielmehr von hoher Ehrlichkeit, Professionalität und Verantwortung für die (eingesparten) Ressourcen zeugt. Insgesamt ist nur bei einer souveränen „Fehlerkultur"[36] in einer FuE-Einrichtung ein solches Verhalten möglich.

---

36 Fehlerkultur: Art und Weise, wie Organisationen mit Fehlern, Fehlerrisiken und Fehlerfolgen umgehen. Der Ausdruck „Fehler" suggeriert dabei, dass es ein absolutes „richtig" oder „falsch" gibt. Bei Entscheidungen unter Unsicherheit ist diese Unterscheidung nicht sinnvoll, vielmehr sollte man von einer „Lernkultur" sprechen (entsprechend dem Sprichwort: „Hinterher ist man immer schlauer"). Dazu gehört, nichts selbst zu vertuschen und auch nicht nach Fehlern oder Schuldigen, sondern nach Lösungen zu suchen sowie die Wiederholung identischer Fehler zu vermeiden (Sprichwort: „Dumme machen immer wieder den gleichen Fehler, Kluge immer neue").

Warum Projektabbrüche selten sind:
Bei den Dakota-Indianern gilt: „Wenn Du entdeckst, dass Du ein totes Pferd reitest, steig ab." Doch bei fehlgeschlagenen Projekten werden – um beim Bild des toten Pferdes zu bleiben – folgende Maßnahmen in Erwägung gezogen:
– Man besorgt eine stärkere Peitsche.
– Man wechselt den Reiter.
– Man kauft Leute ein, die angeblich tote Pferde reiten können.
– Man gründet eine Task Force, um das Pferd wiederzubeleben.
– Man ändert die Kriterien, die besagen, wann das Pferd tot ist.
– Man verschiebt das tote Pferd in einen anderen Bereich.
– Man tauscht das tote Pferd gegen eine tote Kuh aus.
– Man kauft ein paar lebendige Pferde, damit das tote nicht auffällt.
– Man erklärt, dass unser Pferd besser, schneller und billiger tot ist als andere Pferde.

All diese Verhaltensmuster (und noch viele andere) sind anzutreffen, wenn es um die Fortführung von „toten" FuE-Projekten geht.

Natürlich befindet sich der Projektleiter bei einem möglichen Projektabbruch in einem Dilemma: Handelt es sich bei dem Projekt um ein gefördertes Drittmittelprojekt (BMBF oder EU), dann dürfen diese Mittel nur für das beantragte Projekt verwendet werden, d. h. nicht verbrauchtes Geld darf nicht für andere Aktivitäten umgewidmet werden und ist somit bei einem Projektabbruch für das Projektteam nicht mehr verfügbar. Deshalb liegt es nahe, dass der Projektleiter (der manchmal auch verantwortlich für die Finanzierung der OE ist) selbst bei weniger erfolgreichen Zwischenergebnissen das Projekt weiterführt und die zugewiesenen Mittel „verforscht". Aus diesem Grund sind Projektabbrüche bei öffentlich finanzierten FuE-Projekten in FuE-Einrichtungen eher selten. Bei Unternehmen gibt es hier wesentlich härtere Kriterien, weil dort eingesparte Mittel für wenig aussichtsreiche Projekte sofort in andere vielversprechendere Projekte umgelenkt werden können.

Junge Wissenschaftler müssen an die Funktion eines Projektleiters durch erfahrene Wissenschaftler herangeführt werden. Es gibt viele Checklisten und umfangreiche Literatur zum Projektmanagement; aber bei den ersten selbst geleiteten Projekten sollte ein erfahrener Wissenschaftler zur Seite stehen. Zur Projektleitung gehört nicht nur fachliche Expertise, sondern auch die Führung von Menschen. Und da eine professionelle Projektleitung die Basis für den Erfolg einer FuE-Einrichtung ist (s. Abb. 5.2), sollte diese Kompetenz gut vermittelt werden, insbesondere durch intensives „Learning by Doing".

Kurze Anekdote zur „**Fehlerkultur**"
Der Chef eines Unternehmens ließ einen Angestellten, der gerade ein großes Projekt in Millionenhöhe verpatzt hatte, zu sich kommen. Er fragte seinen Angestellten: „Wissen Sie, warum ich Sie habe rufen lassen?" Der Angestellte erwidert zerknirscht: „Ich gehe davon aus, dass Sie mich entlassen". Daraufhin der Chef entrüstet: „Sie sind wohl verrückt? Ich habe gerade eine Million Euro in Ihre Ausbildung investiert. Machen Sie was daraus!".

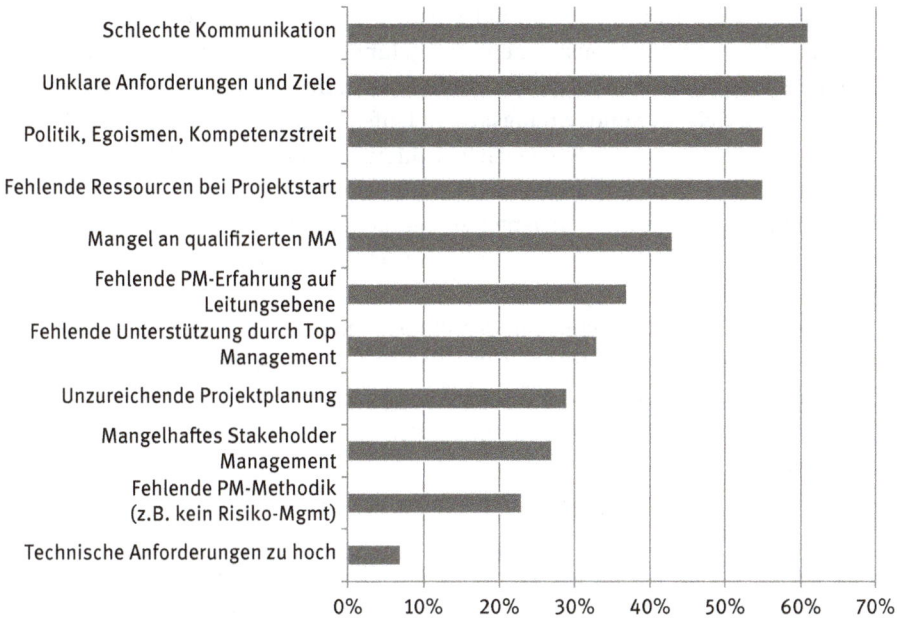

Abb. 5.2: Ursachen für das Scheitern von Projekten: (FuE-)Projekte scheitern selten an der mangelnden wissenschaftlichen Kompetenz des Projektteams oder den Ressourcen, sondern überwiegend aufgrund organisatorischer Mängel, die insbesondere durch den Projektleiter zu verantworten sind: Wenn die Anforderungen und Ziele eines FuE-Projekts nicht klar sind und keine ausreichende Kommunikation stattfindet, sind keine erfolgreichen Projektergebnisse zu erwarten. Ebenso ist die Teamführung wichtig, um Egoismen und Kompetenzstreitigkeiten aufzulösen (Projektmanagement Studien GPM und PA-Consulting Group, 2016).

Neben der wissenschaftlichen, inhaltlichen Projektleitung darf auch die Administration des Projekts nicht vergessen werden; sie reicht von der Angebotserstellung über die Fakturierung bis zum laufenden Controlling und der Rechnungsprüfung sowie der Dokumentation der Projektergebnisse inklusive der Speicherung der Projektdaten. Dabei sollte eine intensive Kooperation mit Kollegen aus der Verwaltung angestrebt werden.

Jedes Projekt endet mit einem Abschlussbericht. Dieser wird i. d. R. von den fördernden Einrichtungen zum Ende des Projekts gefordert, um das Projekt auch formal zu beenden. Darin sind die wesentlichen Projektaktivitäten und die Projektergebnisse beschrieben. Zuweilen wird das Verfassen des Berichts vom Projektleiter als eine lästige Pflicht angesehen – denn das Projekt ist vorbei, es gab bereits Zwischenevaluierungen und man bereitet sich bereits auf das nächste Projekt vor bzw. muss neue Projektanträge schreiben, um die zukünftige Finanzierung zu sichern. In dieser Phase des Projekts bleibt oftmals ein großes Potenzial ungenutzt, nämlich die Analyse, welche Erfahrungen aus dem Projektverlauf gewonnen wurden und wie man das Projektergebnis verwendet.

Gerade bei größeren Projekten mit einem umfangreicheren Konsortium sollte zum Abschluss des Projekts ausreichend Zeit gefunden werden, den Ablauf nochmals Revue passieren zu lassen und dabei sowohl Potenziale zur Optimierung zu identifizieren als auch viele gute und reibungslose Abläufe herauszustellen. Bei dieser Manöverkritik geht es nicht um die Suche nach „Fehlern", sondern vielmehr um das explizite Darstellen von Verbesserungen oder bereits sehr guten Abläufen, um zukünftige Projekte noch effektiver und effizienter zu bearbeiten. Eine solche Diskussion stellt auch einen strukturierten (und oft sehr positiv wahrgenommenen) Abschluss des Projekts für das gesamte Projektteam dar.

Neben dem soliden Abschließen des Projekts muss es auch eine Befassung mit der Verwendung des Projektergebnisses geben. Das Ergebnis stellt einen Erkenntnisgewinn dar und je nach Charakter des Ergebnisses gibt es folgende Optionen:

– wissenschaftliche Veröffentlichung, um den globalen Stand des Wissens voranzutreiben
– Verwertung des Ergebnisses (z. B. Patentanmeldung) im Hinblick auf eine Innovation (vgl. Kap. 6.1)
– Nutzung des Ergebnisses und der erworbenen Kompetenz, um diese in weiterführende Projekte zu integrieren (um später obige Optionen zu verfolgen)

Wissenschaftler sind üblicherweise nicht nur motiviert, FuE-Projekte in Form eines Jobs abzuarbeiten und dafür bezahlt zu werden, sondern sie verfolgen jeweils konkrete Zielsetzungen des Wissenszuwachses oder der Optimierung bestehender Verfahren oder Produkte. Diese persönliche, intrinsische Motivation sollte insbesondere bei einem Projektleiter deutlich sichtbar sein.

Abschließend noch ein Hinweis zu sehr großen FuE-Projekten und deren Management: In einer FuE-Einrichtung üblicher Größenordnung können Projekte bis zu einem Volumen von rd. 5 Mio. € (entsprechend rd. 40 Mitarbeiterjahren) noch als einheitliche, kompakte FuE-Projekte innerhalb des üblichen Projektmanagements bearbeitet werden. Projekte mit einem signifikant größeren Volumen (>> 5 Mio. €) zerfallen dann im Projektmanagement in mehrere einzelne Unterprojekte, die kaum mehr gegenseitigen Bezug zueinander haben (müssen). Auch zwischen diesen kann/ muss es definierte Schnittstellen untereinander geben, aber die jeweiligen Teams arbeiten relativ separat und die Projektstruktur bedarf einer Überstruktur aus mehreren hierarchisch strukturierten Teilprojektleitern und einer komplexeren Koordinationsstruktur.

5.2 Compliance

Compliance (Verhaltenskodex) ist das regelkonforme Verhalten, das nicht nur die Erfüllung gesetzlicher Regularien umfasst, sondern auch die Einhaltung von freiwilligen Verhaltensstandards. Dazu gehören:

- Respekt und die Fairness im Umgang mit Geschäftspartnern: Umgang mit Interessenskonflikten, Korruptionsprävention, Unabhängigkeit und Neutralität, fairer Wettbewerb
- Respekt und Fairness im Umgang mit Mitarbeitenden: Zufriedenheit, Entwicklung, Diversity, Führung, Gesundheitsmanagement
- Qualität der Leistungen: Wissenschaftliche Integrität, Projektmanagement, Informationssicherheit und Geheimhaltung
- Gesellschaftliche Verantwortung: Wissenschaftsverantwortung und Ethik, Verantwortung für die Umwelt, Verantwortung im Umgang mit finanziellen Mitteln, Umgang mit Hinweisen auf Verstöße

Das Compliance-Management soll einerseits die Organisation selbst vor Risiken, Haftungsschäden und Reputationsverlusten schützen sowie andererseits dazu beitragen, negative Auswirkungen der Organisation auf die Gesellschaft, Wirtschaft und Umwelt vorausschauend zu verhindern. In vielen FuE-Organisationen werden die verschiedenen Aspekte der Compliance in unterschiedlichen Abteilungen wahrgenommen, z. B. Interne Revision, Haushaltscontrolling oder Datenschutz. Das nochmalige Bekunden des Einhaltens von bestimmten Gesetzen wird teilweise als überflüssig (weil selbstverständlich) empfunden, aber durch die explizite Nennung einiger wesentlicher wichtiger Prinzipien wie das der Neutralität oder der Korruptionsprävention werden diese nochmals betont und verstärkt. Darüber hinaus sollten auch freiwillige Verpflichtungen als verbindlich dargestellt werden. Die Vorgaben sind üblicherweise intern im Rahmen von Anweisungen festgelegt.

Immer öfter werden in Zukunft sowohl FuE-Fördereinrichtungen als auch Kunden verlangen, dass die FuE-Organisationen entsprechende verbindliche Verhaltenskodizes vorweisen können, u. a. weil die entsprechenden Regelungen des jeweiligen Nachhaltigkeitsmanagements dieses verlangen (vgl. Kap. 7.3).

5.3 Wissenschaftliche Integrität

Während das Projektmanagement die effektive und effiziente Organisation des gesamten Projekts beschreibt, beziehen sich die Regeln zur Sicherung guter wissenschaftlicher Praxis vor allem auf die Qualität des wissenschaftlichen Arbeitens. Dabei geht es nicht nur um die Befolgung einzelner Vorschriften, sondern vielmehr um eine ethische Grundhaltung der Wissenschaftler hinsichtlich ihrer Verantwortung für die Redlichkeit und Qualität ihres wissenschaftlichen Wirkens. Heutzutage spricht man deshalb auch von der „wissenschaftlichen Integrität" eines Wissenschaftlers. Diese Kultur ist eine unverzichtbare Voraussetzung für den globalen kooperativen Erkenntnisgewinn und -austausch einerseits (Vertrauen innerhalb der Scientific Community in die Richtigkeit der Ergebnisse) und die Akzeptanz der Wissenschaft in der Wirtschaft und Gesellschaft als nutzenstiftenden Akteur andererseits (externes Vertrauen in die Redlichkeit). Das

Thema der wissenschaftlichen Integrität hat insofern eine besondere Relevanz, weil mit der Veröffentlichung sensationeller Ergebnisse auch gleichzeitig das Renommee eines Wissenschaftlers steigt – und damit auch seine zukünftige finanzielle Förderung. Es geht dem Wissenschaftler bei guten wissenschaftlichen Ergebnissen nicht nur um die persönliche Anerkennung, sondern auch um die dann leichter zu akquirierenden öffentlichen und privaten Förderungen oder auch um persönliche Boni.

Zum wissenschaftlichen Fehlverhalten gehört auch die Erschleichung von Qualifikationen: In Deutschland gibt es dazu eine intensive Debatte über Plagiate bei Dissertationen in den geistes- und gesellschaftswissenschaftlichen Disziplinen; dort wurden Texte Dritter als eigene Gedankenleistung ausgegeben bzw. wurden die Regeln für Zitationen (un)bewusst übergangen.

Beispiele für wissenschaftliches Fehlverhalten

Prominent war die Entlarvung des koreanischen „Stars der Stammzellenforschung" Hwang Woo-Suk: 2004 und 2005 hatte das renommierte Fachblatt „Science" Ergebnisse seiner Stammzell-Experimente veröffentlicht, die revolutionäre Fortschritte in der Behandlung von Querschnittgelähmten, Diabetikern und Parkinson-Kranken erwarten ließen. Demnach war es gelungen, erstmals mit Hilfe eines Zellkerntransfers einen geklonten menschlichen Embryo zu konstruieren und aus ihm Stammzellen abzuleiten. Eine Untersuchungskommission stellte fest, dass die Studie eine Totalfälschung war. Hwang habe keinerlei Nachweise dafür erbringen können, dass er tatsächlich maßgeschneiderte embryonale Stammzellen herstellen konnte (Science).

Die Affäre Guttenberg handelte von Plagiaten in der Dissertation des früheren deutschen Bundesverteidigungsministers, die 2011 öffentlich diskutiert wurden und zum Verlust seines Doktorgrades sowie und zu seinem Rücktritt führten. Eine Kommission der Universität Bayreuth, an der Guttenberg promoviert hatte, stellte wegen Art und Umfang der Plagiate einen Täuschungsvorsatz fest. In Konsequenz auch weiterer Vorfälle in Deutschland wird nunmehr an allen Universitäten zur Überprüfung wissenschaftlicher Arbeiten eine Plagiatssoftware eingesetzt.

Prinzipiell ist es verwunderlich, dass Wissenschaftler falsche Ergebnisse oder Texte Dritter veröffentlichen, da die Wahrscheinlichkeit sehr hoch ist, dass ihre Ergebnisse von der weltweiten Scientific Community überprüft werden. Allerdings scheint eine kurzfristige Karriere in diesem wissenschaftlichen Veröffentlichungswettbewerb durchaus möglich. Denn die Widerlegungen von veröffentlichten Ergebnissen sind schwierig, da man die Versuchsbedingungen sehr genau kennen muss und diese selten vollständig veröffentlicht werden. Ebenso ist es für Wissenschaftler auch weniger attraktiv, einen Kollegen zu widerlegen als selbst etwas Neues zu entdecken. Nur wenn andere Kollegen etwas Bahnbrechendes auf dem eigenen Forschungsgebiet veröffentlichen, werden Wissenschaftler ggf. skeptisch.

Das Arbeiten nach den Regeln guter wissenschaftlicher Praxis muss dem wissenschaftlichen Nachwuchs bereits innerhalb der Ausbildung vermittelt werden, damit diese Regeln in allen Phasen der wissenschaftlichen Tätigkeit beachtet und angewendet werden. Dabei muss die wissenschaftliche Integrität als innere Haltung von den jeweiligen Führungskräften vorgelebt werden.

Das redliche wissenschaftliche Arbeiten basiert auf folgenden Prinzipien:
- Einbringen von eigenständigen Ideen und Gedanken unter Kenntnis und Anerkennung des Stands des Wissens
- deutliches Kenntlichmachen der eigenen Arbeiten in Abgrenzung zu Ergebnissen Dritter
- methodisches und qualitätsgesichertes Vorgehen, insbesondere bei der Durchführung der FuE-Projekte
- systematischer Skeptizismus, d. h. Offenheit für Zweifel an eigenen Ergebnissen oder denjenigen der eigenen Gruppe
- Sicherung der Reproduzierbarkeit der Ergebnisse

Mittlerweile haben alle FuE-Organisationen eigene verbindliche Anweisungen zu dieser Thematik. Sie adressieren insbesondere folgende Themen:
- Primärdaten sichern: Es müssen alle Daten der Versuchsergebnisse und der Versuchsdurchführung dokumentiert werden. Damit soll die Nachprüfbarkeit von Resultaten sichergestellt werden. Diese Daten müssen auf haltbaren, gut gesicherten Datenträgern in der Institution, wo sie entstanden sind, für 10 Jahre aufbewahrt werden.
- Autorenschaften bei Publikationen: Autoren wissenschaftlicher Veröffentlichungen tragen die Verantwortung für deren Inhalt stets gemeinsam. Eine sogenannte „Ehrenautorenschaft" ist ausgeschlossen. Damit soll auch der Unsitte begegnet werden, dass z. B. Professoren oder Leiter größerer FuE-OEs immer regelmäßig bei Veröffentlichungen aus ihrer FuE-OE als Autor genannt sind, auch wenn sie keine signifikanten wissenschaftlichen Beiträge zu den Ergebnissen geleistet haben.
- Vermittlung und Befähigung wissenschaftlicher Integrität: Der wissenschaftliche Nachwuchs muss ausreichend qualifiziert werden. Dabei geht es nicht nur um das korrekte Arbeiten nach Regelwerken, sondern vielmehr um die Vermittlung durch die tägliche Praxis. Insbesondere Studierende bei ihren Bachelor- und Masterarbeiten sowie junge Wissenschaftler, Doktoranden oder jüngere Postdocs sollten von einem erfahrenen Wissenschaftler betreut werden. Diese Betreuung darf sich nicht auf die formale Zuständigkeit beschränken, sondern bedingt ein aktives Mitverfolgen der wissenschaftlichen Arbeit des zu Betreuenden.
- Umgang mit wissenschaftlichem Fehlverhalten: Es muss ein Verfahren transparent festgelegt werden, wie ein eventueller Vorwurf zu wissenschaftlichem Fehlverhalten innerhalb der FuE-Organisation verfolgt werden soll. Dabei ist zu beachten, derartige Verdachte am Anfang äußerst vertraulich zu behandeln. Üblich ist ein intern benannter Ombudsmann, der die Vorwürfe prüft und ggf. weitere Untersuchungen einleitet. Ebenfalls sollte das Thema des „Whistleblowers" (ein Dritter meldet ein Fehlverhalten) geregelt sein.

Wird einem Forscher öffentlich wissenschaftliches Fehlverhalten vorgeworfen (z. B. Fälschen von Ergebnissen oder Plagiate), so kann ein solches Verfahren schnell zum

Renommeeverlust der ganzen FuE-Einrichtung führen (vgl. Kap. 4.3, Risikomanagement). Deshalb ist es wichtig, dass die Einrichtung über ein standardisiertes Verfahren verfügt, derartige Vorwürfe schnell und vorurteilsfrei aufzuklären.

5.4 Leistungsmessung und Evaluierung

In einem Forschungssystem gibt es vier verschiedene Ebenen bzw. Objekte der Leistungsmessung:
– der einzelne Wissenschaftler
– das FuE-Projekt
– die FuE-OEs bzw. FuE-Einrichtung oder -Organisation
– das FuE-Programm bzw. eine FuE-Maßnahme (vgl. Kap. 2.2.2)

5.4.1 Bewertung des Wissenschaftlers

Ein einzelner Wissenschaftler kann auf zwei unterschiedliche Weisen bewertet werden: hinsichtlich seiner Lebensleistung (mit dem Lebensalter zunehmend) und hinsichtlich seiner Beiträge zu den Zielen seiner FuE-OE (regelmäßig).

Bei der Debatte um die Messung der Leistung eines Wissenschaftlers wird zuweilen dessen prinzipielle wissenschaftliche Exzellenz mit seinem Beitrag zur Zielsetzung der FuE-Einrichtung verwechselt. Wissenschaftliche Ergebnisse sind kein Selbstzweck, sondern sie müssen der Zielsetzung der OE dienen. Ein genialer Forscher in der falschen bzw. nicht zu ihm passenden FuE-Einrichtung wird ggf. nicht positiv evaluiert, falls er FuE-Themen verfolgt, die nicht zu den Zielen der FuE-Einrichtung beitragen. Die unmittelbare fachliche Exzellenz des Forschers, sein Intellekt, seine Originalität und seine Kreativität werden nur im Hinblick auf die Ziele der FuE-OE anerkannt.

Ein Wissenschaftler kann – unabhängig von der Ausrichtung seiner OE – individuell für sein Curriculum seine einzelnen wissenschaftlichen Leistungen und „Erfolge" sammeln, z.B. Veröffentlichungen oder Berufungen. Ein gängiger Indikator dafür ist der „Hirsch-Faktor" (h-Index).[37] Dieser Indikator koppelt die Anzahl von

---

[37] Hirsch-Faktor (h-Index): Index zur wissenschaftlichen Bewertung eines Wissenschaftlers. Ein Wissenschaftler hat einen h-Index von x, wenn er mindestens x Publikationen mit mindestens x Zitationen bei jeder dieser x Veröffentlichungen vorzuweisen hat. Beispiele:
Hat ein Autor 8 Publikationen und diese werden alle jeweils mindestens 8 Mal zitiert, so hat er einen h-Index von 8.
Hat ein Autor 20 Publikationen und alle wurden nur mindestens 8 Mal zitiert, so hat er den h-Index von 8.
Hat ein Autor nur 2 Publikationen mit jeweils 8 Zitationen, so hat er nur einen h-Index von 2.
Bei Berufungen an Universitäten sollte ein Bewerber mindestens einen h-Index von 10 haben, d.h. 10 Publikationen, die alle mindestens 10 Mal zitiert wurden. Albert Einstein hätte nur einen h-Index von 4 gehabt.

Veröffentlichungen des Wissenschaftlers mit den daraus erfolgten Zitationen. Ebenfalls gelten wissenschaftliche Auszeichnungen als Ausweis der Exzellenz eines Wissenschaftlers. Allerdings ist es für Außenstehende ohne Kenntnis der spezifischen wissenschaftlichen Szene schwer, die Qualität von Auszeichnungen einzuschätzen (Ausnahme ist der Nobel-Preis, den jeder kennt). Mittlerweile gibt es eine große Anzahl von Ehrungen mit sehr blumigen Titeln, so dass nur Eingeweihte den jeweiligen wissenschaftlichen Stellenwert erkennen. Das gleiche gilt auch für die Nennung von herausragenden wissenschaftlichen Positionen wie die eines Vorsitzenden (Chairman) einer wissenschaftlichen Vereinigung oder die eines Gutachters für eine renommierte Zeitschrift.

5.4.2 Evaluierung eines Projekts

Die wichtigste Evaluierung von FuE-Projekten findet vor ihrem Beginn auf Basis des Projektantrags bzw. des Projektplans statt (vgl. Kap. 2.2.2). Durch die Evaluierung kann der zu begutachtende Projektplan ggf. noch angepasst werden (z. B. Streichen eines Arbeitspakets oder Reduktion des Gesamtvolumens). Während des Projektfortschritts gibt es zu bestimmten Zeitpunkten Meilenstein-Audits (vgl. Kap. 5.1), die ebenfalls zu einer Adjustierung des Projektplans führen können. Nach dem Projektende stellt dann ein Abschlussbericht die Ergebnisse dar, der der fördernden Stelle übermittelt wird (s. Abb. 5.3). Dort werden diese Abschlussberichte üblicherweise zur Kenntnis genommen, sie sind aber nicht mehr Anlass für besondere Konsultationen zwischen Förderorganisation und Gefördertem, weil zum einen die wissenschaftliche Expertise bei den Förderorganisationen fehlt, (man könnte allenfalls rudimentär feststellen, ob das Projektziel erreicht worden ist) und es auch keine Möglichkeit des Eingreifens mehr gibt (die Mittel sind verbraucht).

Einige Förderorganisationen stellen dem Projektleiter eines geförderten Projekts einen wissenschaftlichen Beirat mit externen Experten zur Seite, um dann quasi im Auftrag der Förderorganisation den Projektfortschritt zu evaluieren und ggf. Projektanpassungen zu diskutieren. Dabei muss sorgfältig auf die Governance und die Verantwortungszuordnung geachtet werden: Entweder ist der Projektleiter voll verantwortlich für den Erfolg des Projekts (sonst sollte man ihm prinzipiell auch nicht ein solches Projekt anvertrauen), dann muss ihm auch im Rahmen des Projektantrags die Freiheit zur Umsetzung des Projekts gegeben werden (mit den Meilenstein-Audits), oder der Projektleiter nimmt Anpassungen (ggf. Anweisungen) des Beirats entgegen und setzt diese um – dann kann er für das Resultat nicht mehr voll verantwortlich gemacht werden. Die Zuständigkeiten hinsichtlich Beratung oder Weisung müssen also widerspruchsfrei geregelt werden. Neben derartigen formalen begleitenden Gremien steht es dem Projektleiter prinzipiell natürlich frei, zu jeder Zeit fachmännischen Rat von Kollegen einholen – in eigener Verantwortung und ohne Verpflichtung, diese Ratschläge umzusetzen.

Meilenstein-Audits
Zwischenevaluierung
ggf. Anpassung des Projektplans
(Projektteam, Fördergeber, ggf. Externe)

Verwertungs-Audit
Kommunikation und Transfer der
Ergebnisse; Nutzendarstellung

FuE-Projekt

Verwertung

Projektbegutachtung
Bewertung des Projektantrags
(Fördergeber, externe Gutachter)
Projektstart
Genehmigung des Projektplans mit
ggf. zusätzlichen Auflagen

Ergebnis-Audit
Abgleich der Ergebnisse mit
dem Projektantrag
(Projektteam, Fördergeber)

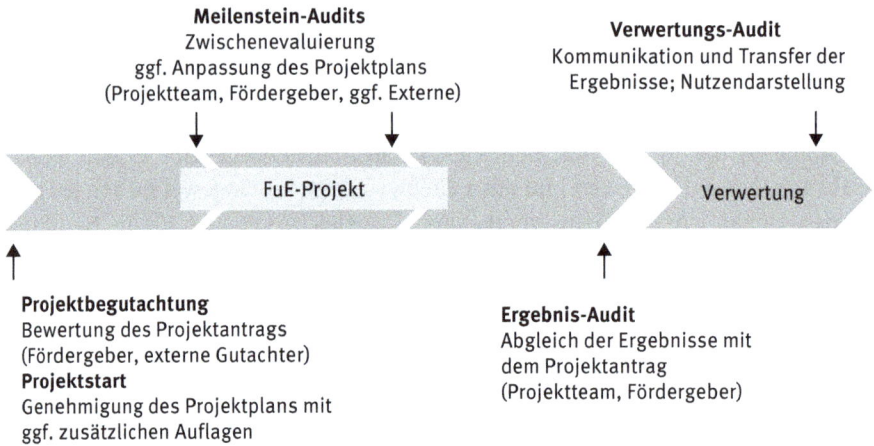

Abb. 5.3: **Evaluierungen während eines Projektablaufs:** Ein FuE-Projekt durchläuft mehrere „Kontrollpunkte", an denen jeweils über den weiteren Verlauf entschieden wird. Akteure sind das Projektteam bzw. die leitenden Wissenschaftler sowie Vertreter der Förderorganisation und ggf. auch externe Experten, die von der Förderorganisation ein Mandat zur Begleitung des Projekts erhalten. Nach dem Start mit einer positiven Evaluierung des Projektplans gibt es mehrere Meilenstein-Audits. Nach dem Projektende wird der Gesamtverlauf des Projekts bewertet und (teilweise) nachfolgend die Nutzung der Ergebnisse analysiert (eigene Darstellung).

Wird ein geplantes Projektziel nicht erreicht, sollte der Projektleiter folgende Analysen durchführen:

– Wurden die Ziele realistisch geplant oder wurde schon bei der Beantragung (bewusst) zu viel versprochen (um das Projekt attraktiver aussehen zu lassen)?
– Zu welchem Zeitpunkt zeichnete sich ab, dass das Ziel des Projekts nicht erreicht werden würde? Wie hat man darauf reagiert?
– Wie können die aus dem Projekt gewonnen FuE-Erkenntnisse (auch, wenn sie nicht das anvisierte Ziel erfüllen) trotzdem genutzt werden?
– Welche Prozess-Erkenntnisse können aus dem Projekt gezogen werden?

Ebenso müsste die FuE-Fördereinrichtung nach Abschluss eines von ihr geförderten und wenig erfolgreichen FuE-Projekts Folgendes klären:

– Waren die Gutachten und die Empfehlungen der Gutachter sinnvoll? Stimmten die Evaluationskriterien?
– Konnten die Risiken oder die Gründe, warum das Projekt fehlgeschlagen ist, vorab vorausgesehen werden?
– Wurde das Projekt eng genug von der Förderorganisation begleitet?

Die Zielerreichung eines Projekts darf nicht mit dessen langfristigen Nutzen (der durch die Projektergebnisse intendiert ist) verwechselt werden. Zu unterscheiden ist zwischen dem unmittelbaren Output eines einzelnen Projekts, dem Outcome, der durch die Ergebnisse direkt induziert wurde und dem mittelfristigen Impact für größere Nutzergruppen (vgl. Kap. 5.4.3, Abb. 5.5). Klar messbar ist, ob ein FuE-Projekt sein gestecktes wissenschaftlich-technisches Ziel erreicht hat, es ist aber nicht sofort darstellbar, welchen Nutzen es kurz-, mittel- und langfristig damit stiftet und in welche weiteren FuE-Projekte die Ergebnisse einfließen. Die Problematik der Ergebnisbewertung liegt darin, dass zum Aufbau einer spezifischen Kompetenz oder zur Entwicklung eines neuen Produkts die Ergebnisse vieler FuE-Projekte zusammen fließen. Der Anteil eines einzelnen Projekts – das ggf. zeitlich weit zurückliegt – ist später schwer bewertbar. Trotzdem ist es unumgänglich, für jedes abgeschlossene Projekt einen Transfer- und Kommunikationsplan zu erstellen und auch den Nutzeneffekt zu dokumentieren.

Neben der Prüfung der Effektivität (Hatte das Projekt das richtige Ziel?) ist prinzipiell bei jedem abgeschlossenen FuE-Projekt auch zu überprüfen, ob das erzielte Ergebnis ggf. auch effizienter (also mit weniger Ressourcen hinsichtlich Zeit und Kosten) hätte erzielt werden können. Für Externe ist es im nach hinein allerdings schwierig zu beurteilen, ob bestimmte Versuche auch hätten anders, schneller oder einfacher durchgeführt werden können oder sie ggf. sogar verzichtbar gewesen wären. Allerdings sollte sich das Projektteam diese Frage offen stellen, um Optimierungen für die Zukunft zu identifizieren.

5.4.3 Evaluierung einer FuE-Organisationseinheit (OE)

„Die Freiheit der Forschung" ist ein von Wissenschaftlern vielzitiertes Grundrecht (§ 5 GG). Es hat allerdings sowohl ethische (vgl. Kap. 7.1, Neue Risiken der Forschung) als auch finanzielle Grenzen, denn es ist nicht gleichzusetzen mit einem Recht auf Finanzierung von freier Wissenschaft. So sichert der gleiche Paragraf des Grundrechts auch die Freiheit der Kunst, was allerdings keinen Künstler veranlasst darauf zu pochen, dass die öffentliche Hand seine freie Kunst uneingeschränkt fördert. Frei und (fast) ohne Einschränkungen forschen kann nur ein Tüftler zu Hause, wenn er mit seinen eigenen Mitteln im heimischen Labor forscht.

Ein relativ hohes Maß an Freiheit und Autonomie haben die Professoren an deutschen Universitäten. Sie entscheiden selbst über ihre Forschung, so dass die Themen über die Zeit gegenüber ihrer ursprünglichen Berufung stark divergieren können. Professoren entscheiden ebenso selbstständig über die Form, mit der sie ihre Ergebnisse kommunizieren und sie gestalten auch ihre Lehre autonom.

Die Politik fordert (im Auftrag der Gesellschaft) von den Hochschulen und außeruniversitären FuE-Organisationen eine effektive und effiziente Wissenschaft. Dazu muss diese auch bewertet werden. Auch als Wissenschaftler ist man – wie jeder Arbeitnehmer – dem Arbeitgeber Rechenschaft über die eigene Tätigkeit schuldig, und sei es „nur" im Austausch für das Gehalt. Private oder öffentliche finanzielle Mittel, die in die Forschung investiert werden, verfolgen mit der FuE-Förderung eine Absicht oder einen Zweck – also ein Ziel. Deshalb sollten die Ziele und auch die Messung der Zielerreichung zwischen den FuE-ausführenden und -fördernden Akteuren abgestimmt werden. Jeder Wissenschaftler ist mithin in ein Zielsystem eingebunden, auf das er mehr oder weniger direkten Einfluss hat; er kann oft dessen Ausprägung mitbestimmen (z. B. seine eigene Zielvereinbarung verhandeln) aber weniger die Art der Leistungsmessung (z. B. welche Indikatoren prinzipiell angewandt werden).

Die Möglichkeiten zur Bewertung der Leistung einer FuE-OE innerhalb einer FuE-Organisation werden in der Scientific Community kontrovers diskutiert. Dabei wird nicht nur eine bestimmte Methode, sondern vielmehr das Ziel an sich kritisiert: Mit der Einführung von Instrumenten zur Leistungsmessung wird – so die Kritiker – das Ideal eines selbstbestimmten Wissenschaftlers in Frage gestellt, der doch am leistungsstärksten und kreativsten ist, wenn man Vertrauen in seine intrinsische Motivation legt und ihm Freiräume und Ressourcen verschafft anstatt ihn zu überwachen und zu disziplinieren: Denn jede wissenschaftliche Leistung und jedes Ergebnis ist ein Unikat und mit welchem Kriterium sollen sie gemessen werden: Ist es die Originalität, Kreativität und Genialität des Lösungsansatzes, ist es die Geduld und Beharrlichkeit bei der Umsetzung oder gar der Nutzen, den die Ergebnisse stiften? Ebenso wird von Wissenschaftlern in Abrede gestellt, dass man Grundlagenforschung mit angewandter Forschung oder die Materialforschung mit der Informatik vergleichen kann: „Alles ist verschieden", deshalb solle man Versuche der Bewertung aufgeben.

Es ist offensichtlich, dass allgemeine Kriterien und entsprechende quantitative Indikatoren nur eingeschränkt passfähig sein können für die ganze Breite der FuE-Einrichtungen. Gleichwohl muss der Versuch gemacht werden, auch deren Leistungen zu bewerten. Dieser Anspruch ergibt sich bei öffentlich finanzierten FuE-Einrichtungen auch aus der Rechenschaftspflicht gegenüber der Gesellschaft. Wurden diese Mittel effektiv (für die richtigen Themen) und effizient (gut organisiert) eingesetzt? In Anbetracht der großvolumigen Zuwendungen, die von der öffentlichen Hand für FuE investiert werden, ist es unstrittig, dass eine Überprüfbarkeit der Qualität (nicht unbedingt gleichzusetzen mit dem Nutzen) möglich sein muss. Auch bei der Forschung in Unternehmen werden die Ergebnisse der internen FuE-Abteilungen intensiv kontrolliert und beurteilt. Dies geschieht weitgehend selbst organisiert, denn die FuE-Projekte von Unternehmen sind unmittelbar in die jeweiligen Entwicklungs-Roadmaps für neue Produkte integriert. Werden anvisierte Ergebnisse nicht erreicht oder verzögern sie sich, hat dies direkte Auswirkungen auf den Unternehmenserfolg und die Unternehmensstrategie.

Für die Leistungsmessung der FuE-OE gibt es prinzipiell zwei Möglichkeiten, die teilweise miteinander gekoppelt sind bzw. die in unterschiedlichen Frequenzen auch beide angewendet werden (s. Tab. 5.1):

– **Ex-ante-Zielvereinbarung:** Für einen Zeitpunkt in der Zukunft werden zwischen der vorgesetzten Stelle und der FuE-OE (individuelle) Ziele und deren Messung festgelegt. Dazu können qualitative Beschreibungen und quantitative Indikatoren kombiniert werden. Die Erreichung der Ziele sollte zweifelsfrei ohne externe

Experten möglich sein. Eine solche Zielvereinbarung und deren Überprüfung finden üblicherweise jährlich statt. Möglich sind auch standardisierte Indikatoren, die über einen längeren Zeitraum stabil bleiben und regelmäßig überprüft werden.

– **Ex-post-Evaluationen:** Hier wird von der vorgesetzten Stelle die erbrachte Leistung der FuE-OE festgestellt. Auch für diese Evaluierung werden die vereinbarten Zielvereinbarungen in der Vergangenheit herangezogen, stellen aber nur eines von vielen Elementen der Evaluierung dar. Für die Evaluation werden spezifische „Terms of Reference" erstellt, die die zu untersuchenden Fragestellungen festlegen. Für solche Evaluierung werden externe Gutachter beauftragt, die meist aufgrund schriftlicher Berichte und einer Vor-Ort-Besichtigung eine Stellungnahme abgeben und Empfehlungen formulieren. Auch diese Experten nutzen teilweise quantitative Indikatoren (s. u.). Eine solche Evaluierung findet wegen des hohen Aufwands in Perioden von 3–5 Jahren statt. (Hinweis: Diese Evaluationen sind nicht gleichzusetzen mit Audits zur Diskussion eines Ziel- und Strategieplans zur FuE-Portfolioentwicklung einer FuE-Einrichtung (vgl. Kap. 4.3.1); diese bewertet die Zukunftsplanungen während bei Ex-post-Evaluationen die Vergangenheit bewertet wird).

Tab. 5.1: Steuerung einer FuE-Einrichtung durch unterschiedliche Instrumente

Leistungsindikatoren	Zielvereinbarungen
– quantitativ, formelgestützt	– qualitativ, deskriptiv
– präzise	– eher weich
– automatisiert	– abstimmungsnotwendig
– generell	– individuell
– transparent, einfach	– vertraulich, umfangreich

Für die Bewertung von FuE-Einrichtungen wird oftmals ein Mix der Bewertungsinstrumente angewendet: So können jährlich standardisierte Indikatoren erfasst und in größeren Zeiträumen (z. B. alle 5 Jahre) aufwändigere Evaluierungen durchgeführt werden. Diese Ex-post-Evaluierungen sind dann eine genauere Betrachtung der Gesamtleistung in Hinblick auf die gesetzten Ziele. Üblich ist dabei, dass sogenannte „Terms of Reference" von dem Auftraggeber der Evaluation formuliert werden, also gezielte Fragen an die Gutachter, die zu untersuchen sind und zu denen sich der Auftraggeber Bewertungen und Empfehlungen erwartet. Eine solcher Term of Reference könnte z. B. lauten: „Verfügt die FuE-Einrichtung über geeignete Verfahren, Prinzipien und Möglichkeiten, um entsprechend der dynamischen Entwicklung der Märkte für Dienstleistungen und Produkte in Deutschland und weltweit ein ausreichendes und zeitnahes Leistungsspektrum für das Gebiet der xy-Technologie anzubieten?" Durch die Analyse der Vergangenheit und der Ist-Situation sowie durch die Darstellung der künftigen Planungen können die Experten (Peers) über die aktuelle Lage der FuE-Einrichtung urteilen.

Trotz vielerlei Hinweise, dass komplexe Forschungsleistungen nicht durch einzelne standardisierte Indikatoren abgebildet werden können (Wissenschaftsrat, 2011), sondern diese allenfalls für Peer-Review-Evaluationen eine Datenbasis liefern, ist die Neigung sowohl von den Bewerteten als auch den Bewertenden groß, leicht messbare Zielgrößen anzuwenden. Prinzipiell ist es das Interesse aller Beteiligten, möglichst „objektiv" und einfach den Zustand und die Leistung einer FuE-OE zu beschreiben. Notwendig ist dazu allerdings, dass die jeweiligen Ziele auch eindeutig und vollständig mit Indikatoren beschreibbar sind. Dabei sollte man vermeiden, Indikatoren zu vereinbaren, die zwar gut messbar sind aber die Leistung nur indirekt oder partiell abbilden. Die folgende Liste beinhaltet Indikatoren, die als Mix – unterschiedlich kombiniert – von FuE-Einrichtungen verwendet werden, um damit auch unterschiedliche Missionen abzubilden:

- wissenschaftliche Veröffentlichungen und Zitationen
- wissenschaftliche Preise und Auszeichnungen
- Projektförderungen durch renommierte Fördereinrichtungen
- Summe der Drittmittel aus dem öffentlichen Bereich (z. B. EU, BMBF, DFG etc.); ggf. Hervorhebung besonders renommierter Programme
- abgeschlossene Promotionen und Habilitationen
- Rufe auf Lehrstühle
- Erträge aus direkten Aufträgen aus der Wirtschaft
- Karrieren von Ehemaligen in der Wirtschaft
- Patente
- Lizenzerträge
- Spin-offs (Ausgründungen von Mitarbeitern)
- Kunden- (Eigentümer-) Zufriedenheit

Jede FuE-Organisation und FuE-Einrichtung wählt üblicherweise ein entsprechendes Set von Indikatoren für die interne Steuerung oder auch die Außenkommunikation. Dabei wird sich z. B. eine anwendungsorientierte FuE-Einrichtung stärker auf die Erträge aus der Wirtschaft und die Gründung von Spin-offs konzentrieren, während eine Ressortforschungseinrichtung vornehmlich auf die Zufriedenheit ihres Ministeriums ausgerichtet sein wird.

Neben der Auswahl von Indikatoren ist auch die Ausformulierung einer geeigneten (einfachen und eindeutigen) Messvorschrift vonnöten, d. h. die Integrität der Datenerfassung muss sichergestellt sein. Die Messungen müssen nachvollziehbar und auf Anfrage (stichprobenartig) nachprüfbar sein.

Im Folgenden wird kurz auf den in der Scientific Community wichtigsten und breit akzeptierten „Königsindikator", die wissenschaftlichen Veröffentlichungen bzw. deren Messung und Beurteilung (Bibliometrie), eingegangen (s. Abb. 5.4). Die Publikation von FuE-Ergebnissen in anerkannten wissenschaftlichen Zeitschriften ist die dominante Kommunikationsform innerhalb der Scientific Community und damit auch der prioritäre Leitindikator zur quantitativen Bewertung von Wissenschaftlern oder FuE- Einrichtungen. „Publish or perish" („Veröffentliche oder gehe unter") ist das sarkastische Leitmotiv der Scientific Community, das den hohen Wert von Veröffentlichungen in Fachjournalen kenntlich machen soll. Denn ein Ergebnis wird erst „real", wenn es in einer anerkannten Fachzeitschrift veröffentlicht wurde. Dieser Druck zur Veröffentlichung ist plausibel, weil nur dadurch eine Transparenz hinsichtlich der Fortschritte innerhalb eines Themengebiets gewährleistet ist. Nur mit dem zeitnahen Veröffentlichen neuer Ergebnisse ist sichergestellt, dass diese wieder als Grundlage für weitere Forschungen dienen können, wobei die verwendeten Vorergebnisse dann entsprechend zitiert werden müssen. Dieses „Sich auf dem Laufenden halten" fällt aufgrund der Vielzahl der Veröffentlichungen und Journale schwer, ist aber innerhalb einer engen Disziplin und mit entsprechender Unterstützung von Datenbanken und Suchmaschinen noch möglich. Wenn also zwei unabhängige Forschergruppen fast gleichzeitig ein Ergebnis erarbeitet haben, so gehört derjenigen Gruppe die Anerkennung, die es als erste veröffentlicht hat – nicht derjenigen, die im Labor als erste das Ergebnis erzeugt hat.

Innerhalb der verschiedenen Fachwissenschaften gibt es mithin eine ausführliche Kommunikation und Quervernetzung durch das Instrument der Publikationen. Da diese Transparenz der Ergebnisse so wichtig ist, gibt es Literatur-Datenbanken, die alle wesentlichen naturwissenschaftlich-technischen Publikationen sammeln und auswerten (die größten sind „Web of Science" und „Scopus").[38] Das Auswerten besteht vor allem im Zählen von Zitationen, d. h. wie oft auf die eigene Veröffentlichung von anderen Wissenschaftlern in deren Veröffentlichungen verwiesen wurde. Ein hoher Zitationsindex ist mithin ein Ausdruck hoher Relevanz der zitierten Publikation, weil offensichtlich viele nachfolgende Arbeiten daraus Ergebnisse verwendet haben. So haben sich auch mittlerweile wissenschaftliche Journale etabliert, die prinzipiell einen hohen Zitationswert haben (z. B. Nature, Science), d. h. dass Publikationen in diesen Zeitschriften regelmäßig sehr oft zitiert werden. Dies sagt der sogenannte Journal Impact Factor (JIF)[39] aus.

---

38 „Web of Science" und „Scopus": Datenbanken von Thomson Reuters (Web of Science) und Elsevier (Scopus), die wissenschaftliche Veröffentlichungen erfassen und Zitationen auswerten. Kriterien für die Aufnahmen von Zeitschriften in Scopus sind: englischsprachige Titel und Abstracts, erfasste Zitierungen und ein Review-Verfahren. Bei Scopus werden Zeitschriften in erster Linie auf Grund ihrer Verlagszugehörigkeit ausgewählt und gelistet. Bei Web of Science müssen Zeitschriften innerhalb des bestehenden Sets an Zeitschriften eine vordefinierte Zitathürde überspringen, um aufgenommen zu werden. Scopus erfasst deshalb mehr Zeitschriften und ist im Bereich der Ingenieur- und angewandten Naturwissenschaften auch breiter aufgestellt.

39 Journal Impact Factor: Maßzahl für eine Fachzeitschrift, wie oft ein Artikel dieser Zeitschrift im Mittel in anderen Zeitschriften zitiert wird. So liegt der JIF der renommierten Zeitschrift „Nature" bei 42 (2013), während der JIF einer ebenfalls renommierten, aber fachlich sehr eng begrenzten Zeitschrift wie „Cancer Gene Therapy" bei 2,4 (2014) liegt (SCIJOURNAL.ORG, 2014/2015).

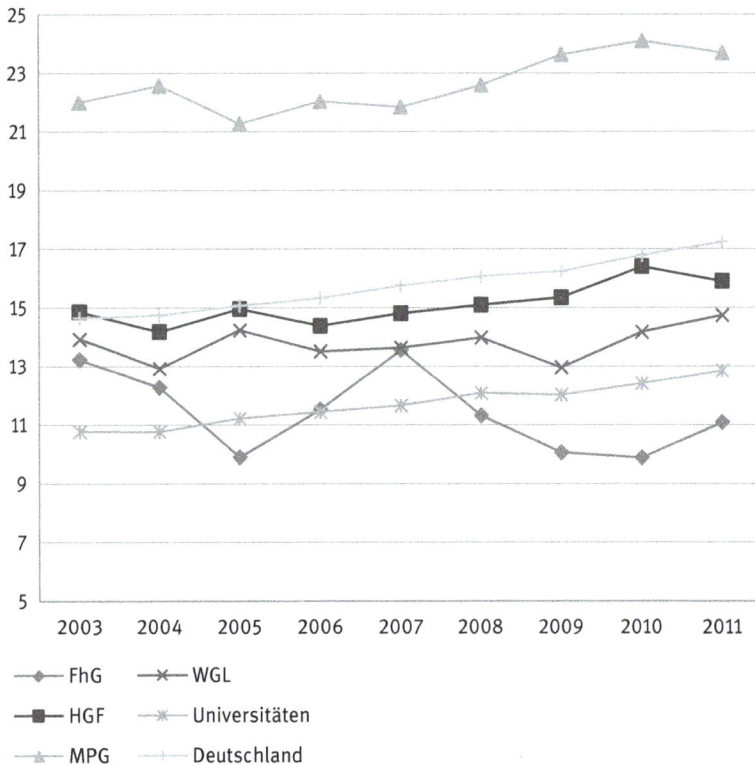

Abb. 5.4: **Bibliometrischer Indikator der „Excellence Rate 10 %" für die deutschen FuE-Organisationen und Universitäten:** Dieser Indikator gibt den Anteil derjenigen Publikationen einer FuE-Organisation an, die zu den 10 % der meistzitierten Publikationen in dem entsprechenden wissenschaftlichen Feld und Jahr gehören. Alle FuE-Organisationen und Universitäten liegen über dem Erwartungswert von 10 % und sind somit exzellenter als der Durchschnitt aller publizierenden FuE-Einrichtungen (Gemeinsame Wissenschaftskonferenz GWK, 2015).

Es gibt diverse Einwände gegen die Verwendung von Publikationsindikatoren zur Leistungsmessung. So ist es im Bereich der angewandten Forschung zunächst wichtiger, die Ergebnisse zu schützen anstatt sie sofort zu veröffentlichen. Eine Veröffentlichung vor einer Patentanmeldung würde sogar die Schutzfähigkeit der Ergebnisse zerstören. Ebenso argumentieren anwendungsorientierte Wissenschaftler auch dahingehend, dass sie neben der Scientific Community auch Unternehmen oder die Zivilgesellschaft ansprechen wollen und deshalb eher in Journalen oder auch der Tagespresse mit einer breiteren Streuung publizieren als in speziellen Fachzeitschriften für Experten (und nur in diesen werden auch die Zitationen gemessen).

Der Wissenschaftsrat weist darauf hin, dass die quantitative Bewertung von Forschergruppen aufgrund ihrer akquirierten Drittmittel und bibliometrischen Indikatoren überbewertet ist und dass die erforderliche Berücksichtigung fachspezifischer Publikationskulturen, -strategien und -praxen bei der Interpretation der bibliometrischen Indikatoren nur durch Peers möglich ist (Wissenschaftsrat, 2011). Diesen Empfehlungen kann man ansatzweise dadurch gerecht werden, dass die jeweiligen Indikatoren und ihre zu erreichenden Maßzahlen nicht als letztendliche Ziele verstanden werden, sondern vielmehr als „Hinweiser" (was auch der entsprechende deutsche Begriff des Indikators ist) genommen werden, um aus diesen Indikatoren dann kontextbezogen Rückschlüsse zu ziehen.

Bei einer Zielvereinbarung sollte darauf geachtet werden, dass die Anzahl der verwendeten Indikatoren klein bleibt. Denn in letzter Konsequenz muss – um eine FuE-OE gesamtheitlich zu beurteilen – ein Gesamt-Performance Indikator gebildet werden. Das bedeutet, dass die unterschiedlichen Indikatoren (mit jeweils verschiedenen Einheiten) für eine quantitative „Gesamtbewertung" zusammengefasst werden müssen und somit mittels eines geeigneten Algorithmus' untereinander verrechenbar sein müssen.

Beispiel einer multiparametrischen Indikator-Steuerung von FuE-Einrichtungen

Für eine FuE-OE wird in der Zielvereinbarung festgelegt, dass sie innerhalb eines Jahres
– 5 Veröffentlichungen schreiben,
– 3 Promotionen abschließen sowie
– 1 Mio € an Drittmitteln akquirieren soll.

Nun erreicht sie mit Ablauf der Jahresfrist nur 3 Veröffentlichungen, hat nur 2 Promotionen abgeschlossen, dafür aber 1,4 Mio € akquiriert. Ist das Ziel nun erreicht oder nicht? Dazu muss es eine Umrechnung von akquiriertem Geld vs. Veröffentlichungen oder Promotionen geben, also z. B. dass eine Akquisition von 200 T€ äquivalent zu einer Veröffentlichung ist und vice versa. Ein solches Vorgehen ist schwierig, aber prinzipiell möglich.

Gleichzeitig besteht die Gefahr einer Fehlsteuerung, wenn nur sehr wenig quantitative Leistungsindikatoren zur Beschreibung der komplexen FuE-Tätigkeiten herangezogen werden: Denn mit Leistungsindikatoren setzt man deutliche Anreize und steuert damit signifikant das Verhalten der Wissenschaftler, die versuchen, die ausgewählten Indikatoren zu maximieren. Deshalb muss überprüft werden, ob deren Festlegung nicht ggf. implizit ein kontraproduktives Verhalten auslöst.

Beispiele einer möglicher Fehlsteuerung durch Indikatoren
FuE-Einrichtungen mit vielen Patentanmeldungen zeigen prinzipiell eine hohe Anwendungsnähe. Mithin ist die Anzahl der Patentanmeldungen ein plausibler Indikator, um die gewünschte Ausrichtung hin zur Industrienähe zu belegen. Es ist allerdings kritisch, in der Zielvereinbarung der FuE-Einrichtung das Erreichen einer hohen Patentanzahl zu fordern, weil diese Vorgabe teilweise zu unsinnigem Verhalten führen würde: Es könnten viele Patente ohne besondere Relevanz angemeldet werden; diese verursachen dann Kosten, tragen aber nicht zur Profilierung der FuE-Einrichtung bei.

Ebenso ist der Indikator der abgeschlossenen Promotionen pro Lehrstuhl oder FuE-Einrichtung ein solider Hinweis auf deren Ausbildungsleistung. Wird ein solcher Indikator allerdings direkt zur Leistungsbeurteilung herangezogen, könnten FuE-Einrichtungen evtl. die Intensität und damit die Qualität der Betreuung pro Doktorand reduzieren, um mit gleichem Aufwand eine höhere Anzahl von Doktoranden zu betreuen. Auch dies wäre ein nicht intendierter Effekt.

Es ist mithin zu unterscheiden, ob man Indikatoren erfasst und sie für unterschiedliche Diskussionen mit hinzuzieht oder ob man sie direkt als Zielgrößen einsetzt.

Abschließend noch eine Beobachtung zur Bedeutung der Drittmittelerträge als Leistungsindikator: Ein Wissenschaftler freut sich (zu Recht), wenn sein FuE-Projektantrag bewilligt wurde oder er einen Auftrag abgeschlossen hat. Er nimmt die Projektzusage somit als einen Ausweis der Güte seiner Leistung wahr – obwohl er zu dem Zeitpunkt noch keine Leistung erbracht hat. Gleichwohl ist seine Reaktion plausibel, weil sein FuE-Konzept offensichtlich überzeugend war und ihm die Umsetzung von dritter Seite auch zugetraut wurde. Weniger häufig werden allerdings der Abschluss eines FuE-Projekts und die Darstellung der resultierenden Ergebnisse als ein solch positives Ereignis wahrgenommen. Dies liegt sicher u. a. daran, dass der Zeitpunkt des Projektabschlusses weniger konkret festzumachen ist als die Kommunikation der Projektbewilligung (Telefonanruf, E-Mail). Allerdings ist es überraschend, dass in FuE-Einrichtungen eher die Kultur vorherrscht, die Akquisition eines Projekts zu „feiern" (wenngleich dies auf jeden Fall stattfinden sollte) und weniger dessen (erfolgreichen) Abschluss. Deshalb ist auch der Indikator der Drittmittelerträge umstritten – wenn auch nicht in Abrede gestellt werden kann, dass zur Akquisition von Drittmitteln eine gewisse Exzellenz in der Vergangenheit vorgelegen haben muss. Für Wissenschaftler, die einem Finanzierungsdruck unterliegen, ist eine ausreichende Finanzierung zwar ein notwendiges aber kein hinreichendes Kriterium für eine gute Bewertung, denn v. a. seine Wissenschaftlichkeit und die Beiträge zu den Zielen der FuE-OE spielen eine Rolle. Auch bei der Beurteilung der FuE-OE durch Dritte ist die Finanzierung letztlich kein relevantes Beurteilungskriterium; es reicht nicht der Nachweis von finanzierten und abgearbeiteten Projekten, sondern vielmehr werden die FuE-Ergebnisse und deren Outcomes und Impacts hinterfragt.

Evaluationsprozesse der vier deutschen außeruniversitären FuE-Organisationen (Wissenschaftsrat, 2011)

LG: Die Institute werden alle 7 Jahre durch den „Senatsausschuss Evaluierung" evaluiert. In der ersten Stufe erfolgt die wissenschaftliche Bewertung anhand definierter Kriterien durch unabhängige Gutachtergruppen. In der zweiten Stufe beschließt der Senat der Leibniz-Gemeinschaft auf der Grundlage des Bewertungsberichts eine wissenschaftspolitische Stellungnahme zu der FuE-Einrichtung, die eine Förderempfehlung enthält.

MPG: Die Institute werden alle 2 Jahre durch Fachbeiräte (externe Experten) bewertet. Im Rahmen einer erweiterten strategischen Evaluierung werden alle 6 Jahre thematisch verwandte Institute zusammengefasst und untereinander verglichen.

HGF: Übergreifende interne Forschungsprogramme (über die die institutionelle Förderung verteilt wird) werden alle 5 Jahre Zentren übergreifend von externen Experten evaluiert; neben den Programmen werden auch die Zentren selbst evaluiert.

FhG: Die Institute werden alle 5 Jahre hinsichtlich ihrer Strategieplanung durch externe Experten evaluiert. Ansonsten werden die Institute insbesondere durch den Leistungsindikator der eingeworbenen Projektmittel aus der Wirtschaft gemessen.

Unabhängig von der Wahl der Evaluierungsinstrumente sollte eine Leistungsbewertung folgenden Kriterien genügen (in Anlehnung an (Wissenschaftsrat, 2011):

- Selbstreflexivität: FuE-Organisationen müssen über Instrumente und Prozesse verfügen, um in der Binnenperspektive und nach außen im Sinne einer Rechenschaftspflicht ihre Leistungen bewertbar darzustellen.
- Verfahrensüberprüfung: Bewertungsverfahren dürfen nicht zum routinierten Selbstzweck werden, sondern ihre Wirkungen müssen überprüft und ggf. angepasst werden.
- Aufwandsbegrenzung: Bei allen Ansprüchen an die Komplexität der Verfahren muss der Umfang und die Belastung aller Beteiligten in Relation zu der Größe der FuE-Einrichtung und den beabsichtigten Wirkungen stehen; dazu gehört auch eine angemessene zeitliche Taktung.
- Adäquanz: Bei der Bewertung und Steuerung muss die Mission der FuE-Einrichtung zugrunde gelegt und entsprechende „Terms of Reference" festgelegt werden.

Bei der Evaluierung von FuE-OEs und deren FuE-Projekte wird oftmals versucht, sowohl die direkte Leistung als auch deren langfristigen Nutzen (Impact) darzustellen. Dabei müssen allerdings die unterschiedlichen Zeitskalen und Wirkhorizonte dieser beiden Dimensionen beachtet werden. Prinzipiell werden drei Wirkungsebenen unterschieden, die direkten „Outputs" des Projekts (unmittelbare Ergebnisse und ihre Kommunikation – noch ohne direkte Wirkung), die Outcomes (nützliche Wirkungen des Projekts auf einzelne Stakeholder) und den Impact (mittelfristige signifikante Veränderungen in der Wirtschaft oder Gesellschaft) (s. Abb. 5.5).

5.5 Finanzkalkulationen

Jeder Leiter eines FuE-Projekts muss eine Projektkalkulation erstellen können und jeder Leiter einer FuE-OE muss eine Budgetplanung beherrschen. Dazu werden im Folgenden grundsätzliche Erläuterungen gegeben.

5.5.1 Budgetkalkulation

Jede FuE-OE muss im Jahresmittel ihren Aufwand (Summe aller Kosten) und ihre Erträge im Gleichgewicht halten. Sind die Erträge geringer, so „verschuldet" sich die

Input
Ressourcen
(Personal, Zeit, Finanzierung, Investment)

↓

**Aktivitäten /
FuE-Projekt**

↓

Outputs
Direkte, quantifizierbare Ergebnisse des Projekts
(z.B. Veröffentlichungen, Patente)

↓

Outcomes
Kurz- und mittelfristige Veränderungen durch die
Outputs;
Umsetzung, Anwendung von Ergebnissen
(z.B. Innovationen zur Ressourceneffizienz)

↓

Impact
Langfristige Entwicklungen aus dem Outcomes, über spezfische Zielgruppen
hinausreichend, z.B.
– mikroökonomisch: Langfristige Wettbewerbsfähigkeit eines Unternehmens
– makroökonomisch: Steigerung der Innovationsstärke Deutschlands
– ökologisch: Steigerung der Biodiversität durch reduzierte Flächennutzung
– kulturell: Steigerung der Subsistenzorientierung in der Gesellschaft

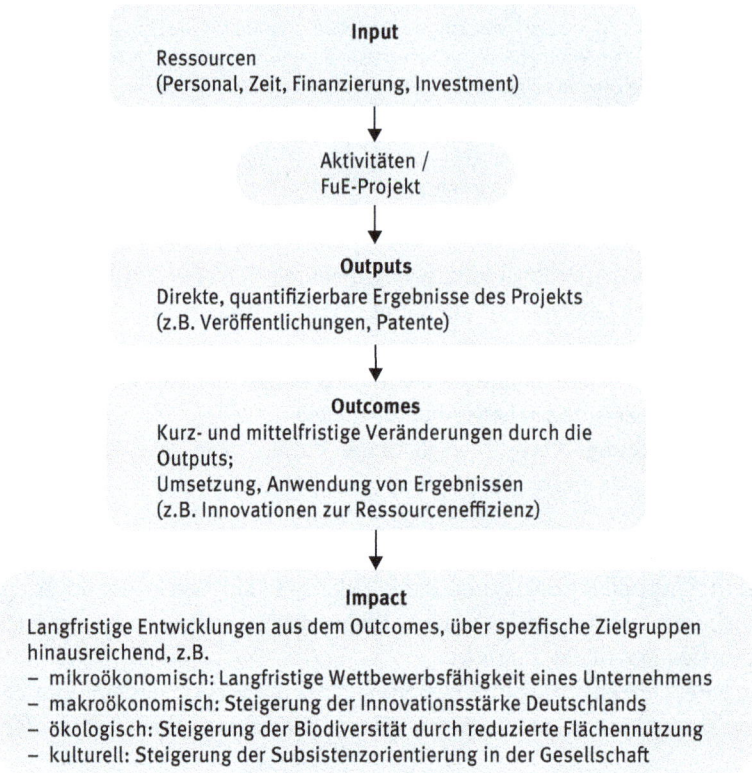

Abb. 5.5: Wirkungsebenen von FuE-Ergebnissen: FuE-Projekte bedürfen eines Inputs, den sie in Projektergebnisse umwandeln. Die „nackten" Ergebnisse und deren aufbereitete Kommunikation bezeichnet man als Output. Dieser generiert dann durch die unmittelbare Umsetzung (meistens) eine Wirkung – den Outcome – bei einem Stakeholder (z. B. einem Unternehmen). Aus einer Vielzahl von Projektergebnissen entwickelt sich dann mittelfristig ein Impact, der breitere Schichten von Anwendern umfasst (eigene Darstellung).

OE faktisch, wobei bei öffentlich finanzierten FuE-Einrichtungen diese Fehlbeträge durch die nächsthöhere OE aufgefangen werden müssen (z. B. bei fehlenden Erträgen einer Abteilung 1 muss das Institut diese durch zentrale Reserven oder Überschüsse der Abteilung 2 ausgleichen). Eine OE kann nach dem Abrechnungszeitraum auch Überträge ausweisen, die ggf. entstehen, falls sie die institutionelle Förderung nicht vollständig verbraucht, weil sie sehr viele öffentliche oder private Projekte akquiriert hat (vgl. Kap. 4, Abb. 4.11). Jede FuE-Organisation legt intern ihre Verfahrensregeln fest, wie derartige Über- oder Unterbuchungen überjährig ausgeglichen werden.

Die Kosten einer FuE-OE gliedern sich in die Kostenarten Personalkosten, Sachkosten und Investitionen. Über die Kostenrechnung werden alle innerhalb der OE anfallenden Kosten sogenannten Kostenträgern zugerechnet; dieses sind bei FuE-Organisationen die einzelnen FuE-Projekte. Nur diese „tragen" die Kosten, andere

Kostenträger stehen prinzipiell nicht zur Verfügung; ihnen werden alle drei Kostenarten entsprechend zugeordnet. Dadurch werden die Selbstkosten des FuE-Projekts festgestellt. Alle Tätigkeiten der Mitarbeiter müssen monatlich erfasst werden. Neben den Zeiten, die direkt auf finanzierte FuE-Projekte geschrieben werden können, gibt es weitere Projekte wie z. B. die Erstellung eines Strategieplans, die dann sogenannten Personalgemeinkosten zugeordnet werden können; ebenso werden darauf generell alle Zeiten von Mitarbeitern verbucht, die nicht direkt einem Projekt zuzuordnen sind wie z. B. Hausmeistertätigkeiten. Die Kostenrechnung erfüllt zwei Funktionen: Zum einen ermöglicht sie die Kalkulation und Abrechnung von Projekten gegenüber Zuwendungs- und Auftraggebern sowie deren Prüfung durch Dritte. Ebenso – und genauso wichtig – haben sie eine interne Funktion zur Planung, zum Controlling und zur Steuerung der OE hinsichtlich der durchgeführten bzw. geplanten Projekte. Diese Funktion kann die Kostenrechnung allerdings nur erfüllen, wenn für alle Tätigkeiten entsprechende Projekte angelegt und diese Projekte auch durch die Mitarbeitenden entsprechend ihrer Zeitressourcen korrekt gebucht werden. Die Kostenrechnung ist unabhängig von ihrer Finanzierung, denn für alle Projekte der FuE-Einrichtung werden stets die gleichen Kostensätze herangezogen. Es erfolgt somit keine Bevor- bzw. Benachteiligung bestimmter Zuwendungs- oder Auftraggeber.

Für eine Projektkalkulation werden zunächst die Stundensätze der Mitarbeiter auf Vollkostenbasis errechnet. In diesem Stundensatz sind sowohl die direkten Kosten für den Mitarbeiter berücksichtigt und additiv – quasi „als Rucksack" – alle weiteren nicht direkt den Projekten zuordenbaren Personal- und Sachkosten, die in der FuE-Einrichtung anfallen. Der Mitarbeiter-Vollkostensatz setzt sich aus folgenden Bestandteilen zusammen (s. Tab. 5.2):

- direkte Personalkosten: Brutto-Gehalt der Mitarbeiter
- Personalnebenkosten: Arbeitgeberanteil zur Sozialversicherung, Beiträge zur Berufsgenossenschaft, Aufwand nach dem Schwerbehindertengesetz und Mutterschutzgesetz, bezahlte Abwesenheit wie Urlaub, Feiertage, Krankheitstage
- Personalgemeinkosten: Kosten für alle Tätigkeiten, die nicht als Einzelkosten direkt einzelnen FuE-Projekten zugeordnet werden können, dazu zählen Kosten des Personals mit Allgemeinaufgaben wie Leitungsaufgaben und Verwaltungstätigkeiten, Infrastrukturdienstleistungen (Hausmeistertätigkeiten, Reinigungsdienst, Wartungsarbeiten) oder Querschnittsaufgaben (Qualitätsmanagement, Bibliothek, Presse- und Öffentlichkeitsarbeit und auch Forschungsmanagement).
- Sachgemeinkosten: Sachkosten, die nicht als Einzelkosten direkt Projekten zuordenbar sind wie Mieten, Energiekosten, Wartung an Gebäuden, Materialkosten (z. B. Büromaterial) und auch Verrechnungen von Leistungen an eine Zentrale, Telefonkosten oder Kosten für Fort- und Weiterbildung.
- Abschreibungen für Anlagen (AfA): Bei institutionell geförderten FuE-Einrichtungen werden zur Berechnung des AfA-Satzes nur solche Investitionen berücksichtigt, die das Institut aus eigenen Mitteln des laufenden Haushalts finanziert hat

(z. B. IT-Investitionen); nicht berücksichtigt werden Investitionen, die im Rahmen von geförderten Projekten getätigt wurden.

Tab. 5.2: Berechnung der Vollkosten eines Mitarbeiters in FuE-Projekten: Basisgröße für die Kostensätze sind die Personalkosten (inkl. der Personalnebenkosten). Jeder Projektmitarbeiter trägt zusätzlich noch einen „Kostenrucksack" mit den nicht direkt dem Projekt zuordenbaren Kosten für Sachen, Personen und Investitionen. Der mit den Zuschlagssätzen beaufschlagte Personalkostensatz kann somit mehr als das Doppelte der Personalkosten des Projektmitarbeiters betragen (eigene Darstellung; Zuschlagssätze sind gemittelt über mehrere FuE-Einrichtungen).

Personalkosten (PK)	Direkte Personalkosten (DPK)	(Bruttogehalt des Mitarbeiters) [≙100 %]
	Personalnebenkosten	[55 % von DPK]
Zuschlagssätze	Personalgemeinkosten	[40 % von PK]
	Sachgemeinkosten	[50 % von PK]
	Abschreibung für Anlagen	[15 % von PK]

Die Höhe der Zuschlagssätze ist in gewissen Grenzen abhängig vom Management der FuE-OE, je nachdem wie umfangreich die Sach- und Personalkosten entweder direkt den jeweiligen FuE-Projekten oder den allgemeinen Gemeinkostenverrechnungsstellen zugeordnet werden. So sind z. B. der Verwaltungsleiter oder auch der Bibliothekar immer den Gemeinkosten zuordenbar, aber der Schlosser in der institutseigenen Werkstatt, der am Bau einer Versuchsanlage mitwirkt, kann durchaus dem FuE-Projekt direkt zugeordnet werden; er wird dann direkt mit einem eigenen Stunden-Vollkostensatz und den entsprechenden Arbeitsstunden in der Projektkalkulation berücksichtigt. Ebenfalls könnten die Kosten für die Nutzung von Maschinen inklusive dem entsprechenden geschulten Bedienpersonal entweder als Gemeinkosten verbucht oder die entsprechenden Zeiträume in Form von „Maschinenstundensätzen" direkt dem Projekt belastet werden. Je spezifischer alle Leistungen und Materialien direkt dem FuE-Projekt zugeordnet werden, desto transparenter sind die Kosten des Projekts. Allerdings ist die Zuordnung auch aufwändiger; das gilt sowohl für die Vorkalkulation als auch für die spätere Abrechnung. Neben den Stundensätzen nach den Entgeltgruppen der Tarifvereinbarung des öffentlichen Dienstes (TVöD) gibt es für Industrieprojekte auch gemittelte Sätze für Wissenschaftler, Graduierte und Techniker.

5.5.2 Projektkalkulation

Für eine Projektkalkulation müssen neben den Stundensätzen der beteiligten Mitarbeiter (zu entscheiden ist, wer direkt Beteiligter im Projekt ist und wer über die Gemeinkosten abrechnet) auch deren zeitliche Befassung geplant werden. Während die Stundensätze von der Verwaltung der FuE-OE geliefert werden, muss der verantwortliche Projektleiter die benötigten zeitlichen Ressourcen des Projekts möglichst präzise abschätzen. Eine solche Prognose ist bei risikoreichen FuE-Projekten sehr schwer. Sinnhaft ist dabei, für jedes Arbeitspaket des Projekts einzeln die jeweiligen Aufwände und Zeiten abzuschätzen und diese dann zu addieren; so mitteln sich ggf. Abschätzungsfehler heraus. Da allerdings jedes FuE-Projekt ein Unikat ist und somit keine Preise für standardisierte FuE-Dienstleitungen vorliegen – wie etwa beim Hausbau (z. B. Abtragen von 1 m^3 Erdreich) oder einer Kfz-Reparatur (z. B. Austausch einer Wasserpumpe) – bedarf es einer großen Erfahrung des Projektleiters, den Aufwand zur Erreichung eines FuE-Ergebnisses zu beziffern. Eine gängige Strategie ist dabei natürlich, einen entsprechenden zeitlichen Puffer einzubauen, um bei unvorhergesehenen Ereignissen oder Ergebnissen etwas Reserven zu haben. Dieses Prinzip darf allerdings nicht überzogen werden, weil man sich letztendlich auch über das Kriterium des Preises im Wettbewerb mit anderen FuE-Einrichtungen befindet. Die Kostenabschätzung von Arbeitspaketen eines FuE-Projekts findet in der Praxis oft auch „von hinten nach vorne" statt: Am Anfang steht zunächst die fixe Förder- oder Auftragssumme (z. B. das max. Projektvolumen bei Ausschreibungen oder das Limit des Kunden für einen Auftrag) und darauf basierend kalkuliert der Projektleiter die entsprechenden FuE-Leistungen (und Versprechen), die er dafür anbieten kann. Es werden dann so viele Tätigkeiten in diesen Budgetrahmen integriert, wie zu verantworten sind – und manchmal noch etwas mehr, um das Angebot attraktiv zu machen. Weniger kompliziert ist die Abschätzung der direkten Sachkosten eines Projekts. Hierzu zählen die notwendigen Materialien oder Chemikalien für die Versuche als auch ggf. die Anschaffung neuer Geräte oder der Einkauf spezieller Dienstleistungen von Dritten (z. B. Testen von Materialien oder das Erstellen einer Software); ebenfalls gehören dazu die Kosten der projektbezogenen Dienstreisen.

Nach der Kalkulation der direkten Personalkosten (Produkt aus Vollkostenstundensatz und benötigte Stunden der direkten Mitarbeiter) und der direkten Sachkosten ist das Projekt aus Sicht des Projektleiters kalkuliert; auch die Abschreibungen für Investitionen sind bereits im Vollkostenstundensatz integriert (s. Tab. 5.2 und Tab. 5.3).

Die Kalkulation der Projektkosten dient zunächst der Antrags- bzw. Angebotsstellung, um entsprechende Mittel zu akquirieren. Und diese Kalkulation ist nachfolgend auch die Grundlage für das Controlling des Projekts. Für das Finanzmanagement einer FuE-OE ist es unerlässlich, die Kosten der Projekte laufend zu erfassen und sie mit der Vorkalkulation zu vergleichen, um die Projekte entsprechend zu steuern und zu planen. Deshalb ist es notwendig, dass die direkt am Projekt Mitarbeitenden (die auch in der Kalkulation berücksichtigt wurden) ihre Arbeitszeit, die sie für das Projekt aufbringen, dokumentieren. Jeder Mitarbeiter muss somit monatlich seine Arbeitszeit den entsprechenden Projekten stundengenau zuordnen und in einem System dokumentieren (Zeiterfassung). Dabei müssen neben den direkten Projekttätigkeiten auch den Gemeinkosten zuzurechnende Tätigkeiten angegeben werden (Personalgemeinkosten) oder Urlaubs- und Krankheitszeiten (Personalnebenkosten). Mit der Genauigkeit und „Wahrhaftigkeit" dieser Zeiterfassung steht und fällt auch die Wahrhaftigkeit der erfassten Kosten und damit die Möglichkeit eines sinnhaften Controllings. Beim Controlling müssen sich die Verwaltung und der Projektleiter eng abstimmen, um die Passfähigkeit von verbrauchten Ressourcen (die der Verwaltungsmitarbeiter kennt) mit dem aktuellen Projektfortschritt (den der Projektleiter kennt) zu diskutieren.

Tab. 5.3: Beispiel einer FuE-Projektkalkulation: Zunächst müssen die direkt am Projekt Beteiligten und ihr jeweiliges Zeitkontingent für das Projekt bestimmt werden. Daraus errechnen sich die Personalkosten. Ebenso werden die direkt für das Projekt benötigten Sachkosten gelistet mit entsprechenden Fremdleistungen von Dritten. Aus allen Positionen ergeben sich dann die Gesamtkosten des Projekts.

Direkte Mitarbeiter	
– Wissenschaftler A 95€/h (Vollkostenstundensatz) × 1071 h (~6 Monate)	101.745,– €
– Wissenschaftler B 95€/h (Vollkostenstundensatz) × 1785 h (~10 Monate)	169.575,– €
Direkte Sachkosten	
– Analyse durch fremdes Labor	4.860,– €
– Material (einzeln spezifiziert)	10.000,– €
– Reisen (3 Reisen München – Berlin für 2 Personen)	3.000,– €
– Literatur	100,– €
Projektkosten	289.280,– €

Hochschulen kalkulieren oftmals noch nicht mit der Vollkostenrechnung, weil die Gemeinkosten schwer kalkulierbar sind, z.B. die Zuordnung der Kosten für die Labore oder für die Verwaltung einer Hochschule zu einem Lehrstuhl. Meistens ist die Infrastruktur und die personelle Grundausstattung einer Hochschule direkt vom Bundesland finanziert, so dass ein Lehrstuhlinhaber nur die direkten Personal- und Sachkosten für zusätzliche Projekte über entsprechende Drittmittel finanzieren muss.

5.6 Informationssysteme

Viele Ansprüche an eine FuE-Einrichtung, die in den bisherigen Kapiteln formuliert wurden, kann diese nur erfüllen, wenn entsprechende Daten verfügbar sind. Dies sind in erster Linie natürlich die Finanzdaten, aber gleichermaßen ist es z.B. notwendig zu analysieren, welche FuE-Projekte zu einem bestimmten Thema bereits bearbeitet wurden (für den Strategieplan), wie viele Doktoranden sich an der FuE-Einrichtung befinden (zur Planung der Personalressourcen) oder ob man mit einem Partner/ Kunden schon einmal zusammen gearbeitet hat (für die Marketingstrategie und Akquisition). Auf dem Markt gibt es eine große Anzahl von Datenbanken mit verschiedenen Funktionalitäten, wobei zunächst der Bedarf und die Anforderungen geklärt werden müssen. Dazu sollen im Folgenden ein paar Anregungen gegeben werden.

Standard in jeder FuE-Einrichtung ist die Erfassung der betriebs- und personalwirtschaftlichen Daten. Das Verbuchen und Kontrollieren der eingehenden und ausgehenden Geldströme und die Kenntnis über die Anzahl und den Status der Mitarbeitenden (u. a. Eingruppierung in die Tarifklassen) sind essenziell für das Management einer jeden Organisation. Doch über das verwaltungstechnische Management hinaus gehen die Ansprüche des strategischen Informationsmanagements: Dort werden eine Reihe von Informationen benötigt, um eine FuE-Einrichtung hinsichtlich ihrer heutigen Situation einzuschätzen und darauf aufbauend die Zukunft zu planen. Dazu müssen entsprechende Standardprozesse etabliert werden, um ausgewählte Daten nach einer konkret festgelegten Messvorschrift kontinuierlich zu erfassen, sie digital aufzubereiten und bei Bedarf in spezifizierten Formaten verfügbar zu machen. Das „händische ad hoc Zusammentragen" von Daten bei einer akuten Anfrage führt üblicherweise zu keinen verlässlichen Informationen (Kriterien einer „Information": Sie muss neu, relevant und verständlich sein).

Die FuE-Informationssysteme in FuE-Einrichtungen entwickeln sich aus früheren isolierten Datenbanken zur Erfassung von einzelnen Indikatoren nunmehr hin zu kooperativen Systemen eines umfassenden Forschungsmanagements. Dabei sind Aktualität, Transparenz, Einfachheit und breite Partizipation wichtige Kriterien.

Nachfolgend werden beispielhaft für eine mittelgroße FuE-Einrichtung (rd. 100 Wissenschaftler, rd. 1000 Projekte und mehrere Tausend Außenkontakte) die Bereiche Strategieplanung, Mitarbeiter und Außenkontakte (CRM) angesprochen, die einer konsistenten Datenerhebung und -aufbereitung bedürfen.

Für eine professionelle Strategieplanung einer FuE-Einrichtung werden Daten benötigt, um die aktuelle Situation (Daten der Vergangenheit) zu analysieren und Ziele und Maßnahmen für die Zukunft planen zu können. Dazu werden üblicherweise Zeitreihen dargestellt. Folgende Daten (zu Informationen verdichtet) werden benötigt:

- **Projektdaten** (diese werden durch die betriebswirtschaftlichen Datenbanken üblicherweise nur zum Teil erfasst)
  - Inhalt bzw. Titel des FuE-Projekts: Jedes FuE-Projekt hat einen Titel (z. T. in Lang- und Kurzform) sowie eine Projektnummer (für die Buchhaltung). Diese Titel sind allerdings nicht selbsterklärend, d. h. sie lassen keine Aussagen zum FuE-Inhalt zu. FuE-Projekte müssen auch nach ihrem Abschluss inhaltlich charakterisierbar und selektierbar sein, z. B.: Welche Projekte zum Thema „Energiespeicher" hat die FuE-Einrichtung im Zeitraum 2012–2015 bearbeitet (mit kurzem Abstract)? Wichtig ist mithin eine thematische Charakterisierung der Projekte, ggf. durch Verschlagwortung bei der Anlage des Projekts oder eine semantische Suche in den Projektdokumenten (z. B. Abschlussberichte).
  - Ressourcendaten: Der Zeitraum der Projektbearbeitung, die aktiven Projektmitarbeiter (mit Kooperationspartnern) und deren zeitliches Engagement sind rudimentäre Daten, die Aufschluss über das Volumen des Projekts

geben. So kann z. B. die Verteilung der Projektgrößen der FuE-Einrichtung ermittelt werden. Hinsichtlich der Finanzierung wäre zu erfassen, durch welche Quellen zu welchen Anteilen das Projekt finanziert wurde. So kann z. B. ausgewertet werden, zu welchem Anteil öffentlich finanzierte Projekte vollständig oder nur teilweise gefördert wurden.

– Indikatoren
  – Quantitative Indikatoren zur direkten Leistungsmessung sind regelmäßig qualitätsgesichert zu erfassen, z. B. Anzahl der Publikationen, wissenschaftliche Preise.
  – Weitere Indikatoren als Führungsinformationen müssen festgelegt werden, z. B. Umfang der Lehrverpflichtungen der Mitarbeiter, Anteil der kleinen und mittleren Unternehmen an den Wirtschaftserträgen.

Neben den persönlichen Grunddaten geht es bei strategischen Informationssystemen um eine zusätzliche **Charakterisierung der Wissenschaftler** hinsichtlich ihres Wirkens:

– Status: In den üblichen Personalakten werden mit dem Arbeitsvertrag und der entsprechenden tarifliche Eingruppierung auch der Status des Mitarbeiters (z. B. „Wissenschaftlicher Mitarbeiter") dokumentiert. Diese Klassifizierung ist allerdings nicht immer geeignet zur Beschreibung der realen Tätigkeit des Mitarbeitenden. So sind z. B. Doktoranden, Praktikanten, Gastwissenschaftler, Bachelor- und Masterstudenten selten durch ihre formale Vertragsart identifizierbar.
– Qualifikationen: In den Personalakten sind zwar die Teilnahmen an formalen Schulungen oder Qualifizierungsmaßnahmen dokumentiert, diese spiegeln aber nicht das reale Kompetenzprofil des Mitarbeitenden wider. Eine Datenbank „Wer kann bei uns was?" hilft zur schnellen Identifizierung von internen Experten. Das Erstellen und Aktualisieren einer solchen Datenbank ist allerdings eine besondere Herausforderung und muss mit Experten entwickelt werden.

Neben Projekten und Mitarbeitern ist auch ein Überblick über die **externen Kontakte** essenziell. Wenn diese Daten persönlich „bewertet" werden (z. B. „X ist kritisch gegenüber dem Thema y eingestellt"), unterliegt die Erstellung und Nutzung besonderen datenschutzrechtlichen Rahmenbedingungen, die zu beachten sind.

– Kunden (Customer Relationship Management CRM): Kundenansprachen und Kundenbindungen nehmen für anwendungsorientierte FuE-Einrichtungen einen immer höheren Stellenwert ein. Daher sollten die Daten aller Kunden sowie die jeweiligen Kontakte und abgewickelten Transaktionen in einem System erfasst werden. Diese Daten müssen kontextbezogen aufbereitet in der gesamten FuE-Einrichtung (bzw. vertraulich auch in der FuE-Organisation) zur Verfügung stehen. Dazu gehören die in der Vergangenheit mit einem Unternehmen durchgeführten Projekte (inkl. der Projektdaten, s. o.) als auch die aktuell geführten Gespräche und Verbleibe (sowohl lose Messe-Kontakte als auch konkrete Verhandlungen).

Ebenso sollte auch das Unternehmen hinsichtlich Größe und Branche charakterisiert werden, ggf. mit weiteren Merkmalen, anhand derer die Kundenstruktur ausgewertet werden kann (z. B. FuE-Intensität des Unternehmens). Die regionale Verteilung kann anhand der Adressen vorgenommen werden.

– Experten: Kontakte zu wissenschaftlichen Experten sollten in einer Datenbank zusammengeführt werden, um diese für alle Mitarbeiter der FuE-Einrichtung nutzbar zu machen. Dabei muss natürlich das „Key-Account" Prinzip gewahrt bleiben, d. h. die Kontaktaufnahme eines externen Experten durch Mitarbeiter sollte nur erfolgen, wenn die direkte Kontaktperson in der FuE-Einrichtung dieser zustimmt bzw. sie einleitet.

– Politische Akteure: Hier gilt ähnliches wie bei „Kunden"; bisherige Kontakte und insbesondere die diskutierten Themen sowie der Verbleib dazu sind eine wichtige Quelle für die strategische Planung im forschungspolitischen Bereich.

Ohne Daten zum eigenen Status ist man „blind" beim Führen der FuE-Einrichtung. Die aktuelle Situation sollte durch aussagekräftige Informationen beschrieben werden. Die Auswahl der Daten sowie ihre Sammlung, Dokumentation und Aufbereitung als auch die Qualitätssicherung dieser Prozesse ist strategisch in der FuE-Einrichtung festzulegen (sowie auch die dafür verantwortlichen Mitarbeiter). Oftmals kommt dabei allen Wissenschaftlern eine aktive Mitwirkung zu, da sie ihre Daten aktuell in die Systeme einpflegen müssen (z. B. beim Einreichen einer Veröffentlichung, nach dem Treffen mit einem Kunden oder beim Einstellen eines Bachelor-Absolventen), denn nur wenn ein Informationssystem aktuell ist und von allen Akteuren gepflegt und wertgeschätzt wird, hat es seinen Namen verdient; sonst ist es nurmehr ein „Datenfriedhof".

6 Nutzung und Transfer von FuE-Ergebnissen

6.1 Innovationsmanagement

Zu diesem Thema gibt es sehr umfangreiche Literatur. Nachfolgend soll nur insoweit darauf eingegangen werden wie auch üblicherweise ein Innovationsmanagement bei anwendungsorientierten FuE-Organisationen oder Hochschulen umgesetzt wird und damit einen essenziellen Bestandteil des Forschungsmanagements darstellt.

Der Begriff der „Innovation" bzw. das Adjektiv „innovativ" ist heutzutage – ähnlich wie die Begriffe „Nachhaltigkeit" oder „nachhaltig" – zu einem inflationären Schlagwort geworden, das in vielen öffentlichen Reden oder Werbetexten mehrfach in unterschiedlichen Kontexten gebraucht wird. Mittlerweile wird fast alles, was neu ist, mit innovativ bezeichnet. Im Folgenden werden mit Innovationen neue Produkte, Dienstleistungen oder Verfahren bezeichnet, die ausgehend von einer **Idee** weiter entwickelt (**Invention**) und im Markt erfolgreich umgesetzt wurden (**Innovation**). Daher muss ein erfolgreiches Innovationsmanagement nicht nur ein effizientes Ideenmanagement beinhalten, sondern es erstreckt sich über den gesamten Produktentstehungsprozess, von der Auswahl einer guten Idee über ihre konsequente und gezielte Weiterentwicklung bis zur Einführung im Markt. Innovationen sind also Ergebnisse von klar strukturierten Prozessen und nicht (nur) von genialen Erfindungen. Man unterscheidet folgende Arten der Innovationen:

– Produktinnovation: verbessertes oder neues Produkt des Unternehmens im Markt; häufigste Innovationsart in Unternehmen (z. B. Smartphone und die jeweils neuen Versionen)
– Prozessinnovation: Änderungen oder Neugestaltungen der im Unternehmen für die Produktion erforderlichen materiellen und informellen Prozesse (z. B. Computer Aided Design, Generative Fertigung)
– Organisatorische Innovationen: Neugestaltung bzw. Verbesserung der Ablauf- und Aufbauorganisation in einem Unternehmen (z. B. Just in Time Konzepte)
– Soziale Innovationen: Veränderungen im „Humanbereich" eines Unternehmens (z. B. Work-Life-Balance Konzepte, Telearbeit) oder in der Gesellschaft; letztere sind oftmals die Folge von technischen Innovationen (z. B. Car-Sharing), stellen aber kein eigenes ökonomisches Geschäftsmodell dar

Es gibt vielfältige Wege, die zu Innovationen führen und nicht jede Innovation ist gleichermaßen komplex oder neuartig; viele sogenannte inkrementelle Innovationen sind (nur) Verbesserungen an bereits etablierten Produkten und sind Folge einer permanenten technischen Weiterentwicklung. Je radikaler und technisch komplexer eine Innovation ausfallen soll, desto wichtiger ist der Einsatz von Kreativität bei der Ideengenerierung und Interdisziplinarität bei der FuE-Entwicklung.

DOI 10.1515/9783110517828-006

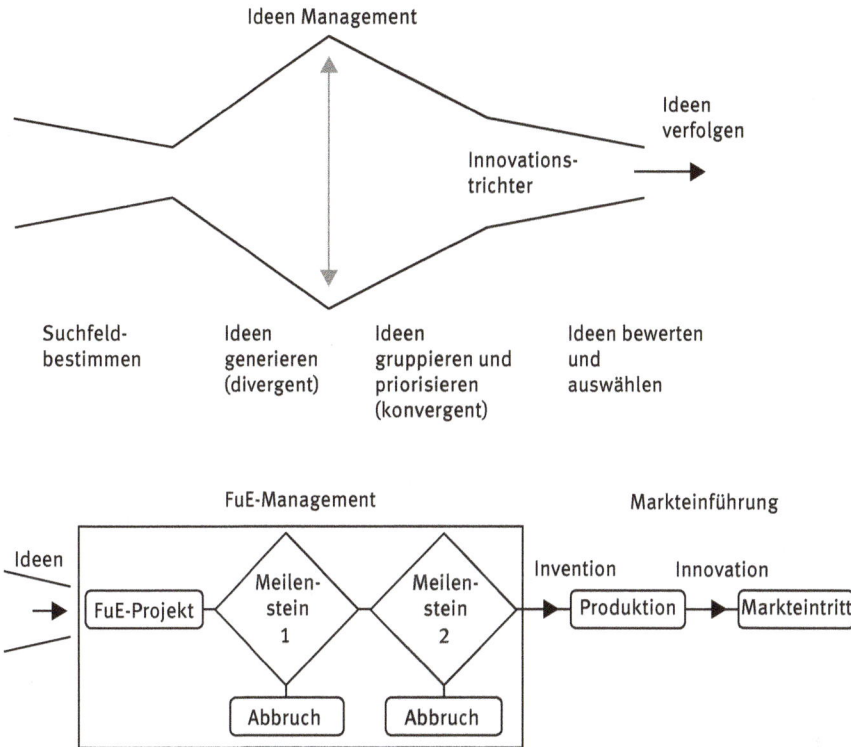

Abb. 6.1: **Innovationsmanagement:** Das Innovationsmanagement besteht aus drei Stufen, dem Ideen-management (oben), dem FuE-Management und der Produktion mit der Markteinführung (unten). Die Generierung von „geeigneten" Ideen ist ein wichtiger Startprozess des Innovationsmanagements: Aus einer Vielzahl von Ideen werden sukzessive diejenigen mit dem höchsten Erfolgspotenzial ausge-wählt (Ideentrichter) und zur Exploration in den FuE-Prozess überführt. Das FuE-Projektmanagement ist insbesondere auf die Meilenstein-Audits auszurichten („Stage-Gate Prozess")[40], weil konsequent nicht Erfolg versprechende Projekte abgebrochen werden. Für die „Produktion" erfolgreich entwickel-ter Ideen gibt es oftmals auch noch einen FuE-Bedarf, ansonsten findet dieser Prozessschritt und die Markteinführung üblicherweise nicht mehr in FuE-Organisationen statt (eigene Darstellung).

Das Innovationsmanagement ist dem FuE-Projektmanagement (vgl. Kap. 5.1) über-lagert. Deshalb ist für anwendungsorientierte FuE-Einrichtungen zunächst die Ori-entierung am übergreifenden Prozess des Innovationsmanagements sinnvoll; das FuE-Projektmanagement stellt dann einen Teil davon dar. Die drei Phasen der Ideen-generierung, des FuE-Projektmanagements und der Marktüberführung werden im Folgenden kurz erläutert (s. Abb. 6.1).

---

40 Der Stage-Gate[R]-Prozess: Standardisiertes Modell zur Sicherung der Qualität bei Innovationsent-wicklungen. Dazu wird das Entwicklungsvorhaben in mehrere einzelne Abschnitte und Tore (Gates) unterteilt. Durch diese Kontrollpunkte wird die Aufmerksamkeit gezielt auf die einzelnen Prozess-schritte und deren Qualität gelenkt.

6.1.1 Ideenfindung und Exploration

Eine Idee entsteht manchmal in Form eines Geistesblitzes; für einen solchen Fall sollten FuE-Einrichtungen für ihre Mitarbeiter die Gelegenheit bieten, ihre Gedanken zu dokumentieren und weiter zu verfolgen bzw. sie intern zu diskutieren. Forschung braucht einen kreativen Freiraum (insbesondere in Form von verfügbarer Zeit), um in strukturierten Prozessen Ideen zu generieren und sich darüber auszutauschen. Zunehmend schaffen sowohl FuE-Organisationen interne Maßnahmen als auch FuE-Förderorganisationen durch eigene offene FuE-Programme die Voraussetzungen, dass Wissenschaftler mit neuen kreativen Ideen die Möglichkeit zu deren Weiterentwicklung haben und somit ihr Innovationspotenzial nützen können.

Beispiele von Programmen für neue Ideen

Das Programm „Freigeist-Fellow" der VW-Stiftung fördert junge Forscher, die neue Wege gehen und Freiräume nutzen wollen. Sie werden ermuntert, „gegen den Strom zu schwimmen". Der Umgang mit dem Unerwarteten und auch unvorhergesehene Schwierigkeiten sollen als besondere Herausforderungen verstanden werden. Ein Freigeist-Fellow erschließt somit neue Horizonte durch außergewöhnliche Perspektiven und Lösungsansätze. Die Förderung ist offen für alle Themen und Fächer. (Volkswagenstiftung, 2016)

Im Discover-Programm der Fraunhofer-Gesellschaft werden unkonventionelle, originelle, kreative und mit hohem wissenschaftlichem Risiko behaftete Ideen gefördert. Dabei soll innerhalb dieser Programmförderung zunächst die prinzipielle Machbarkeit der Ideen untersucht und damit das Risiko für einen weiteren Einsatz von Ressourcen abgeschätzt werden.

Ideen können systematisch in moderierten Prozessen generiert werden, um fokussiert Innovationen von Produkten oder Verfahren zu erzeugen (s. Tab. 6.1). Dazu werden u. a. auch Kreativtechniken [41] eingesetzt.

---

[41] Kreativitätstechniken: (Spielerische) Techniken für eine Gruppe, um eingefahrene Denkstrukturen zu verlassen:
- Technik der freien Assoziation: Es werden keine Denkrichtungen vorgegeben, z. B. „Brainstorming" (Alles nennen, was einem ad hoc in den Sinn kommt).
- Technik der Assoziation: Denken in verschiedenen Richtungen, z. B. „6 Denkhüte" (Unterschiedliche Aspekte zu einem Problem: objektiv und neutral, subjektiv und persönlich, kritisch und zweifelnd, positiv und optimistisch, neue Alternativen und Aspekte, Verbindung zwischen allen Denkrichtungen).
- Konfigurationstechniken: Mögliche Lösungselemente werden neu kombiniert, z. B. „Morphologische Matrix" (In einer Tabelle werden die Merkmale eines Produkts (Form; Material etc.) gelistet und die jeweiligen Ausprägungen daneben geschrieben (rund, eckig etc.; Holz, Eisen etc.). Danach werden neue Ausprägungskombinationen zusammengestellt und bewertet.)
- Konfrontationstechniken: Gegenteilige Gegenstände, Vorgänge oder provokante Aussagen sind Auslöser für neue Ideen, z. B. „Kopfstand" (Eine Frage wird umgekehrt (z. B.: Wie schaffen wir es, dass möglichst wenig Besucher unseren Messestand besuchen?); es werden Lösungen für diese Frage gesucht und diese Lösungen dann wiederum auf den Kopf gestellt).

Tab. 6.1: Konzept des Ideenmanagements: Das konvergente und divergente Denken spielt für kreative Prozesse eine große Rolle. Beide Denkprozesse sind komplementär und ergänzen sich (Ausweiten des Suchraums und wieder Zusammenführen von Themen), können aber nicht gleichzeitig ausgeführt werden, sondern müssen abwechselnd erfolgen. Nach dem ursprünglichen Festlegen des zu diskutierenden Themas findet ein offenes, divergentes Denken statt, bevor in einer konvergenten Phase wieder fokussiert wird, um die Anzahl möglicher Ideen zu reduzieren.

Verhalten	Konvergentes Denken	Divergentes Denken
Vorgehensweise	Analytisch, logisch-rational	Intuitiv, spielerisch-assoziativ
Denkrichtung	gleichgerichtet, zeitorientiert	verschiedene Richtungen, räumlich-visuell orientiert
Widersprüche	keine: alles machbar, realistisch	viele: teilweise irrational
Lösungsverfahren	straff und regelorientiert, Schritt um Schritt	emotionsorientiert, phantasievoll
Ergebnis	eine realistische Lösung	viele verschiedene Ideen

Die Ideenfindung muss nicht unbedingt innerhalb eines Workshop-Formats stattfinden, sondern kann auch über Ideen-Portale getriggert werden. Mitarbeiter stellen Ideen ein und diese werden entweder in einem gemeinsamen Diskurs weiter entwickelt und geschärft oder sie können auch bewertet werden; dabei können als Anreiz auch spielerische Elemente eingeführt werden (z. B. durch Spielgeld, das jeder Mitarbeiter wie in einer virtuellen Börse auf ein Thema setzen kann).

Ein neuer kreativer Ansatz ist der des **Design Thinking**. Diese Methode beruht auf der Annahme, dass das zu lösende Problem zunächst intensiv verstanden werden muss bevor dann Lösungen erdacht und entwickelt werden. Menschen unterschiedlicher Disziplin und Kultur arbeiten in einem kreativitätsfördernden Raum zusammen, um zunächst die Bedürfnisse der späteren Nutzer kennen zu lernen und zu verstehen. Teilweise sind die Herausforderungen des Kunden unbekannt und müssen durch unterschiedliche Methoden aufgespürt und artikuliert werden. Die dann entwickelten Konzepte werden iterativ verfeinert.

6.1.2 Weiterentwicklung der Ideen

Ideen mit positiv bewertetem Innovationspotenzial werden in einer nächsten Stufe – dem FuE-Management – weiter entwickelt. Diese Entwicklung dauert je nach Reife der Idee unterschiedlich lang (vgl. Kap. 1.3.3). Bei einer unkonventionellen neuen Idee muss ggf. erst ihre prinzipielle physikalische Machbarkeit festgestellt werden (Proof of Concept, TRL 2) und bei einer neuen Anwendungsidee muss deren technische Umsetzung erprobt werden (Pilotanlagen, Prototypen, TRL 6). In jedem Fall ist der Markt hinsichtlich des aktuellen Angebots und der Nachfrage solide zu recherchieren. Unvermeidlich beim Innovationsmanagement ist, dass die Anzahl der verfolgten Ideen im Lauf des Prozesses auf einige wenige Favoriten reduziert wird. Insofern ist der Abbruch von einigen FuE-Projekten nach dem ersten Meilenstein eher der Normalfall und hat keine Ursache in einem schlechten Projektmanagement. Hier unterscheidet sich der Innovationsprozess von dem üblicher FuE-Projekte: Ein „übliches" FuE-Projekt basiert auf dem Stand des Wissens und dem Stand der Technik und wird prinzipiell so konzipiert, dass am Ende das gewünschte Ergebnis erreicht wird; dabei ist ein Projektabbruch anlässlich einer Meilensteinevaluation eher die Ausnahme. Beim sogenannten Stage-Gate Prozess des Innovationsmanagements ist das anders: Von vornherein werden mehr Ideen in den FuE-Prozess überführt als am Ende weiter verfolgt werden können; teilweise stehen diese Ideen im direkten Wettbewerb zueinander. Deshalb ist ein „Aussortieren" von verfolgten Ideen nach einer vereinbarten Phase ein Standardprozess innerhalb des Innovationsmanagements. Wichtig ist dabei, dass ein solches Vorgehen auch souverän gestaltet wird und den Projektleitern der gestoppten Projekte nicht der Malus des Scheiterns anhaftet (vgl. Kap. 5.4.2, Evaluierung eines FuE-Projekts).

6.1.3 Produktion und Verwertung

Die weiter entwickelten Ideen, die alle Zwischenevaluierungen erfolgreich überstanden haben und zu (Pilot-)Produkten geworden sind, stellen somit die nächsten „Innovationskandidaten" dar und gehen in die Phase der Produktion und Verwertung; der Innovationsprozess endet mit der Markteinführung. Diese Tätigkeiten liegen üblicherweise nicht mehr im Geschäftsbereich von öffentlich geförderten FuE-Einrichtungen, sondern werden vornehmlich Unternehmen überlassen; spätestens zu diesem Zeitpunkt sollte i. d. R. eine entsprechende Kooperation zur Überführung des Knowhows angestrebt werden. In Ausnahmen kommt es vor, dass eine FuE-Einrichtung spezifische Produkte, die sie selbst entwickelt hat, in kleinen Stückzahlen selbst produziert und verkauft (wenn sich hierfür ggf. kein geeignetes Unternehmen findet). Dies können z. B. sehr spezielle Messinstrumente sein oder auch Softwarelizenzen. Für Produzenten ergeben sich allerdings nachfolgende Verpflichtungen im Sinne von Garantien oder Produkthaftungen. Deshalb sollte die Option einer eigenen Produktion und des Vertriebs hinsichtlich der damit einhergehenden Konsequenzen gut geprüft werden (u. a. der Einklang mit den Bestimmungen der Zuwendungsgeber). Eine weitere Möglichkeit ist die der Ausgründung (vgl. Kap. 6.3.4).

6.1.4 Open Innovation

Ein Begriff, der im Zusammenhang mit dem Innovationsmanagement oftmals fällt, ist der der „Open Innovation". Dieses Prinzip wird vornehmlich von Unternehmen eingesetzt, ist aber auch für FuE-Einrichtungen relevant. Es geht dabei um den offenen Austausch von Ideen mit Externen als Teil des Ideenmanagements. Dabei wird der Prozess des Austausches von Ideen über die Unternehmens- (Organisations-) Grenzen hinaus geöffnet. Es werden also nicht nur innerhalb der eigenen Organisation neue Ideen generiert, sondern über Plattformen liefern Stakeholder (z. B. Lieferanten oder Kunden) Ideen und Anregungen oder Patente werden von außen aktiv in das Unternehmen hineingenommen; ebenso wird internes Wissen externalisiert (s. Abb. 6.2). Gerade die Befruchtung durch externe Ideen, u. a. von Kunden oder im Falle von FuE-Einrichtungen auch von „genialen Erfindern" sollte als Quelle zur Inspiration ernst genommen werden. Um derartige Impulse und Ideen einbinden zu können, müssen passfähige Schnittstellen zu diesen Ideengebern aufgebaut werden und entsprechende Verantwortliche müssen sicherstellen, dass die eingehenden Impulse solide bewertet werden (um z. B. geniale Ideen von einem Perpetuum mobile[42] zu unterscheiden) und dann ggf. in eigene Innovationsprojekte überführt werden. Um diese verschiedenen internen und externen Impulse erfolgreich zu kombinieren, bedarf es besonderer Kompetenzen in den FuE-Einrichtungen (u. a. ein Betätigungsfeld von Forschungsmanagern).

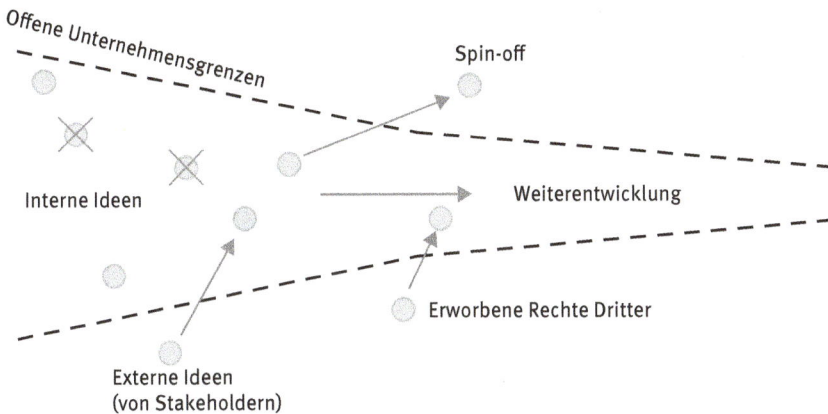

Abb. 6.2: Open-Innovation: Im Ideentrichter werden neben der Verfolgung interner Ideen auch externe aufgenommen. Ebenso werden interne Ideen auch außerhalb des Unternehmens, u. a. als Spin-off, weiter entwickelt (eigene Darstellung).

---

42 Perpetuum mobile: Hypothetisches Gerät, das sich ohne Energiezufuhr in Bewegung hält. Dieses widerspricht Naturgesetzten (Energieerhaltungssatz) und deshalb haben derartige Erfindungen einen Denkfehler.

6.1.5 Wagniskapital

Der komplette Prozess des Innovationsmanagements wird in FuE-Einrichtungen selten durchgeführt, weil es nicht zu deren Mission gehört, selbst Produkte zu produzieren und im Markt zu vertreiben. Allerdings entwickeln FuE-Einrichtungen im Sinne eines Technology Push Ansatzes durchaus neue Technologien und Systeme mit hohem Innovationspotenzial bis zu einem Technology Readiness Level von 6–7 (vgl. Kap. 1.2.1); mit diesem Reifegrad kann allerdings noch nicht unbedingt an ein Unternehmen „angekoppelt" werden. Bei risikoreichen Anwendungen lassen sich Unternehmen meistens erst durch eine funktionierende Pilotanlage bzw. durch die Demonstration einer kommerziellen Produktion zu einer Kooperation und damit einer Finanzierung überzeugen. Dafür gibt es einen markanten Begriff in der Start-up-Szene, der auch für das Innovationsmanagement im Zusammenhang mit der Auftragsforschung anwendbar ist: das „Valley of Death". Damit ist ein schmaler Bereich des Innovationsprozesses gemeint, der weder durch die öffentliche Hand (weil bereits zu wettbewerbsrelevant) noch durch private Unternehmen (weil noch zu risikoreich) finanziert wird. Hier treten dann oftmals Beteiligungsgesellschaften mit Wagniskapital auf (s. Abb. 6.3).

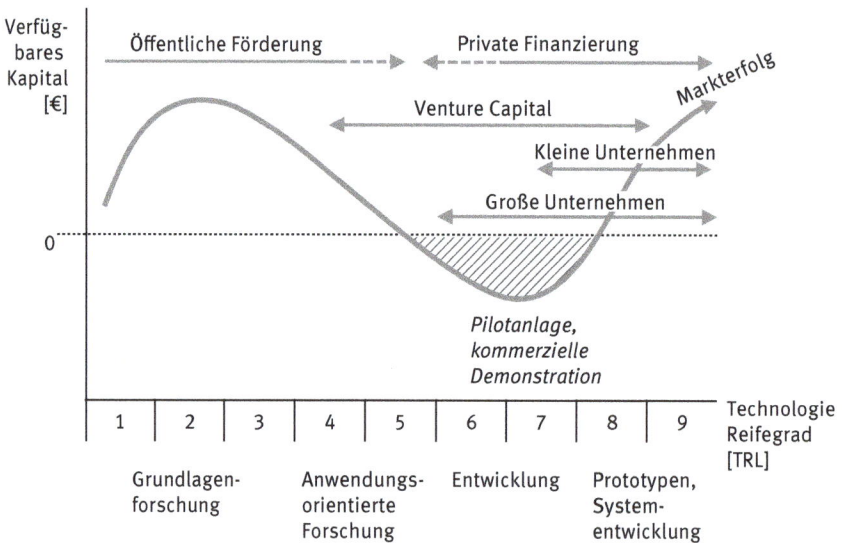

Abb. 6.3: Valley of Death: Es gibt eine Förder- bzw. Finanzierungslücke, die entsteht, wenn die Forschung weitgehend abgeschlossen ist, aber die Produktionsreife noch nicht dargestellt werden kann. Zur Finanzierung solcher Anlagen zur Demonstration der großtechnischen Umsetzbarkeit bedarf es Venture Capital. Gerade Gründer neuer Unternehmen (z. B. Ausgründer aus FuE-Einrichtungen) finden in einer solchen Phase nur schwierig private Investoren, um diese Risikophase zu überwinden (eigene Darstellung).

6.2 Kommunikation der Forschung

6.2.1 Externe Kommunikation

Die Ergebnisse von FuE-Projekten werden üblicherweise publiziert. Nur über Publikationen definiert sich die Reputation eines Wissenschaftlers. Auf eine Veröffentlichung wird lediglich verzichtet, wenn es sich um geheime, wettbewerbsrelevante Ergebnisse handelt, die für ein Unternehmen oder innerhalb eines Unternehmens erarbeitet wurden und weiter für Produkt- oder Verfahrensentwicklungen exklusiv genutzt werden sollen. Dann wird entweder eine spezielle Veröffentlichung, die Patentanmeldung (vgl. Kap. 6.3.3, Patente und Lizenzen), vorgezogen oder die Ergebnisse bleiben geheim.

Im Folgenden werden die relevanten spezifischen Zielgruppen mit ihrem Anspruch an die Wissenschaftskommunikation gelistet:

- Experten: Die häufigste Art der Kommunikation ist die Publikation in wissenschaftlichen Journalen und die Vorträge auf Tagungen und Kongressen. Die Fach-Community tauscht sich dadurch intensiv aus und erkennt neue Ergebnisse an, um darauf wieder mit eigener FuE aufzubauen. Dadurch werden die Bekanntheit und das Renommee der veröffentlichenden Wissenschaftler gesteigert. Durch diese Art der Ergebnisdarstellung entsteht auch ein intensiver, weltweiter Wettbewerb um die früheste Veröffentlichung zu einem Thema.
- Interessierte Laien: Hierzu zählen gebildete Bürger, die die technischen Entwicklungen im privaten oder beruflichen Interesse verfolgen, ohne an ihnen direkt beteiligt zu sein. Relevante Medien sind z. B. die Wissenschaftsmagazine, die Wissenschaftsseiten der Tageszeitungen und auch entsprechende Formate im Fernsehen. Im Zuge der zunehmenden „Bürgerpartizipation" mit möglichen direkten Entscheidungen bei der Entwicklung neuer Technologien oder der transdisziplinären Forschung mit direkter Beteiligung von Interessierten an der Forschung kommt diesen Informationen eine besondere Rolle zu (vgl. Kap. 3.1, Zivilgesellschaft).
- Stakeholder (Politik, künftige Mitarbeiter, künftige Kunden): Die direkten (persönlichen) Stakeholder von FuE-Einrichtungen werden oftmals über eigene Kommunikationsformate (u. a. spezifische Verteiler) informiert. Daneben informiert sich die breite Gruppe der potenziellen Stakeholder über die allgemeinen Medien. Sie sind seitens der FuE-Einrichtung (noch) nicht direkt adressierbar, weil sie bisher nicht persönlich aufgetreten sind, z. B. ein Unternehmer, der von einer neuen Erfindung liest und diese gerne nutzen möchte oder ein Student, der aufgrund der interessanten Forschungsthemen gerne bei der FuE-Einrichtung als Mitarbeiter anfangen möchte. Deshalb muss es auch zielgruppenspezifische Formate geben, um die noch verborgenen Stakeholder zu identifizieren und zu vernetzen, z. B. Parlamentarische Abende, Jobbörsen, Vorträge bei Unternehmensverbänden etc.

– Zivilgesellschaft: Für FuE-Einrichtungen ist es zunehmend wichtig, ihre „Marke"
  zu entwickeln. Während man in der Vergangenheit diese Zielgruppe weniger
  ernst genommen hat, steigt mittlerweile die breite Öffentlichkeit als Stakeholder in der Bedeutung. Eine hohe Transparenz und Darstellung der Tätigkeiten
  der FuE-Einrichtungen sorgen für eine hohe Akzeptanz bei der Bevölkerung; das
  wirkt sich kurz- und langfristig aus, z. B. direkt bei der Akquisition von Nachwuchswissenschaftlern und langfristig bei der Zustimmung zu einer hohen
  öffentlichen Förderung durch die Steuerzahler (s. Abb. 6.4). Als Formate kommen
  hier die Pressemeldungen für Tageszeitungen und Journale sowie eigene öffentliche Veranstaltungen wie „Tage der offenen Tür" oder die „Lange Nacht der Wissenschaft" in Frage.

Es kennen und haben eine gute Meinung von ...

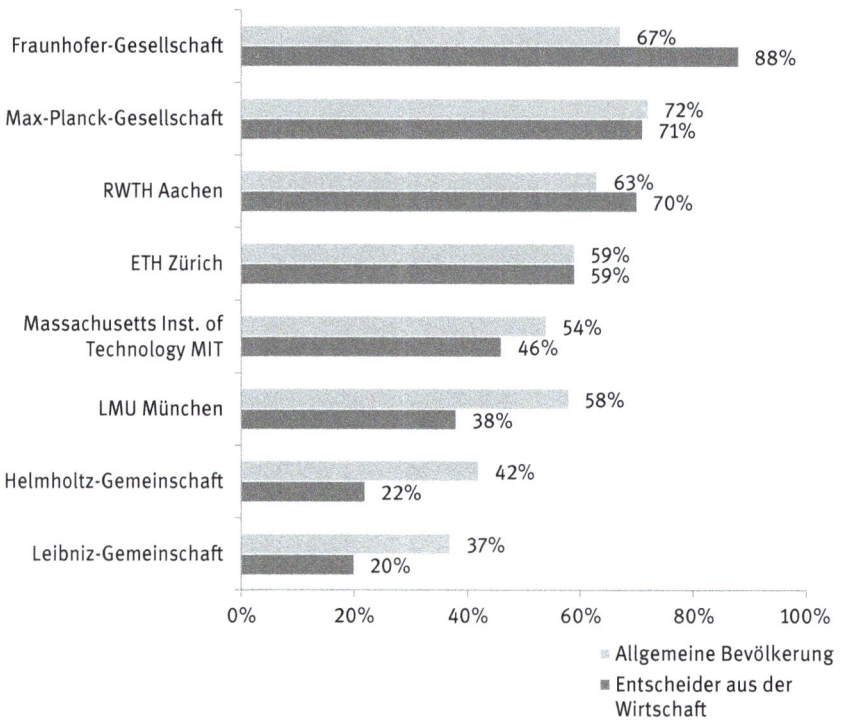

**Abb. 6.4: Umfrage bei der deutschen Bevölkerung und Wirtschaftsvertretern zur Bekanntheit von
FuE-Organisationen:** Zu erkennen ist, dass anwendungsorientierte FuE-Organisationen (FhG, Rhei-
nisch-Westfälische Technische Hochschule Aachen und die Eidgenössische Technische Hochschule
Zürich) in der Wirtschaft eine hohe Bekanntheit haben. In der allgemeinen Bevölkerung sind die
„verfassten" FuE-Organisationen FhG und MPG stärker bekannt als die Trägerorganisationen selbstständiger FuE-Einrichtungen wie HGF und LG (Institut für Demoskopie Allensbach, 2008/2009).

Üblicherweise werden FuE-Ergebnisse in Form von Publikationen in Fachjournalen veröffentlicht. Das Verfahren der Begutachtung durch die Redaktionen ist teilweise lang andauernd (Peer Review)[43] und auch die Verfügbarkeit der Journale (für die Leser) ist aufgrund ihrer hohen Preise eingeschränkt. Deshalb gibt es innerhalb der Wissenschaft ein Trend zum „Open Access",[44] also dem ungehinderten Zugang zu wissenschaftlichen Publikationen im Internet. Man unterscheidet dabei zwischen der Erstveröffentlichung in anerkannten, begutachteten Open-Access-Zeitschriften (Open Access Gold) und der kostenfreien Zweitveröffentlichung parallel oder zeitlich verzögert in einem institutionellen oder fachlichen Repositorium nach erfolgter Erstveröffentlichung mit dem traditionellen Verfahren (Open Access Grün). Zwar wird weiterhin auch noch in gedruckten Journalen veröffentlicht, doch viele Einrichtungen verfolgen mittlerweile eine eigene Open-Access-Strategie und eröffnen ihre Publikationen einer breiteren Leserschaft. Durch Open Access werden FuE-Einrichtungen stärker ihrer Verantwortung gerecht, Wissenschaft als öffentliches Gut darzustellen, den freien Wissenstransfer zu steigern und auch die Reproduzierbarkeit von Ergebnissen aufgrund der Transparenzerhöhung zu erleichtern. Ein über den Open Access hinausgehender Trend ist Open Data, der die freie Zugänglichkeit der wissenschaftlichen Projektdaten in digitaler Form für jedermann beschreibt, so dass die FuE-Projekte unmittelbar nachvollzogen werden können. Hier gibt es allerdings noch hohe Hürden der Akzeptanz und der Standardisierung; ebenso stehen einem vollständigen Open-Data-Ansatz insbesondere bei gesellschaftswissenschaftlicher Forschung (weil dort oftmals größere Personengruppen involviert sind) auch Aspekte des Datenschutzes entgegen.

Neben der Adressierung der unterschiedlichen Zielgruppen stellt sich aus Sicht des Public-Relationship (PR-) Managements die Frage, wer in einer FuE-Einrichtung deren Ergebnisse kommuniziert: Ist es jeweils der einzelne Wissenschaftler für seine Themen oder übernimmt ein Kommunikator in Form eines Pressesprechers diese Rolle?

---

43 Peer Review (Gutachten Gleichrangiger): Verfahren zur Qualitätssicherung vor einer Veröffentlichung von wissenschaftlichen Artikeln in Fachzeitschriften und bei Anträgen zur Förderung von FuE-Projekten. Im akademisch-wissenschaftlichen Bereich begutachten (durch den Verlag oder die Fördereinrichtungen) ausgewählte Experten des jeweiligen Fachgebiets eingereichte Veröffentlichungen oder Projektanträge. Die Experten bleiben üblicherweise anonym.

44 Open Access: Kostenfreier Zugang von wissenschaftlicher Literatur öffentlich im Internet, so dass Interessierte die Volltexte lesen, herunterladen, kopieren, verteilen, drucken, in ihnen suchen, auf sie verweisen und sie auch sonst auf jede denkbare legale Weise benutzen können, ohne finanzielle, gesetzliche oder technische Barrieren jenseits von denen, die mit dem Internet-Zugang selbst verbunden sind. In allen Fragen des Wiederabdrucks und der Verteilung und in allen Fragen des Copyright überhaupt sollte die einzige Einschränkung darin bestehen, den jeweiligen Autoren Kontrolle über ihre Arbeit zu belassen und deren Recht zu sichern, dass ihre Arbeit angemessen anerkannt und zitiert wird (Budapest Open Access Initiative, 2002).

Wissenschaftlern ist die Kommunikation ihrer Projekte und Ergebnisse an „Nicht-Experten" oder gar „Nicht-Wissenschaftler" fremd und wenig geläufig. Forschungskommunikation außerhalb ihrer Scientific Community gehört nicht zum Selbstverständnis von Wissenschaftlern. Sie sehen es oftmals als wenig zielführend an, mit der Öffentlichkeit in einen Dialog zu treten (und dabei die wertvolle Ressource Zeit zu verschwenden). Zwar gibt es auch gegenteilige Trends, wie z. B. die direkte Web-Kommunikation von Wissenschaftlern mit der Öffentlichkeit (z. B. SciLogs),[45] aber diese Ansätze sind noch nicht breit etabliert. Wissenschaftler sind prinzipiell nicht geschult für diese Art der Kommunikation; sie können (oder wollen) sich oftmals nicht auf die jeweilige Zielgruppe einstellen und werden deshalb aufgrund ihres Fachjargons nicht verstanden, was wiederum zu Enttäuschung und einer selbstverstärkenden Ablehnung gegenüber dieser Tätigkeit führt. Deshalb gibt es in einer FuE-Einrichtung oft einen „Vermittler der Forschung", den Pressesprecher. Allerdings kann ein solcher Übersetzer nicht allen Ansprüchen gleichzeitig gerecht werden, da die unterschiedlichen Zielgruppen verschiedene Erwartungen haben: Zunächst geht es vorrangig um die Darstellung der einzelnen FuE-Projekte sowohl hinsichtlich ihrer wissenschaftlichen Leistung als auch ihres Nutzens. Daneben hat ein Pressesprecher auch die „Vermarktung der FuE-Einrichtung" im Blick, d. h. er soll insgesamt ein positives Image der gesamten FuE-Einrichtung erzeugen. Dazu muss er zwangsläufig den wissenschaftlichen Sachverhalt vereinfachen und den Nutzen des Projekts ggf. etwas „überhöhen" (z. B. wird gerne jede (kleinste) Ressourceneinsparung – die seit Jahrzehnten das Optimierungsziel eines jeden produzierenden Unternehmens ist – als großer Schritt zur Vermeidung des Klimawandels dargestellt). Dies birgt Konfliktpotenzial zwischen den (Ab-)Sichten des Pressesprechers und denen des Wissenschaftlers. So beschwert sich letzterer ggf. darüber, dass nur medientaugliche Ergebnisse kommuniziert und auch zu vereinfacht dargestellt werden. Diese Spannung wird verstärkt durch den Umstand, dass die Pressesprecher oftmals mit den Forschenden der FuE-Einrichtung nicht ausreichend vernetzt sind; sie werden teilweise nicht als „einer von ihnen" wahrgenommen (abhängig von der Ausbildung des Pressesprechers) und es besteht die Skepsis, dass diese kompetent die wissenschaftlichen Ergebnisse kommunizieren können. Hier hilft nur ein intensiver Dialog zwischen beiden Seiten, um Kompromisse zu finden und ein Vertrauensverhältnis aufzubauen.

Die externe, öffentliche Kommunikation einer FuE-Organisation muss mittelfristig strategisch geplant werden und darf nicht auf die Verbreitung von (zufällig

---

45 Scilogs: Internetgestützte Plattform des Verlags Spektrum der Wissenschaft zu Themen der Forschung, Anwendung, Politik und Ethik in der Wissenschaft. Die dortigen Blogger sind Forscher, Theoretiker, Praktiker, Journalisten, Studenten und allgemein Interessierte.

auftretenden) Einzelereignissen beschränkt sein; man muss Ereignisse auch schaffen. Ohne eine zielgruppenorientierte Kommunikation mit klaren Prioritätensetzungen verlieren die Botschaften an Qualität und Klarheit. Dabei sollte insbesondere auf die Balance zwischen Forschungskommunikation einerseits und Imagekommunikation andererseits geachtet werden, da im Falle einer Überbetonung der letzteren die Wahrhaftigkeit und Glaubwürdigkeit leiden. Die externe Kommunikation gehört auch in die Hand von Profis, die sich insbesondere im Umgang mit den Medien auskennen; vorbei sind die Zeiten, in denen diese Aufgabe ein Wissenschaftler „mal mitgemacht" hat. Ein Kommunikationskonzept einer FuE-Einrichtung sollte Aussagen zu folgenden Themen enthalten:

- Kommunikation mit der Scientific Community:
  - Planung der wissenschaftlichen Publikationen und Darstellung der bisherigen Publikationen als Leistungsindikator
  - Auswahl der wesentlichen wissenschaftlichen Fachjournale und Planung der Veröffentlichungen
  - Auswahl der wesentlichen Tagungen und Planung der aktiven Beteiligung
  - Festlegung der internen qualitätssichernden Prozesse zur internen Freigabe der Veröffentlichungen
- Kommunikation mit der Öffentlichkeit:
  - Entwicklung und Positionierung einer eigenen „Marke" (Brand)
  - Erläuterung von wissenschaftlichen Themen über breite Medien (Zeitschriftenartikel, Pressemitteilungen, Vorträge, eigene Veranstaltungen)
  - Ausrichtung der Kommunikation auf die Ziele der FuE-Einrichtung:
    - allgemeine Ziele wie Reputation, Legitimation, Akzeptanz der Forschung
    - spezifische Ziele wie Nachwuchsgewinnung
    - Einflussnahme auf konkrete Entscheidungen oder Vorgänge (politische Entscheidungen)
  - Festlegung der Verantwortlichkeiten für die jeweiligen Kommunikationskanäle
  - Auswahl prioritärer Zeitschriften
- Kommunikation mit spezifischen Stakeholdern:
  - Konzeption und Umsetzung individueller Formate für spezifische Stakeholder; z. B. Messeteilnahmen, Tage der offenen Tür, Vorträge bei Verbänden, Parlamentarische Abende

Grundlegend verändert hat sich die Wissenschaftskommunikation durch das Internet und insbesondere durch die Social Media. Informationen zu allen FuE-relevanten Themen – erklärt auf unterschiedlichen intellektuellen Niveaus – sind mittlerweile umfänglich verfügbar, u. a. auf den Wikipedia-Plattformen. Die heutige Technik und Forschung muss nicht mehr durch die ausführenden FuE-Einrichtungen selbst erklärt werden, es sei denn, man zeichnet sich durch besonders verständliche oder interaktive Erklärungen zu den eigenen FuE-Themen aus oder entwirft entsprechende „White Paper" auf seiner Internetseite. Mit den sozialen Medien haben sich Strukturen entwickelt, die einen direkten Dialog zwischen Forschung und Öffentlichkeit zulassen. Auf Online-Plattformen können Ideen, Meinungen, Erfahrungen oder Fragen interaktiv diskutiert werden. Die Ziele der Kommunikation reichen von der Kontaktpflege und das Teilen von Information bis zur Bewertung oder das gemeinsame Durchführen von FuE-Projekten mit Bürgern (Citizen Science) und das Rekrutieren von Wissenschaftlern.

6.2.2 Interne Kommunikation

Neben der externen Kommunikation wird auch die interne Kommunikation üblicherweise von der eigenen PR-Abteilung organisiert, wobei dafür grundsätzlich andere Voraussetzungen und Rahmenbedingungen zu beachten sind. Die interne Kommunikation dient sowohl dem konkreten Austausch zur Steuerung von internen Projekten oder Geschäftsprozessen als auch zur Stiftung der internen Identität und Netzwerkbildung.

Zielgruppenorientiert gibt es dazu unterschiedliche Formate. Allen voran ist die **Intranetseite** von FuE-Einrichtungen zu nennen als die wesentliche Quelle zur internen Information sowohl über allgemeine Ereignisse der FuE-Organisation bzw. -Einrichtung als auch über FuE-Projekte und wissenschaftliche Inhalte. Für vertrauliche oder sehr spezifische Informationen ist das Intranet allerdings nicht geeignet, weil üblicherweise darauf ein sehr großer Kreis von Mitarbeitern zugreifen kann (u. a. auch studentische Hilfskräfte, Praktikanten). Deswegen sollte es für jede FuE-OE ein spezifisches Format (das sich auch nach der Größe der OE richtet) für die interne Kommunikation geben. Je spezifischer die Informationen für die OE aufbereitet werden, desto relevanter sind sie. So kann es bei FuE-Organisationen „Mitarbeiterzeitungen" (gedruckt oder online) in einer größeren Auflage für alle Mitarbeiter geben und für die darunter liegenden FuE-Einrichtungen nochmal eigene Formate. Bei kleinen FuE-OEs findet der gegenseitige Austausch weniger durch formalisierte schriftliche Informationen statt, sondern eher durch spontanen oder organisierten direkten mündlichen Austausch (Raucherecken, Treffpunkte zum Kaffee trinken oder Jour fixe).

Einen Beitrag zu einer starken Vernetzung der Mitarbeiter untereinander und zu einer intensiven Kommunikation können interne Veranstaltungen leisten. Dazu gibt es unterschiedliche **„Feierkulturen"** in FuE-Einrichtungen. Das ungezwungene kollegiale Zusammensein und das „ungerichtete" Austauschen von Informationen (privat oder dienstlich) fördert sowohl den internen Zusammenhalt als auch das gegenseitige Vertrauen und dient auch dem Kennenlernen neuer Mitarbeiter. Das Spektrum solcher Ereignisse beginnt bei noch eher dienstlich orientierten

Treffen wie Abteilungsforen oder Doktorandenkolloquien; auch dort kann es einen ungezwungenen Teil als „Ausklang" des Tages oder der Veranstaltung geben. Darüber hinaus sollten bestimmte Ereignisse, die spezifisch und „bemerkenswert" (im wahrsten Sinne des Wortes) für eine FuE-Einrichtung sind, gebührend miteinander „erlebt" werden. Dabei muss nicht immer die komplette FuE-Einrichtung zusammen kommen (ggf. einzelne OEs oder Projektteams) und die Anlässe müssen nicht jeder Geburtstag eines jeden Mitarbeiters sein, aber eine Promotion, eine Habilitation, die Auszeichnung eines Wissenschaftlers, die Akquisition bzw. der Abschluss eines großen Projekts, das Ausscheiden eines langjährigen Mitarbeitenden oder andere Anlässe sollten eine „soziale" Zusammenkunft der Mitarbeiter wert sein. Dabei geht es nicht um „rauschende Feste", sondern um ein ungezwungenes Beisammensein und einen spontanen Austausch. Die Kosten für die Zusammenkünfte können auch umgelegt werden, wenn es hierfür keine rechtlichen Möglichkeiten der Finanzierung durch den Arbeitgeber gibt (was im öffentlichen Bereich durchaus der Fall sein kann). Derartige Zusammenkünfte sind aus folgenden Gründen sinnvoll:

– Die Wertschätzung für den Anlass (Beispiele s. o.) und für den betroffenen Mitarbeiter durch die anwesenden Kollegen (die sich mitfreuen) und auch durch den Vorgesetzten (falls er einlädt oder anwesend ist) wird deutlich.
– Der interne Informationsaustausch zu aktuellen Themen und Projekten wird gesteigert und fördert die Effizienz.
– Die Zufriedenheit und Identität der Mitarbeitenden mit der FuE-Einrichtung steigt, wenn derartige Zusammenkünfte zur internen Kultur gehören.

Diese Gründe überwiegen in der Regel die „verlorene Arbeitszeit" (wie es manche empfinden), wobei die Mitarbeiter üblicherweise auch bereit sind, außerhalb der Arbeitszeit an solchen Treffen teilzunehmen. Eine ausgewogene „Feierkultur" an einer FuE-Einrichtung zeigt, dass man dort nicht nur als Mitarbeiter „funktioniert", sondern auch als Mensch lebt. Eine daraus folgende emotional positive Besetzung bei den Mitarbeitern ist auch eine gute Voraussetzung, dass ausscheidende Mitarbeiter gerne als Alumni an die FuE-Einrichtung zurückkommen. FuE-Organisationen mit dezentral verteilten FuE-Einrichtungen sollten Formate und Plattformen entwickeln, damit sich die (interdisziplinären) Wissenschaftler untereinander auch durch solch „ungerichtete" Treffen vernetzen können.

6.3 Transfer von Forschung in die Wirtschaft

FuE-Ergebnisse sollen bekannt werden und sie sollen nutzen. Dies kann durch direkte Anwendung und Überführung in Innovationen geschehen oder durch die Übertragung von Wissen an andere Akteure.

Öffentlich finanzierte FuE-Einrichtungen setzen ihre Ergebnisse üblicherweise nicht direkt um, sondern transferieren sie u. a. zu Unternehmen. Zur Verbreitung dieses Prozesses stand in den 90er Jahren der „Technologietransfer" ganz oben auf der forschungspolitischen Agenda. Damit wurden Modelle beschrieben, FuE-Ergebnisse von Hochschulen oder außeruniversitären FuE-Einrichtungen an Unternehmen zu überführen. Ein wesentliches Instrument dazu waren sogenannte Technologietransferstellen, die entweder als eigenständige Einrichtungen gegründet oder als eine OE in den FuE-Einrichtungen (insbesondere in den Hochschulen) aufgebaut wurden. Die Sinnhaftigkeit und der Erfolg solcher Stellen war je nach Vorgehensmodell unterschiedlich zu beurteilen: Wenn diese Stelle die FuE-OEs oder einzelne Wissenschaftler in FuE-Einrichtungen dabei unterstützte, deren Forschung anwendungsorientierter auszurichten und anschließend die Schnittstelle mit Akteuren aus der Wirtschaft mit gestaltete, so war dies ein sinnvoller Ansatz. Wurde ihre Tätigkeit allerdings darauf reduziert, Ergebnisse der FuE-OEs irgendwie „an den Mann zu bringen", so ist der Ansatz kritisch zu beurteilen (s. Abb. 6.5). Denn für anwendungsorientierte FuE-Einrichtungen (dazu gehören mittlerweile auch eine Reihe von Hochschulen) mit der strategischen Zielsetzung, ihre FuE-Ergebnisse direkt umzusetzen oder anzuwenden, bedarf es einer darauf ausgelegten spezifischen Strategie und Portfolioplanung. Das Modell einer Technologie-Transfer-Agentur, die als Agent zwischen einem FuE-Anbieter und den Unternehmen nur ein fertiges Ergebnis bzw. Produkt vermittelt, ist hierfür wenig geeignet. Denn Ergebnisse ohne Marktrelevanz sind auch durch gute Agenturen mit einem guten „Vertriebler" nicht zu verkaufen; denn dieser übernimmt ein bestehendes Produkt ohne sich um die Entwicklung gekümmert zu haben. Davon unterscheidet sich der Marketingexperte, der den Bedarf des späteren Anwenders vorab identifiziert und diese Kenntnis bereits bei der Entwicklung des FuE-Projekts einbringt, so dass dessen Zielsetzung konsequent auf die Bedürfnisse potenzieller Kunden abgestimmt werden kann. Dabei muss nicht schon vorab ein einzelner Kunde namentlich adressiert werden, vielmehr soll ein Geschäftsfeld mit einer Vielzahl von Unternehmen als potenzielle Kunden anvisiert werden. FuE-Einrichtungen mit Anwendungsbezug orientieren sich deshalb am Innovationsmanagement (vgl. Kap. 6.1) mit einer frühzeitigen Orientierung am Bedarf.

FuE-Einrichtungen mit einer eher grundlagenorientierten Mission richten ihre Projekte nach anderen Zielsetzungen als der der Verwertung aus; aber auch dort entstehen – teilweise ohne Absicht – zuweilen verwertungsrelevante Ergebnisse. Um diese umzusetzen, müssen die Forscher bei der Verwertung intensiv unterstützt werden (z. B. durch Forschungsmanager).

Bei FuE-Einrichtungen mit starkem Anwendungsbezug muss sich der Wissenschaftler – egal welchen Transferweg er für seine Ergebnisse wählt – mit folgenden zusätzlichen Analysen und Rahmenbedingungen außerhalb seines wissenschaftlichen Wirkens beschäftigen und entsprechende Kenntnisse und Kompetenzen aufbauen:

- Kenntnisse des heutigen und zukünftigen Bedarfs der Gesellschaft und der Wirtschaft (Technology Push und Market Pull)[46]
- Konzeptionelle Ausrichtung der FuE-Projekte auf wettbewerbsfähige neue Lösungen
- Grundkenntnisse in den Bereichen Ökonomie und Betriebswirtschaft (u. a. um die Wettbewerbsfähigkeit und den „Nutzenwert" der eigenen Ergebnisse beurteilen zu können)

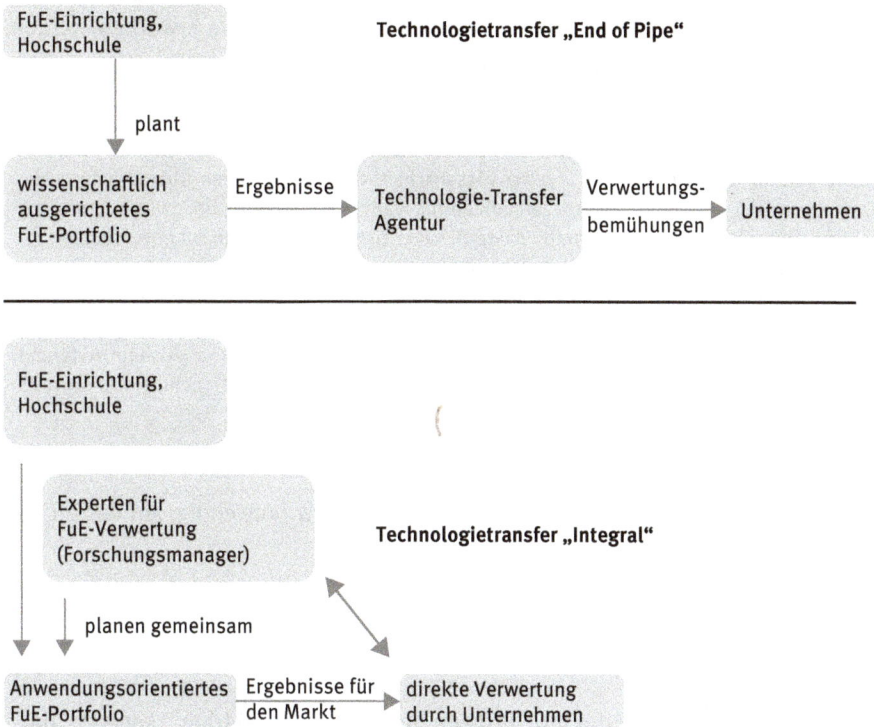

Abb. 6.5: **Weiterentwicklung des Technologietransfers:** Oben: In den 90er-Jahren wurden Technologie-Transfer-Agenturen gegründet, um die FuE-Ergebnisse öffentlicher FuE-Einrichtungen und insbesondere von Hochschulen besser zu vermarkten. Dabei wurde allerdings bei der FuE-Planung auf die Verwertbarkeit der Ergebnisse noch wenig Rücksicht genommen – man verließ sich weitgehend auf die nachgelagerte Agentur, dass diese entsprechende Interessenten findet („End of Pipe"). Unten: Mittlerweile findet bereits bei der FuE-Planung die Integration von Marktwissen statt, so dass das FuE-Ergebnis direkt auf eine Nachfrage stößt und durch die FuE-Einrichtung vermarktet werden kann („Integral") (eigene Darstellung).

---

46 Technology Push: Treiber einer Innovation ist eine grundsätzlich neue Technologie bzw. eine neue Kombination von bestehenden Technologien. Diese neuen Technologien können sowohl in einer FuE-Organisation oder in FuE-Abteilungen von Unternehmen angestoßen werden. Dadurch werden neue Märkte und Nachfragen geschaffen. Market Pull: Produkt- und Prozessinnovationen haben ihren Ursprung in einem artikulierten unbefriedigten Kundenbedürfnis (Marktnachfrage) und dadurch werden FuE-Aktivitäten ausgelöst.

-   Kenntnisse zum Schutz von FuE-Ergebnissen (Vertraulichkeit, Patente)
-   Aufbau eines Netzwerks zu Unternehmen, um einen Marktzugang (als Anbieter) zu bekommen und eigene Ergebnisse in die Wirtschaft zu überführen (Marketing, Verwertung)

Ein solch breites Kompetenz-Portfolio außerhalb der wissenschaftlichen Basisqualifikation ist unüblich für einen Wissenschaftler. In anwendungsorientierten FuE-Organisationen müssen diese Kompetenzen deshalb sukzessive erworben werden, insbesondere durch Learning by Doing.

Joseph von Fraunhofer: Wissenschaftler, Erfinder und Unternehmer
Ein Vorbild für die Symbiose von exakter wissenschaftlicher Arbeit, deren Überführung in die Anwendung und dem erfolgreichen Vermarkten innovativer Produkte ist der 1787 in Straubing geborene Joseph von Fraunhofer. Autodidaktisch hat er sich die Grundlagen der Physik und insbesondere die optischen Gesetze beigebracht und auf dem Gebiet intensiv geforscht (u. a. die sog. Fraunhofer-Linien im Sonnenspektrum entdeckt), seine Erkenntnisse direkt in die Entwicklung von Schleifmaschinen und die Erfindung neuer Glassorten für optische Gläser überführt und gleichzeitig war er auch Teilhaber eines Optischen Instituts, das Fernrohre fertigte und verkaufte. Aufgrund dieser dreidimensionalen Denkweise als Wissenschaftler, Erfinder und Unternehmer ist er Vorbild und Namensgeber der heutigen Fraunhofer-Gesellschaft.

Für alle Transferpfade ist ein jeweiliges Markt-Knowhow notwendig, auf das im Folgenden kurz eingegangen wird.

6.3.1 „Markt" und Marketing

Anwendungsorientierte FuE-Einrichtungen müssen ihre „Märkte" kennen, dazu gehören die potenziellen Nachfrager ihrer FuE-Leistungen und auch die möglichen Wettbewerber, die diese Leistungen ebenfalls anbieten (könnten). Diese Kenntnisse können Wissenschaftler nur begrenzt erlangen, denn die „Marktforschung" ist ein eigenes Betätigungsfeld von Beratungsunternehmen mit ausgebildeten Markt- und Sozialforschern, die im Auftrag Dritter permanent Marktstudien erstellen. Diese Studien sind dann zum Teil auch (gegen Gebühr) für einen breiteren Interessentenkreis verfügbar.

Bei Marktrecherchen zu möglichen neuen Technologieanwendungen gibt es zunächst viele offene Fragen: Soll man sie bereits am Anfang oder erst Ende des FuE-Projekts durchführen? Wie lange sind sie aktuell? Wie kann man nach etwas recherchieren, was ggf. noch gar nicht entwickelt ist?

Methodisch basiert eine solche Recherche – wenn sie von FuE-Einrichtungen durchgeführt wird – meist auf Desk Research, also der Beschaffung und Interpretation von Datenmaterial aus dem Internet. Daneben wird allerdings auch oft noch der

Markt direkt kontaktiert, weniger durch eine empirisch gesicherte Befragung einer repräsentativen Grundgesamtheit von Unternehmen oder Kunden, sondern vielmehr durch einzelne Kontakte mit relevanten Unternehmen. Denn die Wissenschaftler sind bereits durch ihre Nähe und viele frühere Kontakte zu Unternehmen mit den Marktakteuren breit vernetzt und durch gezielte Interviews oder auch Gespräche am Rande von Konferenzen, Projektmeetings oder gemeinsamer Gremienarbeit kann es zu einem Austausch über zukünftige Märkte und FuE-Trends kommen. Diese teilweise unstrukturierten und dezentralen Informationen gilt es, in der FuE-Einrichtung zusammen zu fügen und auszuwerten (vgl. Kap. 5.6, Informationssysteme).

Eine „Marktrecherche" einer FuE-Einrichtung zu einem spezifischen Produkt oder zu einer Technologie sollte folgende Fragen adressieren:

- Wie ist der „Markt" strukturiert? Beschreibung der Marktsegmente, Akteure auf Angebots- und Nachfrageseite, globale Verteilung, heutige und zukünftige Volumina
- Wie leicht ist der Zugang zum Markt (für einen Neuling)? Wie gut ist die eigene FuE-Einrichtung bereits mit den Marktakteuren vernetzt? Gibt es Monopolisten oder sonstige Vetospieler?
- Welche Technologien und Kompetenzen werden benötigt?
- Wer sind die dominanten Produzenten? Wo wird produziert?
- Wer sind die dominanten FuE-Anbieter (Wettbewerber)? Wird die FuE weitgehend von den (produzierenden) Unternehmen abgedeckt oder haben diese bereits Kooperationen mit externen FuE-Einrichtungen?
- Wie groß sind die Umsätze für die Produkte?
- Welche FuE- Aufwendungen sind notwendig, um bestimmte Meilensteine zu erreichen?
- Gibt es öffentliche Förderprogramme für die relevanten Technologien?
- Wie ist die Patentsituation (eigene und externe)?
- Welche allgemeinen FuE-Trends sind im Zusammenhang mit dem spezifischen Markt zu erwarten?
- Welche Rahmenbedingungen (Gesetze o. ä.) sind zu beachten?

Neben der Kenntnis des Marktes ist es notwendig, die „Schnittstelle" zwischen der FuE-Einrichtung und dem Markt auszubilden; im Allgemeinen werden diese Prozesse unter dem Begriff „Marketing" zusammengefasst. Marketing ist mithin nicht (nur) der Vertrieb, sondern vielmehr eine marktorientierte Führung der Gesamtorganisation: Marketing ist alles, was dazu führt, Kunden zu gewinnen und zu halten. Die Ziele des Marketings einer FuE-Einrichtung sind die Kundenorientierung (durch die Portfolioplanung) und die Kundenzufriedenheit (durch die Projektdurchführung), die sich in letzter Konsequenz durch den Umfang der Auftragsforschung ausdrücken. Zum Marketing gehören auf zentraler Ebene einer FuE-Organisation die Imagepflege und die Steigerung der Bekanntheit der gesamten FuE-Organisation (vgl. Kap. 6.2.1, Externe Kommunikation). Auf der Ebene der FuE-OEs geht es v. a. um konkrete

Kundenansprachen zur Akquisition von Auftragsforschungsprojekten. Vorausgesetzt wird dabei, dass die angebotenen FuE-Ergebnisse und Kompetenzen durch eine geeignete Portfoliogestaltung und Projektdurchführung auch prinzipiell marktfähig, d. h. relevant für Nachfrager sind (denn durch professionelle Kommunikation kann man zwar gute FuE-Kompetenzen entsprechend vermitteln, aber man kann kaum mittelmäßige besser machen). Die gesamte Palette der Kommunikation mit den Marktteilnehmern reicht mithin von einer unspezifischen Kommunikation (z. B. Pressemitteilungen) über Erst- und Folgekontakte bis zu konkreten Verhandlungen mit entsprechenden Projektabschlüssen. Übliche Marketinginstrumente sind interne und externe Events (u. a. Messen), schriftliche Materialien wie Broschüren, Flyer, eine stets aktualisierte und ansprechende Webseite und intensive Pressekontakte.

In einer dezentralen FuE-Organisation mit mehreren FuE-Einrichtungen können die Schnittstellen zu Unternehmen unterschiedlich organisiert sein. Möglich ist die direkte bilaterale Wechselwirkung einzelner FuE-Einrichtungen mit Unternehmen (dezentrale Akquisition) (s. Abb. 6.6). Bei diesem Vorgehen können allerdings keine Synergien entstehen, d. h. den Unternehmen können keine interdisziplinären Systementwicklungen seitens der FuE-Organisation angeboten werden; ebenso ist es für die Unternehmen oftmals mühsam, innerhalb einer großen FuE-Organisation die geeigneten FuE-Partner zu identifizieren. Findet innerhalb der FuE-Organisation eine interne Koordinierung zu einem Geschäftsfeld statt (dafür müsste eine Abstimmungsplattform mit einer koordinierenden Stelle eingerichtet werden), so kann den Unternehmen ein harmonisiertes Kompetenzprofil angeboten werden (Geschäftsfeldmarketing); damit können auch Cross-Selling Effekte erzeugt werden, d. h. der Verkauf von sich ergänzenden Dienstleistungen. Dieser Effekt tritt noch stärker ein, wenn es für einen Premium- oder Schlüsselkunden einen Key-Account Manager[47] innerhalb der FuE-Organisation gibt.

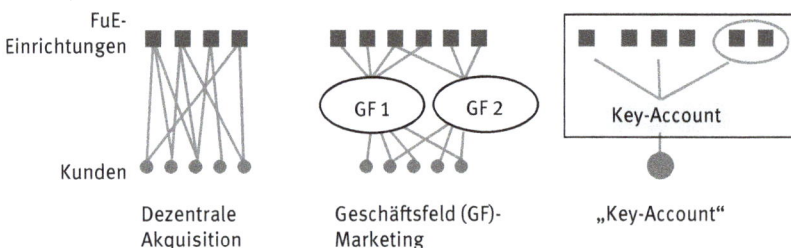

Abb. 6.6: **Modelle zur Akquisition von Auftragsforschung** (GF: Geschäftsfelder) (eigene Darstellung).

---

47 Key-Account-Manager: Ansprechpartner für bedeutende „Schlüsselkunden". Er bildet für die gesamte FuE-Organisation die Schnittstelle zu wichtigen Kunden und sorgt für eine klare Zuständigkeit sowie die interne Koordination der Kontakte und Projekte. Er muss über sehr gute Kenntnisse des FuE-Portfolios verfügen und den Kunden entsprechend beraten.

Zu klären ist in den FuE-Einrichtungen, wer diese Kommunikationsfunktionen „zum Markt" übernimmt (diese Frage ist ähnlich wie bei der Kommunikationsfunktion gegenüber der Öffentlichkeit, s. o.): Ist es die PR-Abteilung für die gesamte FuE-Einrichtung oder wird jemand in der FuE-Abteilung damit beauftragt? Wird zwischen Marketing und PR unterschieden?

Bei der Kommunikation der eigenen FuE-Kompetenzen besteht die Schwierigkeit darin, dass das anzubietende „Produkt" – nämlich das Ergebnis eines ggf. zukünftigen FuE-Projekts – nicht konkret darstellbar ist, weil jedes FuE-Ergebnis letztendlich ein Unikat ist. Dies erschwert das Marketing von Produkten einer FuE-Einrichtung gegenüber dem Marketing standardisierter, gut beschreibbarer Produkte oder Dienstleistungen von Unternehmen. Um dem Außenraum zu kommunizieren, für welche Kompetenzen eine FuE-Einrichtung steht und für welche FuE-Aufträge sie in Frage kommt, müssen entweder ihre Kernkompetenzen anschaulich beschrieben oder Referenzprojekte dargestellt werden. In jedem Fall muss der Kunde eine gewisse „Transferleistung" vollbringen, um die passende FuE-Einrichtung für seine spezifische Problemlösung zu identifizieren. Die Ansprache muss deshalb verständlich sein, damit potenzielle Kunden hinsichtlich ihrer Bedarfe angesprochen werden; nicht immer muss dabei die wissenschaftliche Exzellenz der Forschung im Mittelpunkt stehen. Da man zunächst versucht, ein möglichst breites Netzwerk von potenziellen Interessenten passend anzusprechen (z. B. auf Messen), muss die Sprache zunächst einfach aber seriös gehalten werden – um nicht zu werblich zu wirken. Für diese Kommunikation mit dem Außenraum müssen die Wissenschaftler geschult werden; trotzdem passiert es z. B. auf Messeständen von FuE-Einrichtungen immer wieder, dass diese von einem sehr leger gekleideten Wissenschaftler besetzt sind, der vor einem unleserlichen Poster (mit zu viel Text und zu kleiner Schrift) in der Ecke sitzt und äußerst beschäftigt mit seinem Laptop wirkt; das ist kein Zugehen auf Kunden.

Der direkte Transfer von Knowhow und FuE-Kompetenz einer FuE-Einrichtung in die Wirtschaft kann über fünf Pfade geschehen (s. Abb. 6.7):

1. Auftragsforschung für Unternehmen
2. Lizenzierung von Rechten an Erfindungen (Patente)
3. Ausgründungen von Unternehmen (Spin-off)
4. „Transfer durch Köpfe"
5. Berufsbegleitende Ausbildung

6.3.2 Auftragsforschung

Die unmittelbarste Form des Transfers von Knowhow und Kompetenzen aus FuE-Einrichtungen in die Wirtschaft ist die Auftragsforschung: Dabei beauftragt ein Unternehmen als Kunde eine FuE-Einrichtung direkt mit einer FuE-Dienstleistung unter der Erwartung eines spezifischen Ergebnisses. Diese Projekte müssen besondere

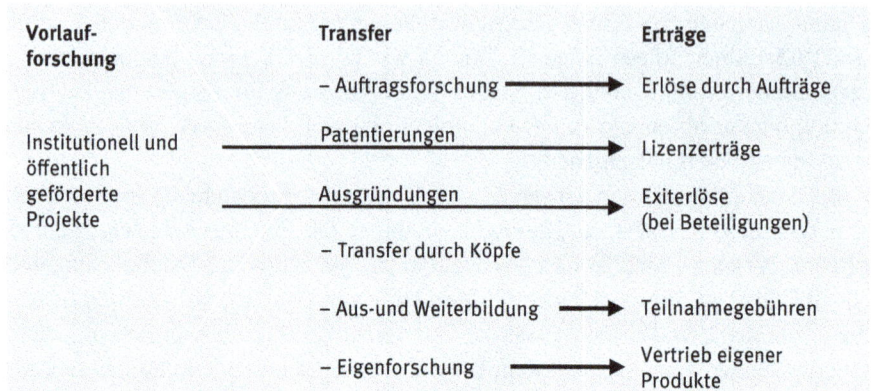

Abb. 6.7: Transferwege und die entsprechenden Erträge einer FuE-Organisation: Aus der Vorlaufforschung werden durch verschiedene Transfer-Operationen unterschiedliche Nutzen gestiftet und
Erträge generiert. Während bei der Auftragsforschung je nach Transferaufwand Erlöse anfallen,
müssen bei Exiterlösen und Lizenzerträgen – neben dem Verwaltungsaufwand – kein weiterer FuE-
Aufwand generiert werden, da die Ergebnisse bereits durch öffentlich geförderte Projekte erzeugt
wurden. Bei den Weiterbildungsveranstaltungen werden entsprechende Teilnahmegebühren generiert. Möglich ist auch die direkte Produktion in kleinen Stückzahlen, aus deren Verkauf direkt Erlöse
generiert werden (eigene Darstellung).

Anforderungen hinsichtlich der Preiskalkulation, Termintreue und des Leistungs-
versprechens erfüllen, die in einem Vertrag verbindlich geregelt sind. Insbesondere
das Leistungsversprechen ist seitens der FuE-Einrichtung angesichts des Risikos bei
FuE-Projekten ein kritischer Punkt, denn es ist naturgemäß vorab schwer zu spezifizieren und noch schwerer zu versprechen. Es wurde bereits darauf hingewiesen,
dass Forschung risikoreich ist und die Ergebnisse nicht präzise vorher bestimmbar
sind. Deshalb ist bei der Beschreibung der vereinbarten Leistung besondere Vorsicht
geboten, diese zu präzise zu versprechen. Allerdings reicht es einem Auftraggeber
verständlicherweise auch nicht, ihm lediglich zu versprechen, sich innerhalb eines
Zeitraums redlich um gute Resultate zu bemühen. Oftmals werden deshalb Meilensteine innerhalb eines Projekts vereinbart, so dass nach jeweils kleinen Projektfort-
schritten anhand von Zwischenresultaten das weitere Vorgehen gemeinsam diskutiert
wird. Auch Projektabbrüche sind möglich und diese Option ist oftmals vertraglich
vereinbart. Somit haben die Qualitätssicherung und die Kommunikation mit den Auftraggebern bei Auftragsforschungsprojekten höchste Priorität.

Besonderheiten beim Management von Auftragsprojekten:
- intensive Vorgespräche mit den Kunden über die Zielsetzung und den Umfang
  des Projekts; Aufbau eines Vertrauensverhältnisses (weil später im Projekt nicht
  jedes Detail vertraglich geregelt werden kann und man ein solides Grundvertrauen in den Partner haben muss; das gilt für beide Vertragspartner)
- präzise Kostenkalkulation (u. a. Vollkostenrechnung oder nachvollziehbares
  Pricing, s. u.)

- vertragliche Regelung der Rechte am Ergebnis (vgl. Kap. 6.3.3)
- vertragliche Festlegung der zu erbringenden Dienstleistungen bzw. der erwarteten Ergebnisse
- Festlegung der Kommunikation und der Berichtspflichten
- Erklärungen zur Vertraulichkeit

Eine besondere Kompetenz innerhalb des Bereichs des Marketings ist das „**Pricing**", also die Preisgestaltung für die FuE-Projekte bei einer Beauftragung durch Dritte. Bei öffentlich geförderten Projekten gelten feste Erstattungssätze und notwendig ist ein genauer Nachweis der geleisteten Stunden, um den Verbrauch der Mittel zu dokumentieren. Freier in der Kalkulation ist eine FuE-Einrichtung hingegen bei den von ihr angebotenen FuE-Dienstleistungen für Externe. Im Gegensatz zu öffentlich geförderten Projekten – bei denen genauso lange geforscht wird, bis die geplante Projektlaufzeit vorüber ist und die Mittel verbraucht sind – wird bei der Auftragsforschung nicht der Verbrauch der Mittel, sondern das Erreichen eines Ziels versprochen. Deshalb muss der Preis nicht mehr genau dem Äquivalent von eingesetztem Aufwand entsprechen („Vollkostenerstattung"). Je nach der Art des Kunden, dem „Wert" der Kompetenz (die innerhalb der Vorlaufforschung gewonnen wurde) und dem Aufwand des Transfers können verschiedene Preismodelle gewählt werden. Wichtig dabei ist, dass diese Modelle aktiv gestaltet sind und sich der Preis nicht nur zufällig „ergibt" (aus Mangel an Wissen hinsichtlich der möglichen Wertschöpfung). Um einen Überblick über die Pricing-Modelle zu bekommen muss zunächst das Zusammenwirken von öffentlicher Vorlaufforschung und Auftragsforschung erläutert werden (vgl. Kap. 4.3.2, Abb. 4.10) Durch die öffentlich finanzierte Vorlaufforschung (institutionelle oder Projekt-Förderung) entwickelt eine FuE-Einrichtung ihre Kompetenzen und baut einen hohen Wissens- und Erfahrungspool auf, ebenso verfügt sie über eine gute investive Ausstattung. Mit diesem Alleinstellungsmerkmal steht sie quasi im „Stand-by" für den Transfer und die Überführung ihres Wissens und Knowhows in spezifische Anwendungen für Unternehmen. Brillante FuE-Ideen und hohe wissenschaftliche Exzellenz sind somit eher in der Vorlaufforschung anzutreffen, denn beim Transfer geht es vornehmlich um das effektive und effiziente Umsetzen und Erreichen eines spezifischen Ergebnisses. Die Aufwände für die Vorlaufforschung, die der Auftraggeber auch nutzt, werden üblicherweise nicht in die Preise des Transferprojekts eingerechnet; sie sind bereits durch öffentliche Mittel finanziert und müssen nicht mehr erlöst werden. Hierzu gibt es oftmals ein Missverständnis bei Unternehmen, wenn diese davon ausgehen, dass sie bei öffentlich finanzierten FuE-Einrichtungen auch noch vergünstigte Preise für die Transferleistung bekommen: Denn eine Vergünstigung bekommen sie in der Tat, da sie den Aufbau des Wissens nicht mehr anteilig rückwirkend bezahlen müssen, sondern nur noch die Transferleistung für die spezifische Anwendung – diese allerdings üblicherweise mindestens zu Vollkosten (s. Abb. 6.8).

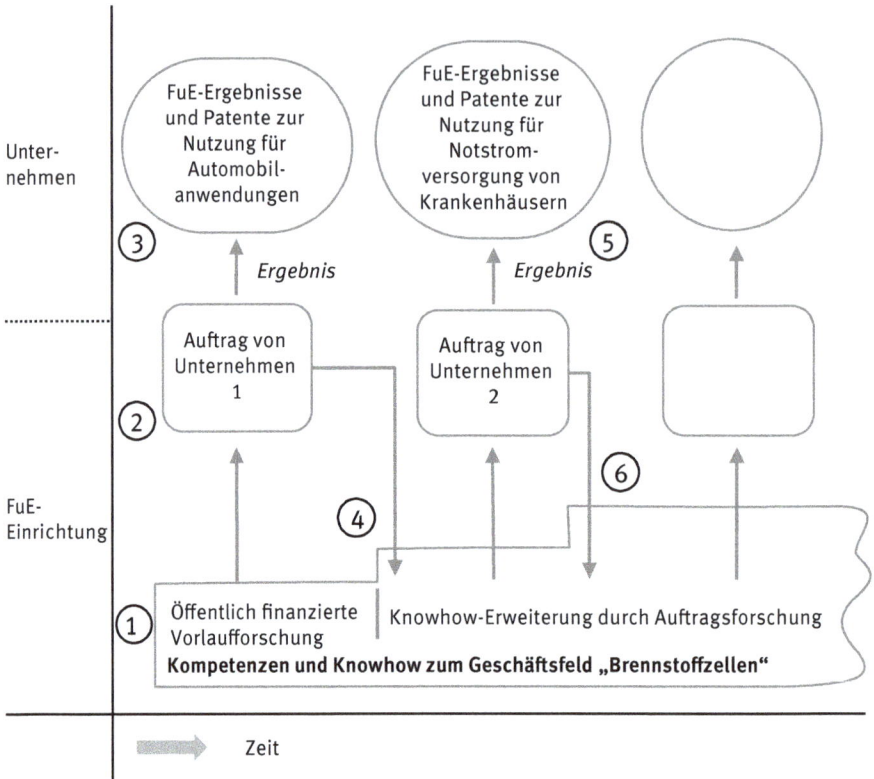

Abb. 6.8: Zusammenhang zwischen öffentlich finanzierter Vorlaufforschung und Auftragsfor-schung: Auf der Basis einer breiten Kompetenzbasis durch öffentlich finanzierte Vorlaufforschung (z. B. auf dem Gebiet der Brennstoffzellen) (1) wird eine FuE-Einrichtung von einem Unternehmen (z. B. aus der Automobilbranche) mit einem Projekt zur Brennstoffzellenentwicklung beauftragt (2). Es zahlt für diesen Auftrag und erhält entsprechende nicht-exklusive Rechte zur Nutzung des Ergeb-nisses für den konkreten Anwendungsfall (Brennstoffzelle im Automobil) (3). Der nicht-vertrauliche Wissenszuwachs durch dieses Projekt steigert wiederum die Knowhow-Basis der FuE-Einrichtung für künftige Projekte (4) und macht sie attraktiver am Vertragsforschungsmarkt. Nun wird ein zweiter Auftrag für ein Unternehmen ausgeführt, der einen anderen Geschäftsbereich bedient (z. B. Not-stromversorgung von Krankenhäusern); auch dieses Unternehmen erhält das spezifische Ergebnis und ggf. auch die nicht-exklusiven Nutzung der Ergebnisse für den konkreten Anwendungsfall (5). Wiederum wird die Knowhow Basis der FuE-Einrichtung erweitert, so dass aufgrund der hohen Expertise in folgenden Projekten ggf. schon Preise oberhalb der Vollkostenerstattung erlöst werden können (6) (eigene Darstellung).

Die verschiedenen Möglichkeiten der Preisgestaltung für beauftragte FuE-Projekte sind im Folgenden erläutert (mit „Aufwand" ist nachfolgend nur derjenige zusätzli-che FuE-Aufwand bemessen, um die erreichten Ergebnisse der Vorlaufforschung in die spezifische Anwendungen zu überführen; der Aufwand für die Vorlaufforschung ist nicht inkludiert) (s. Abb. 6.9):

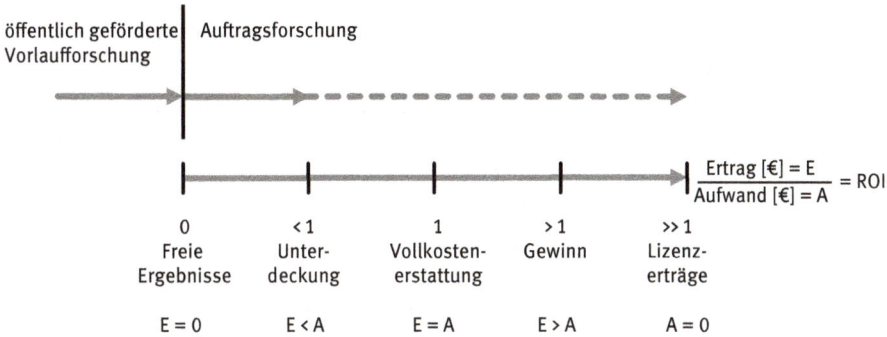

Abb. 6.9: **Return on Invest (ROI) von Auftragsforschungsprojekten:** Eine FuE-Einrichtung muss je nach ihrem Alleinstellungsmerkmal und Kompetenz-Portfolio, der Art des Transfers und dem jeweiligen Kunden einen geeigneten Preis für ihre FuE-Dienstleistungen wählen. Das Spektrum reicht von einer kostenlosen Überlassung (Return on Invest = 0) über die übliche Vollkostenkalkulation (ROI = 1) bis hin zu Lizenzerträgen, die keinen zusätzlichen Aufwand mehr bedürfen (ROI >> 1) (eigene Darstellung).

– Freie Nutzung der Ergebnisse (Erträge = 0; Aufwand ~ 0): Die FuE-Einrichtung überlässt ihre FuE-Ergebnisse aus der Vorlaufforschung entweder spezifischen Unternehmen (z. B. einer Branche) kostenfrei zur eigenen Verwendung oder sie macht sie einer breiteren Öffentlichkeit zugänglich (z. B. Open Source Software). Es wird dabei kein weiterer Aufwand in eine spezifische Umsetzung gesteckt. Dieses Vorgehen findet vornehmlich bei grundlagenorientierten FuE-Einrichtungen statt.

– Kooperation mit Unternehmen ohne Erlöse (Erträge = 0; Aufwand > 0): Die FuE-Einrichtung kooperiert mit einem Unternehmen, wobei jeder Partner seine eigenen Aufwendungen bezahlt, das Ergebnis allerdings dem Unternehmen (ggf. auch exklusiv) zur Verfügung gestellt wird. Hierbei handelt es sich prinzipiell um eine versteckte Subvention für das Unternehmen. Gründe für dieses Vorgehen sind ggf. eine besondere strategische Bedeutung des FuE-Projekts oder des Unternehmens als Kooperationspartner für die FuE-Einrichtung. Kritisch wäre ein solches Vorgehen, wenn die FuE-Einrichtung mit solchen Kooperationen nur ihre Anwendungsorientierung im Außenraum demonstrieren möchte und keine weiteren eigenen strategischen Vorteile hat.

– Unterdeckung von Auftragsforschungsprojekten (Erträge < Aufwand): Die FuE-Einrichtung kann das in einem Auftragsprojekt spezifizierte Leistungsversprechen nicht innerhalb des kalkulierten Kostenrahmens erbringen und muss den Zusatzaufwand durch Eigenmittel decken. Dies kann der Fall sein bei einer Unterschätzung des Aufwands aber auch bei einer einkalkulierten eigenen Kostenbeteiligung, um für strategisch wichtige Partner einen niedrigeren Preis anbieten zu können und/oder um in einem dicht besetzten Markt wettbewerbsfähig zu sein.

- Vollkostenerstattung (Erträge = Aufwand): Der für den Transfer benötigte Aufwand wird exakt vergütet. Diese Kalkulation ist die am häufigsten angewandte. Damit wird der Aufwand der FuE-Einrichtung voll finanziert, aber der Preis entspricht nicht unbedingt dem „Wert" des Ergebnisses und dessen Nutzen für den Auftraggeber – meist liegt letzterer darüber (s. u.).
- Gewinn bei der Auftragsforschung (Erträge > Aufwand): Eine FuE-Einrichtung hat durch ihre Vorlaufforschung ein attraktives Kompetenz- und Patentprofil mit einem starken Alleinstellungsmerkmal aufgebaut. Für weiterführende FuE-Aufträge zur Umsetzung im Markt können höhere Preise erzielen werden als nur dem zusätzlichen Transferaufwand entsprechend. Somit wird ein Gewinn erzielt, der wieder für weitere Vorlaufforschung eingesetzt werden kann. Gegenüber Unternehmen ist keine Aufwandsbilanz nachzuweisen. Der maximal mögliche Preis entspricht dem minimal erwarteten Nutzen für den Auftraggeber, was voraussetzt, dass die FuE-Einrichtung diesen einschätzen kann.
- Lizenzen für Verkauf von Nutzungsrechten (Erträge > 0; Aufwand ~ 0): Wenn geschützte FuE-Ergebnisse aus der Vorlaufforschung einer FuE-Einrichtung für Unternehmen attraktiv sind, erwerben diese die Nutzungsrechte und zahlen dafür entsprechende Lizenzgebühren (vgl. Kap. 6.3.3). Die FuE-Einrichtung hat somit keine weiteren FuE-Aufwände für den Transfer außer der Befassung durch die Juristen hinsichtlich der Patenterhaltung, Patentverteidigung und Lizenzvertragsverhandlungen.

FuE-Organisationen sollten die Höhe ihrer Auftragsforschung bzw. der privaten Drittmittel in der Balance halten zum Umfang ihrer Vorlaufforschung, weil sie ansonsten intellektuell „ausbluten" könnten. Im Folgenden werden drei verschiedene Aspekte dargestellt, die begründen, warum der Anteil der Auftragsforschung für FuE-Einrichtungen nicht maximiert, sondern limitiert werden sollte.

Der Charakter einer FuE-Einrichtung wird durch eine Verschiebung des Anteils der Auftragsforschung signifikant verändert (vgl. Kap. 4.3.2, Abb. 4.9). Und wie oben beschrieben ist die wissenschaftliche Tiefe im Bereich der Auftragsforschung sehr unterschiedlich, weil es vorrangig um den Transfer von Erkenntnissen geht, die durch die Vorlaufforschung gewonnen wurden: So gehören dazu sowohl anspruchsvolle Entwicklungen neuer Verfahren oder Produkte und auch die anspruchsvolle Umsetzung eigener FuE-Kompetenzen in komplexe Anwendungen, aber dazu können auch eher standardisierte Dienstleistungen wie Messen, Prüfen, Zertifizieren oder Beraten gehören. Bei letztgenannten Aufträgen kann nicht mehr von FuE oder von einer Umsetzung von Ergebnissen in die Anwendung gesprochen werden, denn eine FuE-Leistung liegt nur vor, wenn für dessen Durchführung ein Maß an FuE-Kompetenzen und Knowhow benötigt wird, das vornehmlich durch die öffentlich geförderte Vorlaufforschung erlangt wurde und über den Stand der Technik hinausgeht. Ist das nicht der Fall, dann könnten diese Leistungen auch von privatwirtschaftlichen „Ingenieur-Büros" erledigt werden, die nur auf den allgemeinen Stand der Technik zurückgreifen;

somit stände die öffentlich finanzierte FuE-Organisation im Wettbewerb zu ausschließlich privat finanzierten Anbietern und es könnte dadurch ggf. der Verlust der Gemeinnützigkeit[48] drohen. Deshalb sollte der Anteil der Wirtschaftsaufträge für derartige Dienstleistungen über ein marginales Maß nicht hinausgehen. Gleichwohl können in den FuE-Einrichtungen auch zusätzliche Nutzeneffekte entstehen: So können dabei z. B. Forscher durch die beauftragten Analysen inspiriert werden, sich mit den Ursachen für die Messwerte zu beschäftigen (z. B. bei verunreinigten Wasserproben den Grund der Verschmutzung zu erforschen) oder es könnten auch Ideen für eine Optimierung der Messmethode entstehen. Durch diese Kontakte entstehen also ggf. neue FuE-Ansätze, so dass diese auch zu größeren Kooperationen führen können. Deshalb sollten derartige Dienstleistungen nicht vollkommen abgelehnt werden.

Ein Heranziehen des Leistungsindikators „Erträge aus der Wirtschaft" ist für eine FuE-Organisation auch insofern kritisch, als dieser Indikator durch die FuE-Einrichtungen manipuliert werden kann, indem aufwändige Infrastrukturen (die zuvor öffentlich finanziert wurden) in Form von teuren Maschinenstundensätzen abgerechnet werden oder auch hohe durchlaufende Mittel in Form von Sachkosten (z. B. Materialien) die Auftragssummen steigen lassen, ohne dass jeweils zusätzlich FuE-Leistungen eingebracht wurden.

Und noch ein drittes Argument spricht dafür, die Höhe der Wirtschaftserträge nicht als ein direktes Maß für den Erfolg des Transfers zu setzen, weil nämlich der volkswirtschaftliche Nutzen damit nicht direkt dargestellt wird, sondern üblicherweise weit darüber liegt (und selten darunter). Dies soll kurz begründet werden: Legt man das oben skizzierte Modell zu Grunde, dass der Transfer in die Unternehmen auf der Basis eines hohen Wissens- und Knowhow-Stands der FuE-Einrichtung erfolgt, so wird durch die alleinige Betrachtung des Transferaufwands noch keine Aussage über den unmittelbaren Nutzen für das Unternehmen gemacht. Vielmehr ist zunächst nur davon auszugehen, dass der Nutzen auf jeden Fall mindestens dem Aufwand entspricht, also dem Preis des FuE-Projekts, sonst würde das Unternehmen den Auftrag nicht erteilen. Über den tatsächlichen Nutzen kann nur das Unternehmen Auskunft geben bzw. müssten die Effekte des FuE-Ergebnisses mittelfristig mikroökonomisch auf der Ebene des Unternehmens verfolgt werden. Dieser „Nutzenwert" ist bei der Auftragsvergabe natürlich spekulativ, wobei die Unternehmen üblicherweise über derartige Kalkulation verfügen. Bis zu diesem Grenznutzen könnte der Preis gestaltet werden (wenn die FuE-Einrichtung ihn kennen würde). Wenn also eine FuE-Einrichtung über lange Zeit intensiv zu einem FuE-Thema Vorlaufforschung betrieben hat, ist sie ggf. in der Lage, spezifische Anpassungen für Unternehmen durch einen relativ kleinen (Transfer-)Auftrag zu lösen. Hierdurch kann trotzdem ein großer Nutzeneffekt für das Unternehmen

---

48 Gemeinnützigkeit: Status im Steuerrecht. Vereine werden von der Steuerpflicht befreit, wenn ihre Tätigkeit darauf gerichtet ist, die Allgemeinheit auf materiellem, geistigem oder sittlichem Gebiet zu fördern; dazu gehört u. a. die Förderung von Wissenschaft und Forschung.

generiert werden, weil bereits im Vorfeld umfangreiche öffentliche Förderung investiert wurde. Erhält hingegen eine FuE-Einrichtung einen Auftrag zu einem Thema, für
das sie nur geringe Kompetenzen aufgrund geringer eigener Vorlaufforschung entwickelt hat, muss dieser Auftrag dann einen größeren Umfang haben, um zunächst feh-
lendes Knowhow aufzubauen (s. Abb. 6.10). An diesen Beispielen wird deutlich, dass
die isolierte Betrachtung des Transferaufwands in Form von Wirtschaftserträgen nur
unzureichend den „Outcome" (vgl. Kap. 5.4.3) widerspiegelt.

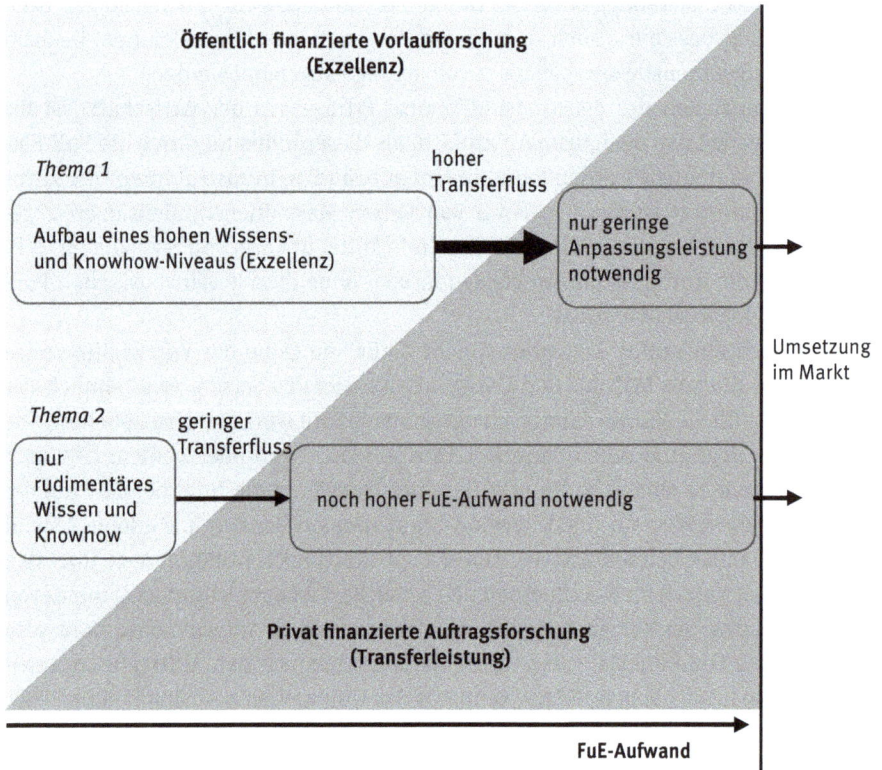

**Abb. 6.10: Abhängigkeit von Aufwänden der Vorlaufforschung und entsprechenden Wirtschafts-
erträgen bei anwendungsorientierten FuE-Einrichtungen:** Je höher durch die öffentlich finanzierte
Vorlaufforschung ein Kompetenzniveau für eine Technologie aufgebaut wurde, desto geringer fallen
die anschließenden Transferleistungen aus, um für Unternehmen spezifische Anwendungen umzusetzen (und vice versa) (eigene Darstellung).

In Hochschulen wird das Thema der Drittmittel aus der Wirtschaft teilweise kontrovers
diskutiert, da in dem Zusammenhang die Frage aufgeworfen wird, ob die Wissenschaft
sich ggf. von Unternehmen finanziell abhängig macht und ob sie von diesen inhaltlich
gesteuert wird, u. a. wenn Unternehmen große Summen an Hochschulen spenden,
Stiftungslehrstühle einrichten oder Auftragsforschung durchführen lassen. Neben

dem Vorwurf des heimlichen Agenda-Setting sieht man ggf. auch die Prinzipien der wissenschaftlichen Integrität oder Neutralität gefährdet (z. B. die Gefahr von Gefälligkeitsgutachten). Hier wäre es prinzipiell hilfreich, die Zusammenarbeit transparent zu machen, um derartige Vorwürfe zu entkräften. Allerdings ist eine solche Transparenz auf Unternehmensseite nicht immer gewünscht. Unternehmen halten FuE-Projekte und -Ergebnisse aus Gründen des Wettbewerbs möglichst unter Verschluss, während Wissenschaftler diese gerne veröffentlichen. Dieses Spannungsfeld muss bei einer Kooperation vorab geregelt werden, ebenso wie das Thema der Rechte am geistigen Eigentum. Ansonsten scheint es auch für Hochschulen nicht verwerflich, wenn diese Auftragsforschung (mit den entsprechenden Rechten und Pflichten von Kunden) durchführen.

In jedem Fall sollte bei Unternehmenskooperationen mit Hochschulen auch gelten, dass zumindest eine Vollkostenerstattung erfolgt. Leider wenden noch nicht alle Hochschulen eine solche Kalkulationsbasis an. Es werden teilweise nur die Personalkosten in Rechnung gestellt, so dass die Bundesländer durch ihre Förderung der Hochschulen die beauftragenden Unternehmen durch niedrigere Preise quasi subventionieren und dieser Umstand auch zu einer Wettbewerbsverzerrung innerhalb des Auftragsforschungsmarktes führen kann.

Neben der Preisgestaltung ist bei einer Zusammenarbeit mit Unternehmen auch eine Vielzahl von Compliance-Regelungen (vgl. Kap. 5.2) zu beachten, insbesondere im Bereich der Neutralität und der Korruptionsprävention.

Eine andere Möglichkeit des Knowhow-Transfers ist die Kooperation von FuE-Einrichtungen mit Unternehmen innerhalb von öffentlich geförderten Verbundprojekten. In diesen Projekten werden oftmals Partner aus unterschiedlichen Disziplinen und unterschiedlichen Organisationen (Unternehmen, Universitäten und außeruniversitäre FuE-Einrichtungen) gefördert (z. B. EU- oder BMBF-Projekte).

6.3.3 Patente und Lizenzen

Wenn FuE-Einrichtungen oder Unternehmen anwendungsnah forschen, so entstehen neue technische Lösungen, die teilweise eine hohe Marktrelevanz und damit auch ein hohes wettbewerbliches Potenzial besitzen. Solche Lösungen müssen von den Erfindern geschützt werden, damit diese nicht einfach von Dritten kopiert werden können. Dies erfolgt üblicherweise über eine Patentanmeldung.

Die Patentanmeldungen werden von internen oder externen Patentanwälten betreut. Diese übernehmen die Anmeldung am Patentamt und die Korrespondenz mit dem Patentamt während der Prüfung und Aufrechterhaltung der Patentrechte. Teilweise unterstützen sie auch bei der Lizenzierung zur Verwertung der Patente. Im Folgenden werden einige Zusammenhänge und Begrifflichkeiten für den Umgang mit Patenten erläutert.

Nicht jede kreative Leistung ist eine Erfindung im Sinne eines Patents. Eine patentfähige Erfindung muss folgende Bedingungen erfüllen:

- Technische Lösung eines technischen Problems: Es darf sich nicht nur um eine Idee oder Aufgabenstellung handeln, sondern um ein technisches Objekt. Auch die Entdeckung neuer naturwissenschaftlicher Gesetze ist nicht patentierbar (Einstein wäre also leer ausgegangen).
- Neuheit: Eine Erfindung darf noch nicht zum Stand der Technik gehören, d. h. öffentlich noch nicht kommuniziert worden sein. Dazu gehört auch, dass es noch keine Veröffentlichungen zu dem Thema geben darf – auch keine eigenen. Deshalb ist bei wissenschaftlichen Veröffentlichungen sorgfältig zu prüfen, ob dort ggf. patentschädliche Aussagen gemacht werden; das gilt ebenso für Vorträge oder Präsentationen in der Öffentlichkeit.
- Erfinderische Tätigkeit „Erfindungshöhe": Dieses Kriterium liegt vor, wenn man von einem Fachmann (der den Stand der Technik beherrscht) nicht erwarten könnte, dass er auf diese Erfindung unmittelbar und ohne großen Aufwand gekommen wäre. Mit diesem Kriterium sollen „triviale" Erfindungen verhindert werden.
- Ausführbarkeit: Ein Fachmann muss ausschließlich anhand der Patentanmeldung die Erfindung nachbauen oder ausführen können ohne selbst erfinderisch tätig zu sein.
- Gewerbliche Anwendbarkeit: Dieses Kriterium ist meist keine hohe Hürde bei der Patentanmeldung, denn es wird seitens des Patentamtes nur festgestellt, dass die technische Lösung prinzipiell zu vermarkten ist. Dabei wird nicht das wirtschaftliche Potenzial geprüft, denn dazu kann sich weder der Patentanwalt noch das Patentamt äußern.

Für FuE-Einrichtungen hat eine Patentanmeldung einer Erfindung prinzipiell zwei Zielsetzungen: Zum einen sichert sie die bisherigen Forschungsergebnisse ab, um dann (ohne Bedrängnis) darauf weiter aufbauen zu können; zum anderen ist ein Patent eine Möglichkeit, dieses Recht auf Nutzung Dritten gegen entsprechende Lizenzgebühren zu übertragen.

Ein Patent ist ein „Verbietungsrecht", d. h. dass nur der Patentinhaber befugt ist, die patentierte Erfindung zu benutzen. Wie hoch der ökonomische Nutzen des Patents ist, muss anhand eines Geschäftsmodells abgeklärt werden. Dabei stellen sich die gleichen Fragen zur Verwertung ähnlich wie bei der Vertragsforschung: Wie hoch ist der Reifegrad der Erfindung? Wer könnte daran interessiert sein? Wie sind alternative Lösungen einzuschätzen? Ein solcher Verwertungsplan ist notwendig, weil zunächst einmal Kosten für die Erlangung und Aufrechterhaltung der Patentrechte (Prüfungsgebühren, Beantwortung Prüfbescheide, Jahresgebühren etc.) und die Verteidigung im Falle von Einspruchsverfahren anfallen. Die Kosten für die Anmeldung und Erteilung eines deutschen Patents bei der Vertretung durch einen Patentanwalt belaufen sich für eine technisch einfache Erfindung auf rd. 7000 € pro Patent. Je nach Auswahl des Länderkreises, in denen ein Patentschutz erwirkt werden soll, kommen durch die Gebühren an den ausländischen Patentämtern, Kosten für ausländische

Patentanwälte, Übersetzungskosten, etc. für internationale Anmeldungen Kosten von bis zu ca. 100.000 € zzgl. der Aufrechterhaltungskosten hinzu.

Mit dem Tag der Patenteinreichung durch einen formgebundenen Antrag beim Patentamt beginnt der Prozess. Die formulierten Patentansprüche werden geprüft und die Erfindung wird einem international geltenden Klassifikationsschema zugeordnet. Um ein Patent zu erhalten, muss ein Prüfungsantrag gestellt werden (dazu hat man prinzipiell 7 Jahre Zeit), erst dann kann die Anmeldung inhaltlich geprüft werden. Die Gebühren zur Aufrechterhaltung sind in jedem Fall nach dem 2. Jahr zu entrichten. Die Anmeldung bleibt 18 Monaten geheim, dann erfolgt die Offenlegung im Amtlichen Patentblatt. Dieser Zeitraum bis zur Offenlegung gibt dem Erfinder die Gelegenheit, die Anmeldung weiter zu entwickeln oder sie auch noch vor dem Erscheinen aus strategischen Gründen zurückzuziehen Nach einer durchschnittlichen Dauer von 3 Jahren, wenn der Patentprüfer die Anmeldung sorgfältig geprüft hat, erfolgt die Patenterteilung. Gegen diese Erteilung kann jeder Dritte innerhalb von 3 Monaten (international 9 Monate) nach der Patenterteilung Einspruch einlegen. Das Einspruchsverfahren muss spätestens nach 2 Jahren abgeschlossen sein. Ansonsten ist das Patent nach Ablauf dieser Einspruchsfrist rechtskräftig und hat rückwirkend ab dem Anmeldetag eine Dauer von 20 Jahre (sofern die jährlichen Verlängerungsgebühren bezahlt werden) (s. Abb. 6.11).

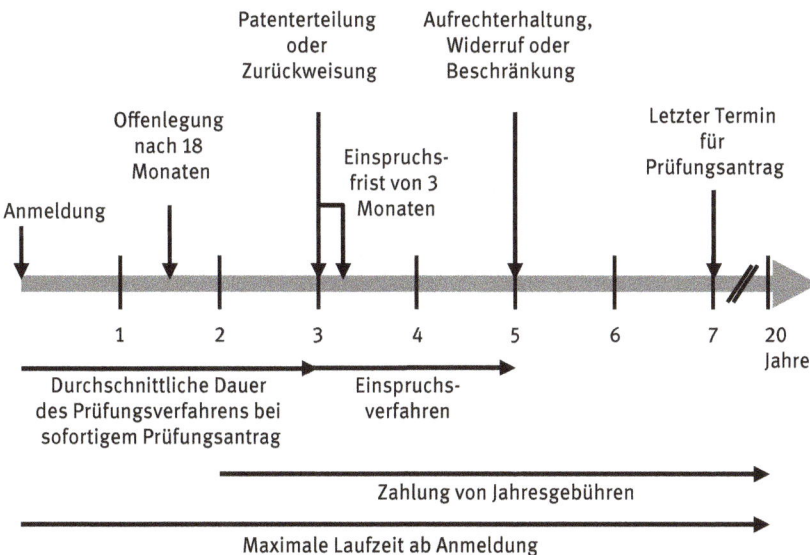

Abb. 6.11: **Der zeitliche Verlauf der Patentanmeldung** (eigene Darstellung)

Während der Patentlaufzeit muss der Patentinhaber prüfen, ob es Verletzungen seines Patents gibt. Hat er solche identifiziert, kann er eine Verletzungsklage einreichen und ggf. Schadensersatz fordern.

Neben dem wirtschaftlichen Pro und Contra einer Patentanmeldung gibt es weitere strategische Abwägungen zur Frage, ob man eine Erfindung durch ein Patent schützen sollte: Einerseits ist ein Patent ein starkes Verbietungsrecht und es ermöglicht Wettbewerbsvorteile und Lizenzierungen sowie auch zusätzliche eigene Projektakquisitionen, falls man das Recht alleinig selber weiter in Anspruch nehmen möchte. Auf der anderen Seite wird die Erfindung nach 18 Monaten offen gelegt, d. h. Wettbewerber können die offenbarte Erfindung dann für Weiterentwicklungen nutzen (um dann weiterführende Patente anzumelden) oder Umgehungslösungen erarbeiten. Alternativen zu einer Patentanmeldung sind Veröffentlichungen (Defensivpublikationen), die zumindest verhindern, dass ein Anderer die Erfindung als Patent schützen lassen kann. Ebenso könnte man die Erfindung geheim halten; falls das allerdings nicht gelingt oder jemand erfindet das Gleiche könnte in diesen Fällen ein Dritter die Erfindung als Patent anmelden und somit schützen (falls der ursprüngliche Erfinder nachweisen kann, dass er vor dem Anmelder im Besitz der Erfindung war, kann er in dieser Situation jedoch ein Vorbenutzungsrecht erwirken, d. h. er könnte die Erfindung trotzdem weiter nutzen).

In diesem Zusammenhang stellt sich die Frage, wer über eine mögliche Patentanmeldung entscheidet, der (angestellte) Erfinder oder der Arbeitgeber. Dazu gibt es ein rechtliches „Spannungsfeld": Die Erfindung gehört dem Erfinder (Patentrecht) und die Ergebnisse der Arbeiten von Mitarbeitern gehören dem Arbeitgeber (Arbeitsrecht). Diese beiden Rechtsräume werden durch das Arbeitnehmererfindergesetz zusammengeführt: Wenn ein Forscher bei einer FuE-Einrichtung angestellt ist und die Erfindung während seiner Dienstzeit gemacht hat, so muss er diese Erfindung dem Arbeitgeber „anbieten" (Melde- und Übertragungspflicht). Dieser entscheidet dann, ob er die Erfindung in Anspruch nimmt oder frei gibt. Nimmt der Arbeitgeber die Erfindung in Anspruch und meldet diese zum Patent an, so wird der Erfinder dem Patentamt gemeldet und ist somit auf der Patentschrift als Erfinder ersichtlich. Der Erfinder muss vom Arbeitgeber angemessen vergütet werden. Diese Vergütungspflicht besteht auch, wenn der Arbeitgeber die Erfindung als Betriebsgeheimnis einstuft und nicht als Patent anmeldet. Nimmt der Arbeitgeber die Erfindung nicht in Anspruch, so steht sie dem Arbeitnehmer frei zur Verwendung.

In einer FuE-Einrichtung kumulieren über die Jahre diverse Patente und ist es erforderlich, das Patentportfolio, also die Menge aller aktiven Patentanmeldungen und erteilten Patente, regelmäßig zu bewerten. Insbesondere sollte entschieden werden, welche Patente weiterhin gehalten und welche aufgegeben werden sollen (mit einer transparenten Aufstellung der entsprechenden Aufrechterhaltungskosten). Dabei ist das Potenzial jeden Patents hinsichtlich der direkten Verwertung über Lizenzen oder zur eigenen Weiterentwicklung zu bewerten.

Die Schutzrechte am Ergebnis von FuE-Projekten spielen oft eine wichtige Rolle bei den Verträgen zur Auftragsforschung für Unternehmen. Der Auftraggeber versucht dabei üblicherweise durchzusetzen, dass er am Ende die ausschließlichen Nutzungsrechte am Ergebnis des von ihm bezahlten FuE-Projekts erhält. Das würde bedeuten, dass ihm alle Rechte – egal für welche Anwendung – hinsichtlich der Nutzung gehörten. Dagegen steht das Interesse der erfindenden FuE-Einrichtung, für Anwendungsfälle außerhalb des Geschäftsbereichs des Auftraggebers weiterhin das Verfügungsrecht über das Patent zu behalten. Es ist unstrittig, dass das Unternehmen für seinen Geschäftsbereich die Nutzung exklusiv bekommt, aber nicht notwendigerweise für solche Bereiche, in denen das Unternehmen gar nicht tätig ist. Denn oftmals wurde von den FuE-Einrichtungen bei der Bearbeitung des Projekts Knowhow verwendet, das sie vorab mit Hilfe von öffentlich finanzierten Vorlauforschungsprojekten generiert haben. Dieses darf nicht in der Folge eines einzelnen FuE-Projekts für ein Unternehmen von diesem exklusiv genutzt und für die FuE-Einrichtung dann nachfolgend blockiert werden. Wenn z. B. eine feuchtedichte Verpackung entwickelt wurde (als Vorlauforschung) und diese nun für einen Hersteller von verpacktem Fleisch (Kunde 1) konfiguriert wird, so erhält der Auftraggeber dieses Nutzungsrecht für diese Fleischverpackungen oder ggf. insgesamt für Lebensmittelverpackungen. Wenn dieses Prinzip nun auch für Barrierefolien bei mikroelektronischen Schaltungen eingesetzt wird (Kunde 2), so gibt es keinen Wettbewerb mit dem Fleischlieferanten (vgl. Kap. 6.3.2, Abb. 6.8).

Bei Kooperationsprojekten mit verschiedenen FuE-Einrichtungen fließen üblicherweise verschiedene Nutzungsrechte der jeweiligen Beteiligten in die neuen Projekte ein und gleichzeitig werden neue Erfindungen durch die Projekte generiert. Dazu müssen frühzeitig eindeutige Vereinbarungen zur jeweiligen Nutzung zwischen den Partnern getroffen werden. Man unterscheidet dabei die verschiedenen Nutzungsrechte (Intellectual Property IP) hinsichtlich ihrer Zeitpunkte und Umstände des Entstehens:

- Background IP: wurde vor dem Projekt bei den einzelnen Partnern generiert
- Foreground IP: entsteht während des Projekts
- Postground IP: entsteht erst nach dem Kooperationsprojekt, nimmt aber auf Ergebnisse des Projekts Bezug
- Sideground IP: wird während des Projekts generiert, betrifft aber nicht direkt die Ergebnisse des Projekts

Hierzu gibt es bei allen großen Förderorganisationen mittlerweile entsprechende standardisierte Regelungen, damit sich die Kooperationspartner schnell hinsichtlich der Nutzung einigen können. Für Unternehmen gehören Patentanmeldungen zur Routine, um ihre Erfindungen im Wettbewerb zu schützen (s. Tab. 6.2).

Patente sind direkt in Form von **Lizenzen** handelbar, d. h. einem Dritten kann gegen Entgelt ein Nutzungsrecht an einem Schutzrecht eingeräumt werden. Mit diesem Vorgehen ist es möglich, dass geschützte Ergebnisse durch Technologietransfer breit genutzt werden. Verwendet ein Unternehmen für sein Produkt ein geschütztes Bestandteil oder Verfahren (z. B. die MP3-Kodierung in einem MP3-Spieler), so muss er dem Patentinhaber dafür eine Gebühr zahlen. Die Lizenzgebühr wird oftmals in Abhängigkeit vom wirtschaftlichen Erfolg geregelt; üblich ist eine

Stücklizenz, eine feste Zahlung pro Jahr oder eine Einmalzahlung. Die Höhe der Lizenzzahlungen ist Verhandlungssache; deshalb ist es für die FuE-Einrichtungen wichtig, das ökonomische Potenzial der eigenen Erfindung für den Käufer abzuschätzen. Übrigens sind nicht nur geschützte Patente handelbar; neben diesen Schutzrechts-Lizenzen gibt es auch sogenannte Knowhow-Lizenzen, bei denen ein Entgelt gezahlt wird für die Nutzung von geheimen Knowhow (z. B. eine Rezeptur).

Tab. 6.2: Anzahl eingereichter nationaler Patenanmeldungen (2014): Zu erkennen ist, dass insbesondere Automobilhersteller und deren Zulieferer (Bosch, Schaeffler, Continental) zu den innovativsten Unternehmen gehören. Auf Platz 15 erscheint bereits eine anwendungsorientierte FuE-Organisation (Fraunhofer-Gesellschaft) (Deutsches Patent- und Markenamt, 2014).

	Anmelder	Anmeldungen
1	Robert Bosch GmbH	4008
2	Schaeffler Technologies GmbH & co. KG	2518
3	Siemens AG	1806
4	Daimler AG	1797
5	Bayerische Motoren Werke AG	1464
6	Ford Global Technologies, LLC	1390
7	GM Global Technologies Operations, LLC	1080
8	AUDI AG	960
9	VOLKSWAGEN AG	943
10	ZF FRIEDRICHSHAFEN AG	909
11	Hyundai Motor Company	659
12	Infineon Technologies AG	642
13	BSH Bosch und Siemens Hausgeräte GmbH	576
14	Continental Automotive GmbH	493
15	Fraunhofer-Gesellschaft e. V.	437

Der außergewöhnliche Vorteil von Lizenzerträgen für FuE-Einrichtungen gegenüber Erträgen aus Auftragsforschungsprojekten ist, dass diesen Erträgen kein noch zu leistender Aufwand gegenüber steht. So stehen Lizenzerträge (nach Abzug der Arbeitnehmererfindervergütung und der Erhaltungskosten für die Patente) in der Regel der FuE-Einrichtung als frei verfügbare Mittel zur Verfügung, um wieder eigene Vorlaufforschung zu finanzieren. Sie führen somit formal zu „Gewinnen" (vgl. Kap. 6.3.2, Abb. 6.7 und Abb. 6.9).

6.3.4 Ausgründungen

Eine dritte Möglichkeit des Technologietransfers in die Wirtschaft ist die Ausgründung eines technologieorientierten Unternehmens durch einen Wissenschaftler einer FuE-Einrichtung (Spin-off).[49] Die Anzahl der jährlichen Ausgründungen aus FuE-Organisationen ist auch ein beliebter Leistungsindikator für die öffentlichen Zuwendungsgeber, um die Anwendungsorientierung und Innovationsorientierung einer FuE-Organisation zu bewerten (s. Tab. 6.3).

Tab. 6.3: **Anzahl der 2014 durchgeführten Ausgründungen der vier großen FuE-Organisationen,** sowie die Summe der Ausgründungen 2006–2014. (In Klammern: darunter mit gesellschaftlicher Beteiligung der FuE-Organisation) (Gemeinsame Wissenschaftskonferenz GWK, 2015).

	2014	2006–2014
FhG	16 (4)	134
HGF	19 (3)	107
MPG	3 (0)	41
WGL	4 (0)	55

Da eine Ausgründung eine signifikante persönliche und arbeitsrechtliche Veränderung des Ausgründers darstellt, muss diese professionell geplant werden. Dazu gibt es zur Unterstützung in den FuE-Organisationen entsprechende Spezialisten (Venture-Abteilungen). Sie beraten die ausgründungswilligen Mitarbeiter von der Idee bis zur finalen Unternehmensgründung. Die einzelnen Schritte sind:

1. Geschäftsidee darstellen: Die Basis eines guten Konzepts ist der Abgleich der Idee mit dem aktuellen Markt (Nachfrage, Angebot, Wettbewerber etc.).
2. Businessplan erstellen: Neben den ökonomischen Rahmenbedingungen muss auch die Schutzrechtssituation geklärt werden. Der Businessplan ist entscheidend für die Überwindung des „Valley of Death" (vgl. Kap. 6.1.5), um notwendige Investoren von der Idee zu überzeugen.
3. Finanzierung und Rechte abstimmen: Mit den FuE-Einrichtungen (deren Rechte ggf. erworben werden müssen) und möglichen externen Kapitalgebern müssen Vereinbarungen getroffen werden. Mit der FuE-Einrichtung werden ggf. weiterführende Themen wie eine Beteiligung oder eine weitere zukünftige Kooperation vereinbart.
4. Rechtlichen Rahmen gestalten: Aus einer guten Geschäftsidee, dem unternehmerischen Konstrukt und den verschiedenen Ansprüchen der Akteure muss ein konsistenter rechtlicher Rahmen entwickelt werden.

---

49 Spin-off: Unternehmen, das von einem ehemaligen Mitarbeiter einer FuE-Einrichtung gegründet wurde und dessen Geschäftstätigkeit signifikant auf dem Wissen oder den Kompetenzen der FuE-Einrichtung beruht. Unterschieden wird zwischen einem Verwertungs-Spin-off, bei dem die Ausgründungsidee wesentlich auf Technologien und Patenten der FuE-Einrichtung beruht und einem Kompetenz-Spin-off, bei dem keine direkten Ergebnisse übertragen werden, sondern der Gründer besondere Fähigkeiten und Kompetenzen in der FuE-Einrichtung erworben hat, die er nun im Unternehmen einsetzt.

5. Beteiligte stimmen zu: Sowohl die FuE-Einrichtung als auch externe Kapitalgeber sowie der Ausgründer unterzeichnen einen Vertrag.
6. Ausgründung erfolgt: Der Übergang der Person und ihres „Themas" von der FuE-Einrichtung in das selbstständige Unternehmen muss gestaltet werden. Oftmals dauern die Kooperationen zwischen der FuE-Einrichtung und dem Spin-off darüber hinaus an.

Ausgründungen werden von der Leitung einer FuE-Einrichtung oft mit einem lachenden und einem weinenden Auge verfolgt: Einerseits wird mit einem Spin-off das Ergebnis effizient in den Markt transferiert und für die Mitarbeiter werden entsprechende attraktive Karrierewege eröffnet, andererseits verliert die FuE-Einrichtung kompetente Mitarbeiter und mit ihnen geht auch Knowhow verloren; denn je nach interner Regelung der FuE-Einrichtungen muss der neue Gründer nach einer Übergangszeit die FuE-Einrichtung üblicherweise verlassen. Dieses Spannungsfeld ist beherrschbar, wenn der Übergang und die weitere Zusammenarbeit im Sinne einer Win-win-Situation geregelt werden. Diese bezieht sich auf das Überlassen der Schutzrechte durch die FuE-Einrichtung einerseits und die weitere Zusammenarbeit zwischen der FuE-Einrichtung und dem Spin-off andererseits. Dabei können Leistungen in beide Richtungen fließen, sei es, dass die FuE-Einrichtung weiterhin die FuE-Basis für das neue Unternehmen darstellt, sei es, dass das Unternehmen durch weitere Forschung oder die Herstellung von Produkten die FuE-Einrichtung beliefert. Möglich ist auch, dass sich die FuE-Einrichtung selbst an dem Unternehmen beteiligt und somit Miteigentümer ist und damit auch eine Mitsprache bei der Unternehmensführung hat. Bei diesem Austausch von zwei rechtlich unabhängigen und persönlich teilweise eng bekannten Akteuren ist es wichtig, rechtlich „saubere" Lösungen zu schaffen, so dass es keine unbillige Unterstützung des Unternehmens in Form von Subventionen durch eine öffentlich geförderte FuE-Einrichtung gibt oder auch nicht die Unternehmer bzw. deren Angehörige in den FuE-Einrichtungen in Doppelfunktionen arbeiten. Hierzu gibt es mittlerweile eindeutige Compliance-Regeln (vgl. Kap. 5.2).

Das Management eigener Unternehmensanteile an Ausgründungen erfordert von FuE-Organisationen eine Vielzahl von forschungsfremden, unternehmerischen, wirtschaftlichen Entscheidungen und Kompetenzen, die sie üblicherweise nicht vorhalten, so dass sie dafür meist eine eigene Business Unit mit entsprechenden Fachleuten gründen (bei einer ausreichenden Anzahl von Fällen). Finanziell lohnend ist eine solche Beteiligung einer öffentlichen Forschungseinrichtung an einem privaten Unternehmen v. a. in dem Fall, wenn das Unternehmen oder die eigenen Anteile verkauft werden und somit „Exit-Erlöse" mit einem entsprechenden (über die Zeit gestiegenen) Marktwert anfallen.

6.3.5 „Transfer durch Köpfe"

Neben der Auftragsforschung, der Lizenzvergabe und der Ausgründung gibt es noch einen weiteren effizienten Technologietransfer in die Wirtschaft, nämlich den „Transfer durch Köpfe": Wissenschaftler, die in den FuE-Einrichtungen befristet eingestellt werden, sich dort qualifizieren und anschließend in Unternehmen wechseln, übertragen das erworbene Knowhow ohne jegliche Verluste direkt in die Wirtschaft. Zwar verliert die FuE-Einrichtung mit dem Wechsel auch Teil ihres Knowhows (vgl. Kap. 4.5.1, Befristete Arbeitsverhältnisse), aber wenn der Übergang konstruktiv gestaltet wird, entsteht eine langfristige Win-win-Situation und der ausscheidende Mitarbeiter kann möglichst langfristig informell mit der FuE-Einrichtung vernetzt bleiben (vgl. Kap. 4.5.3, Alumni). Der neue Mitarbeiter des Unternehmens trägt einerseits seine wissenschaftliche Expertise aufgrund seiner vorherigen Qualifizierung und Ausbildung in das Unternehmen, andererseits weiß er auch um die Kenntnisse und Erfahrungen seiner alten Qualifizierungsstätte, der FuE-Einrichtung; wenn diese Kenntnisse nunmehr im Unternehmen benötigt werden, kann sich daraus eine erfolgreiche Kooperation ergeben, u. a. in Form von Auftragsforschung.

Bei Universitäten und auch einigen FuE-Einrichtungen gehört diese Qualifizierungsleistung von Nachwuchswissenschaftlern für Positionen außerhalb der eigenen Einrichtung auch zur Basisaufgabe der eigenen Mission (vgl. Kap. 4.2).

6.3.6 Berufsbegleitende Weiterbildung

Die Darstellung der Transferwege schließt ab mit der (berufsbegleitenden) Weiterbildung. In diesem Fall bieten FuE-Organisationen nicht FuE-Dienstleistungen an, sondern ihr aktuelles technologisches Wissen an interessierte Kreise in Wirtschaft und Gesellschaft in Form einer berufsbegleitenden Weiterbildung. Während des Studiums werden üblicherweise viele naturwissenschaftliche und technische Grundlagen gelegt, doch aufgrund der Dynamik der Technikentwicklungen ist es heutzutage unerlässlich, sich lebenslang über die aktuellen technischen Entwicklungen auf dem Laufenden zu halten. Dazu werden von den FuE-Organisationen entweder jeweils einzeln durch ihre verschiedenen FuE-OEs oder übergreifend z.B. in Form einer „Academy" Weiterbildungsprodukte angeboten; das sind neben einzelnen Veranstaltungen auch umfassende Formate wie zertifizierte Studiengänge oder auch MBA-Kurse, teilweise in Kooperation mit Hochschulen. Das Ziel ist, das aktuelle Wissen aus der FuE-Einrichtung direkt an Mitarbeiter in Unternehmen berufsbegleitend zu vermitteln, ohne einen FuE-Auftrag auszuführen und ohne dass eigene Mitarbeiter in das Unternehmen wechseln müssen.

7 Verantwortung in der Forschung

7.1 Neue Risiken der Forschung

Der Artikel 5 des Grundgesetzes schützt neben der Meinungsfreiheit auch die Freiheit der Kunst und Wissenschaft, Forschung und Lehre. Der Wissenschaft bzw. dem einzelnen Wissenschaftler wird damit ein Recht auf Selbststeuerung eingeräumt. Dieses kann prinzipiell sehr individuell gestaltet sein, weil es keine normative Zielsetzung gibt, an der sich die Scientific Community heutzutage gemeinsam ausrichtet. Allerdings gibt es im Zuge der Wahrnehmung eines Rechts auch immer Einschränkungen und Verantwortlichkeiten in dem Sinne, Andere in ihren gleichen Rechten nicht zu beeinträchtigen. Der Rahmen, in dem sich Forscher bewegen, soll nachfolgend skizziert werden.

Mit der Einführung neuer Technik wird der Mensch nicht nur zur Erweiterung seines Aktionsradius' und seiner Muskelkraft durch neue Werkzeuge unterstützt, sondern mit jeder Technikimplementierung findet auch eine Veränderung der Lebensumwelt und eine notwendige Anpassung der Lebensführung der Menschen statt. Ob diese Veränderungen intendiert waren bzw. alle Implikationen für das Individuum und die Gesellschaft berücksichtigt wurden, ist offen. Zunehmend werden auch große Risiken durch die Anwendung von Forschung erkannt. Neben möglichen Unfällen durch technisches und/oder menschliches Versagen[50] verändert die Technik auch bei ihrer ordnungsgemäßen Nutzung die Umwelt und damit den Menschen. Da diese Veränderungen zunächst kaum merklich und schleichend passieren, nimmt der Mensch sie zunächst kaum wahr und verpasst dabei ggf. die „rote Linie", ab der der Wandel für ihn prinzipiell nicht mehr akzeptabel ist.

> Gleichnis für schleichende, nicht merkliche Veränderungen: **„Der Frosch im Wassertopf"**
>
> Wirft man einen Frosch in einen Topf heißen Wassers so springt er sofort heraus. Setzt man ihn hingegen in kaltes Wasser und erhitzt es langsam, so verkocht der Frosch, weil er den Übergang von der kühlen, angenehmen Wassertemperatur zu heißem, lähmenden Wasser nicht eindeutig erkennen kann und den Impuls zum Herausspringen verpasst – bis es zu spät ist und der Muskel nicht mehr reagieren kann.

Technologien mit langsamen, schleichenden Veränderungen und möglichen Bedrohungen von morgen sind:

---

50 Menschliches/technisches Versagen: Ursache bei Unfällen. Prinzipiell gibt es nur menschliches und kein „technisches Versagen", da immer ein Mensch die Technik installiert, die ggf. versagt. Technik funktioniert entsprechend den physikalischen Gesetzen und ist nicht hinsichtlich eines Versagens zur Verantwortung zu ziehen.

DOI 10.1515/9783110517828-007

- Eingriffe in die Evolution des Menschen: Pränataldiagnostik, synthetische DNA, Genome Editing (CRISP-CAS9)[51]
- biologische Eingriffe in die Psyche und den Verstand des Menschen: Entschlüsselung des Gehirns, Vernetzung von Gehirnen, Neuro-Implantate
- neue Arten der Kommunikation: Mobile Kommunikation zwischen Menschen, Mensch-Maschine Schnittstellen (Intelligente Umgebung), Virtuelle Realität, Internet der Dinge (Maschinen kommunizieren untereinander)
- große Lagerstätten mit toxischem "Restmüll" (insbesondere radioaktive Stoffe und kontaminierte Böden)
- Technologische Singularität: Technische Systeme optimieren sich mittels künstlicher Intelligenz (KI) und maschinellen Lernens selbst, so dass deren Algorithmen nicht mehr von der menschlichen Intelligenz kontrollierbar sind.

Der Zeitraum, der den Menschen verbleit, um sich an eine neue Technik zu gewöhnen, wird immer kürzer (s. Tab. 7.1). Die Entwicklungen sind auch kaum vorhersehbar, weil sie keinem „Masterplan" folgen, sondern sie werden stochastisch „erfunden". Über mögliche Tabus kann jeweils erst diskutiert werden, wenn die Technik real entwickelt ist – und dann ist eine Einschränkung hinsichtlich der Forschung zu spät und ein Verbot in der Anwendung schwer umsetzbar und immer stark verzögert (z. B. DDT als Pflanzenschutzmittel, Asbest als Baustoff, FCKW als Treibmittel).

Es geht also bei der Forschung zu neuen Techniken um die Frage, wie hoch mögliche Nebenwirkungen und Risiken sind und ob das Nutzen/Risiko-Verhältnis angemessen ist (vgl. Kap. 3.5). Dabei ist neben dem Versagensrisiko und dem unvorhergesehenen Einwirkrisiko auf die Natur und den Menschen auch noch das Risiko des Missbrauchs zu berücksichtigen, bei dem technische Systeme nicht bestimmungsgemäß eingesetzt werden.

Während früher die technischen Einwirkmöglichkeiten begrenzt waren und sich Unfälle eher auf den aktuellen Moment und auf das unmittelbare Umfeld beschränkten (z. B. Explosion eines Dampfkessels), zeichnen sich heutige Technologiekatastrophen teilweise durch eine ubiquitäre Durchdringung und eine Unumkehrbarkeit der Folgen aus. So sind große Unfälle aufgrund „technischen Versagens" wie bei Kernkraftwerken oder Ölplattformen räumlich und zeitlich unbegrenzt und die hervorgerufenen Schäden sind oft nicht vorhersehbar, irreparabel und nicht kompensierbar.

---

51 CRISP-CAS9 (Clustered regularly interspaced, short palindromic repeats): Neues Verfahren (2012 erstmals entdeckt), um Genome (bestimmte Genabschnitte in der DNA von Lebewesen) gezielt zu verändern. Es beruht auf einem entdeckten Immunabwehrmechanismus bei Bakterien und ist viel einfacher als frühere Techniken. Heutige kommerzielle Anwendungen adressieren die Heilung von Aids und Schizophrenie; es besteht allerdings für die Zukunft auch die Möglichkeit, andere Veranlagungen eines Embryos noch in der frühen Schwangerschaftsphase zu „korrigieren". Mittlerweile befasst sich auch der deutsche Ethikrat mit diesem Thema.

Tab. 7.1: **Einführung neuer Technologien seit der Steinzeit:** Die Geschwindigkeit des Entwickelns nimmt immer mehr zu, d. h. es findet eine Beschleunigung der Einführung von Technologien statt. Es bleibt für den Menschen immer weniger Zeit zur Adaption an eine neue Technik. Mögliche Grenzziehungen oder Beschränkungen von Technologieentwicklungen sind somit kaum mehr möglich (Eine Generation beträgt 20–25 Jahre) (eigene Darstellung).

Generationen	Technische Entwicklungen
−100 000	Sprache (Alte Steinzeit)
−10 000	Werkzeugherstellung
−500	Höhlenmalerei (Mittelsteinzeit)
−400	Agrarerzeugnisse, Schrift (Jungsteinzeit)
−24	Druck
−10	Dampfmaschine
−5	Telefon
−4	Radio
−3	Fernsehen
−2	Computer
−1	Internet, mobile Kommunikation
0	Gentechnik an Tieren und Pflanzen, Globale Vernetzung
1	Intelligente Umgebung (Roboter), Gentechnik am Menschen
2	Regenerierbare Energieversorgung, Human Enhancement, Verbindungen zum Gehirn
n	Veränderung der menschliche Zelle, des Körpers, des Gehirns; Maschinen werden intelligenter als Menschen

Bei der Risiko/Nutzen-Abwägung ist der Einzelne überfordert; er kann die ihn umgebende Technik und ihre Implikationen weder verstehen noch beurteilen und muss sich hinsichtlich der gesellschaftlichen Vorsorge auf die Politik und unabhängige Experten verlassen. Hier kommt der Wissenschaft eine neue Rolle zu, nämlich ihre Technologien hinsichtlich ihrer künftigen Risiken selbst zu beurteilen (vgl. Kap. 3.5, Technologievorausschau und Technikfolgenabschätzung).

7.2 Verantwortung des Wissenschaftlers

Angesichts der Dynamik heutiger Innovationsprozesse stellt sich die Frage, wer die Risiken und Nebenwirkungen feststellt und zu welchem Zeitpunkt das passiert. Aufgrund der Komplexität bei der Erforschung und der anschließenden Umsetzung und Anwendung neuer Technologien verschwimmt die direkte Verantwortungsübernahme, weil es nur noch diffuse Kollektive von Akteuren gibt. Zunächst soll der Begriff der Verantwortung präzisiert werden; es gibt eine Verantwortungsrelation zwischen folgenden Akteure: „Wer (Verantwortungssubjekt) ist wofür (Verantwortungsobjekt) gegenüber wem (Verantwortungsinstanz) verantwortlich?" Um als Verantwortungssubjekt zu fungieren – sei es als einzelner Wissenschaftler oder FuE-Einrichtung – müssen diese fähig und in der Entscheidung frei sein, neue Themen (Verantwortungsobjekt) aufzunehmen oder sich auch dagegen zu entscheiden. Als Verantwortungsinstanz (für einen Wissenschaftler) wäre zunächst direkt die eigene FuE-Einrichtung anzusehen. Für sie stellt sich bei Zweifelsfällen die Frage, ob ein FuE-Thema bzw. ein FuE-Projekt durchgeführt werden soll oder nicht. Die letztendliche Verantwortungsinstanz ist aber die Zivilgesellschaft, gegenüber der die FuE-Einrichtung verantwortungspflichtig ist: Sie beauftragt – quasi indirekt – die Wissenschaft und befähigt diese durch die öffentliche Förderung, das „Richtige" zu erforschen und zum Wohle der Menschheit in die Anwendung zu überführen.

Dass sich die Übernahme ethischer Verantwortung[52] und die Wahrung von Freiheitsgraden, Individualität und Eigenständigkeit nicht ausschließen, zeigt die wachsende Anzahl an FuE-Organisationen, die nicht nur die Verantwortungsübernahme in ihrem Leitbild verankern, sondern auch Strukturen für eine Operationalisierung (wie z. B. Ethikrat, Ethikkommission, interne Diskursforen) schaffen. Diese aktive Verantwortungsübernahme ist auch den steigenden Anfragen von Politik, Medien, Kunden, Nicht-Regierungsorganisationen und letztendlich den Fördermittelgebern (die den entscheidenden Druck ausüben können) geschuldet.

Beispiele für **ethische Anforderungen durch Förderorganisationen**
- Bei Forschungsanträgen zu bestimmten Forschungsfeldern (u. a. bei Tierversuchen) werden routinemäßig Voten öffentlich-rechtlicher Ethik-Kommissionen zur rechtlichen und ethischen Unbedenklichkeit verlangt.
- Beim laufenden EU-Rahmenprogramm HORIZON 2020 wird eine Auskunftsfähigkeit bezüglich ethischer Anforderungen gefordert (Ethics Appraisal Procedure EU Research & Innovation; Participant Portal: »ethics«). (European Commission, 2015)
- Das Bundesministerium für Bildung und Forschung (BMBF) hat seit 1998 einen eigenständigen Förderschwerpunkt zu ethischen, rechtlichen und sozialen Aspekten der modernen Lebenswissenschaften.
- Die Deutsche Forschungsgemeinschaft und die Akademie Leopoldina haben in ihrer Schrift „Wissenschaft braucht Freiheit – Freiheit erfordert Verantwortung" auf das Risiko des Missbrauchs von FuE-Ergebnissen aufmerksam gemacht und geben Empfehlungen zum Umgang mit sicherheitsrelevanter Forschung. (DFG und Leopoldina, 2014)

Die Technikethik, die üblicherweise in der universitären Ausbildung von Naturwissenschaftlern und Ingenieuren bisher wenig Beachtung findet wird in den FuE-Organisationen zunehmend als ein relevantes Thema anerkannt. Sie nehmen die

---

52 Ethik: Akademisches Fach und Teilbereich der Philosophie, das die Moral als ihren Forschungsgegenstand hat. Die Ethik gibt keine direkt praktischen Handlungsanweisungen, sondern die aus der Ethik abgeleitete Moral artikuliert, wie man handeln sollte bzw. was man nicht tun darf (z. B. die „10 Gebote"). Solche Urteile können individuell sein oder in Form eines Werte- und Normensystems einer bestimmten Gruppe von Menschen existieren.

Diskussion über den systematischen Umgang mit Ethik und Wissenschaftsverantwortung durch folgende Prozesse auf:

– Implementierung von allgemeinen Leitlinien für die FuE-Organisation, die einerseits die Verantwortungsübernahme jedes Einzelnen adressieren und andererseits im Konfliktfall klare Prozesse vorgeben (allerdings keine Ethik-Checklisten im Sinne von Ge- oder Verboten; diese sind wenig hilfreich)

– Förderung der Reflexion und Diskussion zur Technikethik bei allen Wissenschaftlern zur Sensibilisierung und zum Kompetenzaufbau zu diesem Thema, insbesondere Berücksichtigung des möglichen Konfliktpotenzials bei Missachtung der Ethik-Komponenten beim Risikomanagement

– Beratung und Unterstützung der Wissenschaftler in konkreten Fragestellungen und Konfliktfällen

Eine strukturierte Diskussion (s. o.) innerhalb einer FuE-Einrichtung über ethische Konflikte kann in 6 Stufen ablaufen (Karssing):

1. Individuellen Problemaufriss darstellen: Beschreibung der Situation aus persönlicher Perspektive; Formulierung der Frage: Sollte ich xy machen oder unterlassen?

2. Die Betroffenen der Entscheidung darstellen: Akteure, Individuen, Organisationen (Stakeholder)

3. Rahmenbedingungen aufzeigen: Gesetze, Normen, Regeln oder interne Prinzipien, die für den vorliegenden Fall relevant sind

4. Argumente listen: Welche Argumente gibt es für eine Pro- oder Contra-Haltung? Beide Arten von Argumenten sollten gelistet werden (für die Umsetzung oder gegen die Umsetzung von xy).

5. Entscheidung formulieren: Nach dem Austausch von Pro- und Contra-Argumenten sollte eine Position dargestellt werden, die möglichst vielen (Pro- und Contra-) Argumenten gerecht wird.

6. Weiteres Vorgehen skizzieren: Welche Schlussfolgerung ergibt sich für mich? Was werde ich tun und wie zufrieden bin ich mit dem weiteren Vorgehen?

Ethische Grundsätze des Ingenieurberufs des Vereins Deutscher Ingenieure (Verein Deutscher Ingenieure, 2002)

Ingenieure
– verantworten allein oder mitverantwortlich die Folgen ihrer beruflichen Arbeit sowie die sorgfältige Wahrnehmung ihrer spezifischen Pflichten.
– bekennen sich zu ihrer Bringpflicht für sinnvolle technische Erfindungen und nachhaltige Lösungen.
– sind sich bewusst über die Zusammenhänge technischer, gesellschaftlicher, ökonomischer und ökologischer Systeme und deren Wirkung in der Zukunft.
– vermeiden Handlungsfolgen, die zu Sachzwängen und zur Einschränkung selbstverantwortlichen Handelns führen.
– orientieren sich an den Grundsätzen allgemein moralischer Verantwortung und achten das Arbeits-, Umwelt- und Technikrecht.
– diskutieren widerstreitende Wertvorstellungen fach- und kulturübergreifend.

Ein einzelner Wissenschaftler kann sehr unvermittelt in einen Konflikt kommen zwischen dem Forschungsauftrag und seinen persönlichen Werten und Moralvorstellungen. Seit dem „Manhattan-Projekt"[53] (Bau der Atombombe) wird die Frage der individuellen Verantwortung eines Wissenschaftlers intensiv diskutiert. Mögliche weitere Konflikte von Forschern (wenn auch nicht vergleichbar mit der Entwicklung der Atombombe) sind z. B. die Mitarbeit an Projekten, die die Natur stark schädigen (z. B. Staudämme zur Energieerzeugung), die Produkte mit hohen Emissionen fördern (z. B. hohe CO_2 Emissionen bei großen Autos oder nicht recyclierbare Materialien), die den weiteren Abbau von konventionellen Energieträgern fördern (z. B. Fracking von Erdöl) oder Dual-Use Charakter haben (also auch für Angriffe gegen Menschen genutzt werden können). Innerhalb eines vollkommen legalen Rechtsrahmens steht für eine FuE-Einrichtung und auch für den einzelnen Forscher somit die Frage im Raum: „Was darf ich forschen?"

Diese Frage muss im Kontext des realen Umfelds eines heutigen Forschers erörtert werden. Die Entwicklung eines technischen Systems bedingt mit zunehmender Komplexität eine immer größere Differenzierung der Disziplinen. Dadurch wächst die Anzahl der Stufen der Arbeitsteilung und es werden gleichzeitig viele Teillösungen erarbeitet, wobei der Einzelne kaum mehr den Gesamt-Zusammenhang erkennt und mithin nicht als Verantwortungssubjekt für alle diese Handlungen angesehen werden kann. Der technische Entwicklungsprozess ist eine Kette von sukzessiven Entscheidungen und Fortschritten und im Zuge des Innovationsprozess (vgl. Kap. 6.1) stellt sich nach jeder Entscheidungsstufe die Frage, ob in die jeweils nächste Stufe „fortgeschritten" werden soll (Stage Gate Prozess). Die im Prozess frühen Entscheider (zu Beginn der Forschung an neuen Technologien) treffen ihre Entscheidung noch unter großer Unsicherheit hinsichtlich der späteren Anwendungsszenarien und die „späten" Entscheider (unmittelbar vor der Umsetzung) berufen sich darauf, dass die Entwicklung schon annähernd abgeschlossen ist und von vielen vorigen Entscheidern gutgeheißen wurde sowie auch schon viele Ressourcen investiert wurden. Und all diese Entscheider – als Planer, Forscher, Produzenten und schließlich Vertreibende oder Nutzende – sind teilweise räumlich und organisatorisch so weit voneinander entfernt und in unterschiedlicher Abhängigkeiten in diesen Systemen eingebunden, dass nicht mehr von einem konsistenten Handlungszusammenhang untereinander gesprochen werden kann. Es herrscht mithin eine „organisierte Unverantwortlichkeit" (Beck, Risikogesellschaft, 1986).

---

53 Manhattan-Projekt: Bau der amerikanischen Atombombe während des 2. Weltkriegs. In den USA wuchs die Sorge, dass Deutschland eine Atombombe bauen könnte. Deshalb wurde die Entwicklung einer amerikanischen Atombombe forciert. Robert Oppenheimer leitete ab 1942 das Projekt mit über 3000 Menschen. Am 6. und 9.08.1945 wurden durch die Atombombenabwürfe über Nagasaki und Hiroshima unmittelbar oder durch die Spätfolgen rd. 300.000 Menschen getötet.

So lehnte auch Robert Oppenheimer als formaler Projektleiter des Manhattan-Projekts später die Verantwortung für die Folgen des Atombombenabwurfs ab (bekannt ist allerdings sein Zitat bei dem ersten Atombombenversuch 21 Tage vor dem Abwurf auf Hiroshima aus der indischen Mythologie: „Jetzt bin ich der Tod geworden, Zerstörer der Welten" (Oppenheimer, 2015)). Auch der leitende Konstrukteur, Edward Teller, betonte, der Wissenschaftler sei nur für das Wissen und dessen Entwicklung verantwortlich aber nicht für die politische Verantwortung der Anwendung (Gaus, Teller, 1963). Als klar war, dass Deutschland der Bau der Atombombe nicht gelingen würde und Gerüchte aufkamen, dass die amerikanische Atombombe ohne Vorwarnung auf Ziele in Japan eingesetzt werden sollte, protestierten einige Wissenschaftler des Manhattan-Projekts und schlugen vor, die Wucht der Atombombe als Drohung auf unbewohntem Gelände zu demonstrieren oder sie stiegen direkt aus dem Projekt aus. Die Frage der Verantwortung bleibt offen: Liegt sie bei Otto Hahn als Entdecker der Atomspaltung, bei Edward Teller als leitendem Konstrukteur und Erfinder der Atombombe oder letztendlich bei US-Präsident Truman, der den Befehl zum Einsatz gab?

Eugen Roth (1895–1976) hat das **Dilemma der verteilten Verantwortlichkeiten** bei der Einführung neuer Technologien am Beispiel der Atombombe in einem Gedicht anschaulich beschrieben

Das Böse

Ein erster – noch ganz ungefährlich –
erklärt die Quanten (schwer erklärlich).
Ein zweiter, der das All durchspäht,
erforscht die Relativität.
Ein dritter nimmt noch harmlos an,
Geheimnis stecke im Uran.
Ein Vierter ist nicht fernzuhalten
von dem Gedanken Kern zu spalten.

Ein fünfter – reine Wissenschaft –
entfesselt der Atome Kraft.
Ein sechster, auch noch bonafidlich,
will diese nutzen, doch nur friedlich.
Unschuldig wirken sie zusammen.
Wen dürfen, einzeln, wir verdammen.

Ist's der siebte, erst der achte,
der Bomben dachte und gar machte?
Ist's der Böseste der Bösen,
der's dann gewagt sie auszulösen?
Den Teufel wird man nie erwischen,
er steckt von Anfang an dazwischen.

Es verbleibt die Frage nach einer Abhilfe aus diesem Verantwortungsdilemma. Mit Blick auf den hohen Stand der Arbeitsteilung in der Forschung und die prinzipielle Ersetzbarkeit jedes einzelnen Forschers erscheint die unter verantwortungsethischen Gesichtspunkten geforderte eventuelle individuelle Verweigerung als realitätsfremd, weil ein anderer Wissenschaftler sofort einen streikenden Wissenschaftler ersetzen würde. Auch zeigen bekannte Unfälle, bei denen Risiken missachtet wurden, dass die Stimme eines Einzelnen wirkungslos blieb (z. B. Tchernobyl).[54] Daraus ergibt sich die Frage, ob ein Forscher durch die Verweigerung, an einer für ihn ethisch nicht vertretbaren Forschung teilzunehmen, bereits ausreichend verantwortlich gehandelt hat, oder ob er (falls die Forschung mit einem Austauschforscher weiter geführt wird) darüber hinaus die Öffentlichkeit informieren sollte/müsste (Whistleblower). Insbesondere in der Beurteilung von Fragen des Umweltschutzes oder der Arbeitssicherheit sind Forscher in Unternehmen teilweise im Konflikt mit dem Arbeitgeber, gehen aber aus Angst vor Repressionen oder vor dem Verlust des Arbeitsplatzes nicht an die Öffentlichkeit (manager magazin, 2015).

Häufig wird skeptisch angemerkt, dass die Innovationsgeschwindigkeit der globalen Technisierung dazu führe, dass die Ethik und auch gesetzliche Regelungen oftmals der technischen Entwicklung zeitlich hinterher hinken und den Charakter einer „Fahrradbremse am Interkontinentalflugzeug" haben (Beck, 1999). Deshalb wird der Wissenschaft die Verantwortung für ihre Forschung, für die Nutzung der Ergebnisse und ggf. auch für deren Folgen zunehmend selbst übertragen bzw. zu übertragen versucht, denn „die Wissenschaft" (wer immer dabei als handelnder Akteur adressiert wird) hat diese Verantwortung derzeit noch nicht umfänglich angenommen. In diesem Zusammenhang befinden wir uns heute in der (politischen bzw. ethischen) Debatte über zwei grundsätzlichen Prinzipien (s. Abb. 7.1):

- Vorsorgeprinzip: Eine neue Technik wird nicht eingeführt, bis deren Schadensfreiheit zweifelsfrei erwiesen ist; die Beweislast der Schadensfreiheit liegt bei demjenigen, der die Technik einführen will.
- Risikoprinzip (Nachsorgeprinzip): Eine neue Technik darf so lange angewendet werden, bis ihre Schädlichkeit unzweifelhaft nachgewiesen ist bzw. Schaden eingeklagt ist; die Beweislast der Schädlichkeit liegt beim Verbraucher oder bei den Skeptikern.

Neben der ethischen Frage „Was dürfen wir forschen?" ergibt sich ein weiterer Verantwortungsaspekt für einen Wissenschaftler in Form der Frage: „Was sollen/müssen wir forschen?" Wenn in Deutschland von der öffentlichen Hand mehr als 23 Mrd. €

---

54 Tchernobyl-Unfall: Havarie eines Atomkraftwerks aufgrund schwerwiegender Verstöße der Bediener gegen geltende Sicherheitsvorschriften und stark mangelnden technischen Sachverständnisses während des Versuchs, einen vollständigen Stromausfall am Kernreaktor zu simulieren. Vorgesetzte haben sich mit ihren Anweisungen gegen Bedenken von Ingenieuren durchgesetzt.

Die Menschen vertrauen zu sehr der Wissenschaft und nicht genug ihren Gefühlen und dem Glauben.

| 38 | 29 | 32 | 1 |

Wenn eine neue Technologie unbekannte Risiken birgt, sollte die Entwicklung dieser Technologie gestoppt werden, auch wenn ein Nutzen erwartet wird.

| 33 | 24 | 39 | 4 |

Alles in allem schadet die Wissenschaft mehr als sie nützt.

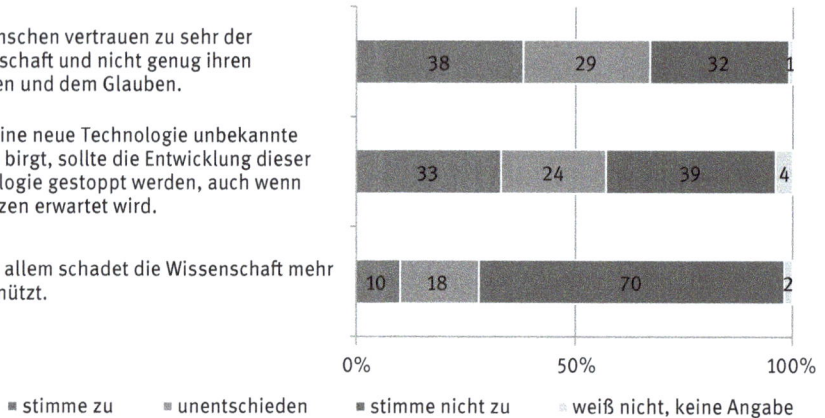

| 10 | 18 | 70 | 2 |

0%   50%   100%

■ stimme zu   ■ unentschieden   ■ stimme nicht zu   ■ weiß nicht, keine Angabe

Abb. 7.1: Vertrauen in und Nutzen der Wissenschaft: In Deutschland gibt es ein positives Grundvertrauen in den Nutzen von Wissenschaft (unten). Dabei gibt es einen fast gleichen Anteil von Stimmen für das Risiko- und das Vorsorgeprinzip (Mitte). Auch die Rationalität von Wissenschaft gegenüber Emotionalität hält sich ungefähr die Waage (oben) (Wissenschaft im Dialog/TNS Emnid).

jährlich für FuE ausgegeben werden, stellt sich die (berechtigte) Frage, ob damit auch das „Richtige" erforscht wird. Für einen Forscher ergeben sich hinsichtlich seiner möglichen (individuellen) Verantwortung also drei Fragestellungen mit einer Relevanz für eine moralische Bewertung:

1. Auswahl der Projektthemen: Was soll ich forschen?
2. Durchführung der Projekte: Wie soll ich forschen? (Wissenschaftliche Integrität, Inter- und Transdisziplinarität, Menschenrechte, Integrative und systemische Herangehensweise):
3. Nutzung der Projektergebnisse: Was darf ich forschen? (Dual Use, Missbrauch, Technikfolgenabschätzung)

7.2.1 Projektauswahl

Wissenschaftler haben den Anspruch, mit ihrer Arbeit Sinn zu stiften und mit ihren Ergebnissen einen Beitrag für die Entwicklung der Gesellschaft zu leisten (Neugierorientierter Erkenntnisgewinn oder Nutzenorientierte Anwendung). Dabei gibt es kein gemeinsames Leitbild (weder innerhalb der Gemeinschaft der Wissenschaftler noch innerhalb der Zivilgesellschaft), was noch alles erforscht werden und wohin die Fortentwicklung der Menschheit gehen sollte. Die moderne Technik ist aus handwerklichen Anfängen entstanden und die jeweiligen Fortschritte bedurften früher keiner Begründung weil ihr Nutzen offensichtlich war. Die Nichtbegründung ist bis heute so geblieben, obwohl sich das Nutzen/Risiko-Verhältnis verändert hat.

Die Forschung wird prinzipiell nur durch die Gesetze der Naturwissenschaften und durch technische Prinzipien begrenzt und als gemeinsame Orientierung dient ein eher diffuser, wenig definierter Wohlfahrts- oder Fortschrittsgedanke, der oftmals mit quantitativem Wachstum gleichgesetzt wird (und angesichts begrenzter Ressourcen fraglich erscheint).

Die gesetzlich zugestandene Freiheit der Wissenschaft und Forschung ist neben der oben angesprochenen Verantwortung, Rechte Dritter nicht einzuschränken, auch insofern zu relativieren, als die Durchführung öffentlich finanziert wird (außer bei Unternehmen). Daraus resultiert ein prinzipieller Anspruch der Gesellschaft auf einen „Nutzen". Dieser kann kultureller Art im Sinne eines Erkenntnisgewinns sein (z. B. Grundlagenforschung in der Astronomie oder der Archäologie) oder es können Innovationen mit konkreten Nutzenaspekten erwartet werden (z. B. Batterien für die Elektromobilität). Selten formuliert „die Gesellschaft" entsprechende Ansprüche, obwohl zunehmend ein intensiverer Dialog zwischen der Wissenschaft und der Gesellschaft angestrebt wird. Weitgehend formuliert die Politik die Bedarfe der Gesellschaft. Im globalen Maßstab sind die wesentlichen Zielsetzungen der Gesellschaft für eine nachhaltige Entwicklung jüngst in den Sustainable Development Goals der UN formuliert worden (vgl. Kap. 3.4). Hier werden von der Wissenschaft und Forschung konkrete Ziele eingefordert, z. B. substanzielle Beiträge zur zukünftigen Energie- und Wasserversorgung oder zum Schutz der Ökosysteme.

Vor dem Start eines jeden Projekts ist mithin die jeweilige Nutzendimension zu bestimmen: Wer hat in welcher Form etwas von dem angestrebten Projektergebnis? Dabei müssen insbesondere die Nachfolgeprozesse nach der Erzielung eines Ergebnisses beleuchtet werden, z. B. die wissenschaftliche Verwertung der Ergebnisse, die Vermarktung bzw. Ingebrauchnahme neu entwickelter Produkte oder die Integration in Empfehlungen oder Konzepte für Politik, Wirtschaft oder Gesellschaft (s. Abb. 7.2).

7.2.2 Projektdurchführung

Bei der Durchführung der Projekte ist neben der unerlässlichen Anforderung an die wissenschaftliche Integrität (vgl. Kap. 5.3) und die fachliche Expertise zur Umsetzung auch der Blick über den Tellerrand wichtig, um das Projekt in einem größeren Kontext zu verorten. Dazu gehört ggf. auch die Berücksichtigung weiterer relevanter wissenschaftlicher Disziplinen zur Erzielung und Erweiterung des Projektergebnisses. Beim **interdisziplinären Forschungsmodus** werden Ansätze und Methoden aus verschiedenen wissenschaftlichen Disziplinen zusammengeführt (vgl. Kap 4.3.3, Kooperationen). Derartige Kooperationen sind notwendig, um Systemlösungen, u. a. für komplexe gesellschaftliche Probleme, zu erarbeiten. Eine besondere Herausforderung ist dabei das Zusammenspiel der Geistes- und Sozialwissenschaften

SDG 6 „Wasser für alle "		**Beiträge einer FuE-Organisation**	
Unterthemen mit technologischen Handlungsfeldern	**Kompetenzen zu Sanitärversorgung, Abwasseraufbe- reitung**	**Kompetenzen zu Abwasserreinigungs -verfahren und -systeme**	**Konkrete Projekte**
– Sanitätsversorgung, Abwasseraufberei- tung	– Abwasserreini- gungsverfahren und -systeme	– Chemisch- physikalische Verfahren	– Ultraschall- und Plasmabehand- lung von Abwasser
– Wasserversorgung	– Verfahren und Systeme zur Versorgung	– Filtration und Membrantechnologie	– Verfahren zur Phosphatrück- gewinnung
– Wasserqualität und Ökosysteme	– Integriertes Wasser- ressourcen- management	– Biologische Reinigungsverfahren	
– Wassereffizienz und -bewirtschaftung		– Thermische Verfahren	– Spaltung von Emulsionen durch elektrophysika- lische Fällung
– Systemische Lösungen/internat. Zusammenarbeit	– Industrielle Wassernutzung	– Wasserrecycling- systeme	

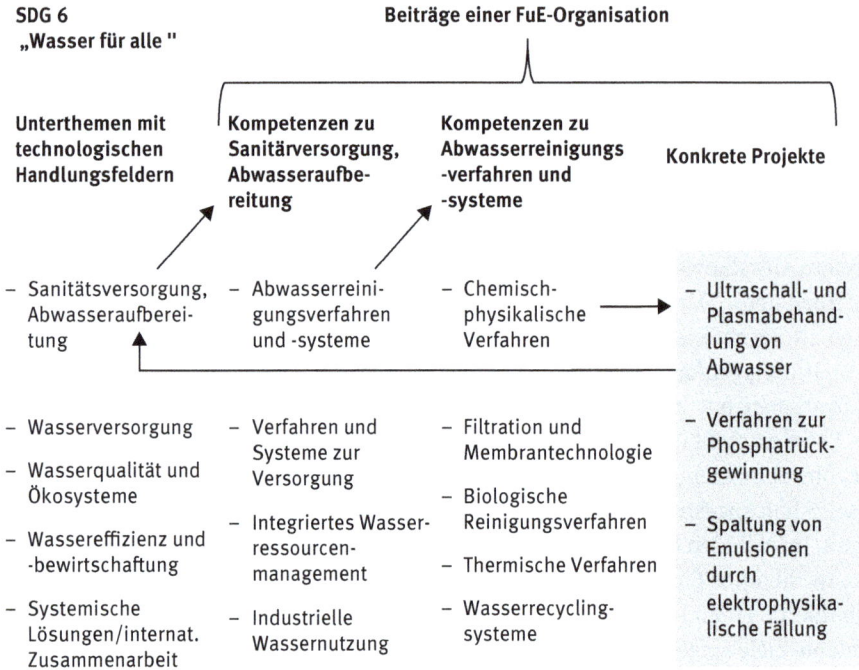

Abb. 7.2: Beispielhafte Darstellung der **Beziehung zwischen den Bedarfen der Menschen** (formuliert durch die Sustainable Development Goals) **und den konkreten Projekten einer FuE-Organisation**. Ausgehend von technologischen Handlungsfeldern eines SDGs (linke Spalte: „Verfügbarkeit und nachhaltige Bewirtschaftung von Wasser und Sanitärversorgung für alle gewährleisten") werden die Kompetenzen der FuE-Organisation kaskadenartig dargestellt bis zur Projektebene (die drei rechten Spalten). Dadurch wird kenntlich, zu welchen Bedarfen die FuE-Organisation beiträgt. Eine solche Darstellung ist auch geeignet, um umgekehrt (Pfeil von rechts nach links) zu zeigen, mit welcher Anzahl und Art von FuE-Projekten die FuE-Organisation zu welcher Lösung der gesellschaftlichen Herausforderung konkret beiträgt. Mit einer solchen Darstellung kann „Green-Washing"[55] vermieden werden (eigene Darstellung).

einerseits und der Natur- und Ingenieurwissenschaften andererseits aufgrund unterschiedlicher disziplinärer Paradigmen und Fachsprachen. Beim transdisziplinären Forschungsmodus wird praktisches Erfahrungswissen von wissenschaftsexternen Akteuren (Unternehmen, Gewerkschaften, Verbände, Verwaltungen, NGOs, Betroffene) in den Forschungsprozess integriert. Mit den allgegenwärtigen Treibern wie dem Wachstumsparadigma (Wirtschaft), der Globalisierung (Wirtschaft, Politik)

---

55 Greenwashing: PR-Aktion und Kampagnen von Unternehmen, Organisationen oder politischen Strategien, die darauf zielen, in der Öffentlichkeit ein umweltfreundliches und verantwortungsbewusstes Image zu erzeugen, ohne dass derartige ökologische oder sozialen Leistungen vorhanden sind oder nur minimal sind im Verhältnis zum Kerngeschäft.

oder der Digitalisierung (Technik, Gesellschaft) muss je nach Problemstellung und deren Einbettung in einen gesellschaftlichen Kontext unterschiedlich umgegangen werden. Insbesondere sind die Wechselwirkungen zwischen den verschiedenen Akteuren in Wirtschaft, Gesellschaft und Wissenschaft zunehmend komplex und nicht mehr eindeutig; so werden Forscher z. B. zunehmend technologisch mit Mensch-Maschine-Wechselwirkungen konfrontiert, deren Synergien sie nicht nur gestalten, sondern auch bewerten sollen. Bei diesem geforderten „Blick auf das Ganze" brauchen sie eine Vernetzung mit anderen Disziplinen und Akteuren. Allerdings sollte ein Vollständigkeitsanspruch nicht zu weit getrieben werden, vielmehr muss „das rechte Maß" und somit eine geeignete Systemgrenze hinsichtlich der Risikobeurteilung gefunden werden, um einerseits relevante Aspekte über ein Projekt hinaus zu berücksichtigen, andererseits aber die Vielfalt und Komplexität auch überschaubar zu halten.

Eine **ethische Reflexion zur Projektdurchführung** ist notwendig, falls sich außerhalb gesetzlicher Bestimmungen ein Zielkonflikt zwischen den persönlichen Werten des Wissenschaftlers und den Anforderungen des Projekts ergibt. Derartige Konfliktpotenziale bei der Versuchsdurchführung sind z. B. Versuche mit Tieren oder die Wahl der Kooperationspartner bzw. Auftraggeber (z. B. Rüstungsunternehmen oder Unternehmen mit zweifelhaften Geschäftsmethoden). Ethische Reflexion heißt in diesem Fall, das eigene Handeln (also die Durchführung des Projekts) vor dem eigenen Gewissen und den Erwartungen der Mitmenschen zu verantworten. Dabei spielen die Werte und Begriffe wie Gerechtigkeit, Menschenwürde oder Freiheit eine Rolle: Widerstreitende Wertvorstellungen müssen in fach- und kulturübergreifenden Diskussionen erörtert und abgewogen werden (vgl. Kap. 7.2). Deshalb sollten, wie oben beschrieben, die Wissenschaftler in allen FuE-Organisationen die Fähigkeit erwerben, sich an solchen Diskussionen konstruktiv zu beteiligen.

7.2.3 Nutzung der Projektergebnisse

Die Reflexion über die Nutzung der Ergebnisse am Ende eines FuE-Projekts sollte nicht erst nach dessen Abschluss erfolgen, sondern prinzipiell bereits bei der Anlage des Projekts. Zwar können zu diesem Zeitpunkt noch nicht alle konkreten Ergebnisse exakt vorherbestimmt werden, doch kann die Nutzung und Verbreitung des anvisierten Ergebnisses bereits erörtert werden; das gilt sowohl für proaktive Verwertung, z. B. durch Lizenzierung, als auch für mögliche Maßnahmen zur Einschränkung der Verbreitung, um ggf. einen Missbrauch der Ergebnisse zu verhindern.

Notwendig ist zudem eine Reflexion der möglichen Folgen, die sich aus der Wahl des Forschungsgegenstands, der Gestaltung des Forschungsprozesses und der Anwendung der Ergebnisse ergeben können, insbesondere hinsichtlich der Auswirkungen auf die Gesellschaft und Umwelt. Für einige Themengebiete existieren bereits methodische Ansätze einer Folgenabschätzung (z. B. Technikfolgenabschätzung, Umweltverträglichkeitsprüfung[56]), für andere eröffnen sich hier neue eigene FuE-Felder (vgl. Kap. 3.5, Technikfolgenabschätzung). Diese Reflexion muss allerdings auch schon bei der Projektauswahl stattfinden, weil der Wissenschaftler nach der Veröffentlichung des Ergebnisses kaum mehr Einfluss auf dessen Verwendung hat.

Relevante Technikfelder im Hinblick auf ethische Fragestellungen, Umgang mit Unsicherheiten und Reflexion von Folgen (Grunwald, 2013)

– Agrartechnik	– Medizintechnik
– Climate Engineering	– Militärtechnik
– Computerspiele	– Mobilfunk
– Endlagerung hochradioaktiver Abfälle	– Mobilität und verkehr
– Energie	– Nanotechnologie
– Geo- und Hydrobau	– Neurotechniken
– Gentechnik	– Raumfahrt
– Human Enhancement	– Robotik
– Information	– Sicherheits- und Überwachungstechnik
– Internet	– Synthetische Biologie
– Kernenergie	– Synthetische Chemie
– Lebensmittelverarbeitung	– Ubiquitous Computing
– Medien	

Die Wissenschaft hat den umfassenden Auftrag, zu weitgreifenden ökologischen, sozialen und ökonomischen Herausforderungen Beiträge für eine nachhaltige Entwicklung im globalen Maßstab zu leisten. In diesem breiten Anforderungsraum bewegen sich die Wissenschaftler. Dazu gehören auch Lösungen, die die Risiken und Schäden früherer „Forschungserfolge" wieder einzudämmen versuchen. Deren Folgen waren in der Vergangenheit aufgrund mangelnder Risikountersuchungen nicht vorhersehbar oder sie wurden bei damaligen Entscheidungsprozessen ignoriert (z. B. war die Notwendigkeit einer sicheren Endlagerung radioaktiver Materialien bereits vor dem Bau des ersten Kernkraftwerks bekannt; die Endlagersuche beginnt erst 60 Jahre später und ein Endlager wird erst im Jahr 2110, also in rund 100 Jahren, im Einsatz sein (Deutscher Bundestag, 2016)).

---

56 Umweltverträglichkeitsprüfung (UVP): Verfahren, um die möglichen Umweltauswirkungen eines geplanten (Infrastruktur-) Vorhabens zu ermitteln und zu bewerten (z. B. Bau eines Flughafens oder Errichtung einer Industrieanlage). Ökonomische oder soziale Folgen sind nicht Teil der Prüfung. Mittlerweile haben viele Staaten eine UVP in ihr nationales Recht implementiert. Auch internationale Institutionen wie die Weltbank machen diese Prüfung zur Bedingung bei Projekt- oder Kreditanfragen.

Die Europäische Kommission hat unter dem Begriff „Responsible Research and Innovation" (RRI) eine Initiative geprägt, die bei Forschungs- und Innovationsprozessen auch den Aspekt der Umwelt und Gesellschaft berücksichtigt.

Das Konzept „**Responsible Research and Innovation**" der Europäischen Kommission beinhaltet 6 Kriterien (European Commission, 2015):
- Öffentliches Engagement: Gesellschaftliche Herausforderungen sollen mit allen relevanten Akteuren (Wissenschaft, Industrie, Politik und Zivilgesellschaft) durch einen transparenten Diskurs gelöst werden.
- Gleichberechtigung der Geschlechter: Stärkere Berücksichtigung von Frauen durch Maßnahmen der Personalentwicklung auch im Kontext von Wissenschaft und Innovationen
- Wissenschaftliche Bildung: Um an einem gemeinsamen Dialog und Prozess zu Wissenschaft und Innovationen teilnehmen und Verantwortung übernehmen zu können, müssen die Teilnehmer entsprechend ausgebildet werden.
- Open Access: Forschungsergebnisse aus öffentlich geförderten Projekten müssen transparent und zugänglich sein.
- Ethik: Forschung und Innovation muss den höchsten ethischen Standards und Grundrechten genügen.
- Governance: Die Politik trägt die Verantwortung, um schädliche oder unmoralische Entwicklungen zu unterbinden.

7.3 Gute Unternehmensführung und Nachhaltigkeitsmanagement

Ursprünglich wurden Ansätze „Guter Unternehmensführung" für Unternehmen nach dem Ideal eines „ehrbaren Kaufmanns" entwickelt, der einerseits gute Geschäfte machte, sich aber andererseits um das Wohlbefinden und die Anliegen seiner Mitarbeiter und der regionalen Umgebung kümmerte. Dieses Verhalten wurde in den 80er-Jahren in den USA mit dem Begriff der Corporate Social Responsibility[57] beschrieben.

Derartige Regeln guter Unternehmensführung sind auch für FuE-Organisationen übertragbar, weil sich – trotz unterschiedlicher Zielsetzungen – die Prinzipien der Leitung einer FuE-Organisation von der eines Unternehmens nicht signifikant unterscheiden. Die Kennzeichen guter Unternehmensführung sind:
- Risikomanagement und angemessener Umgang mit Risiken: Darunter wird eine aktive, zukunftsorientierte Steuerung der Organisationsrisiken verstanden; dazu gehören die Identifikation, Analyse, Bewertung und Überwachung von Risiken. Diese Informationen dienen als Voraussetzung für fundierte Entscheidungen der Führungsebene, so dass Risiken frühzeitig vermieden oder vermindert werden können (vgl. Kap. 4.3, Risikomanagement).

---

57 Corporate Social Responsibility (CSR): Engagement eines Unternehmens, auf freiwilliger Basis soziale und ökologische Belange – weitreichender als gesetzlich vorgeschrieben – in die eigene Geschäftstätigkeit und in die Wechselbeziehungen mit den Stakeholdern zu integrieren.

- Ausrichtung der Managemententscheidungen auf langfristige Wertschöpfung: Es sollen keine kurzfristigen Renditen oder Ziele angestrebt werden, sondern solche, die langfristig den Bestand der Organisation sichern, weil sie mit Umsicht in Bezug auf die Stakeholder und die Natur getroffen wurden.
- Transparente Unternehmenskommunikation: Organisationen sollten sich zu einer internen und externen Rechenschaftspflicht bekennen bezüglich ihrer Entscheidungsfindungen, Regeleinhaltungen und Finanzierung. Ebenso sollten die internen Vorgaben mit den dahinterliegenden Prinzipien und Werten als auch eine Bekanntgabe von Regelverstößen und des Umgangs damit veröffentlicht werden.
- Interessen der Stakeholder: Um Stakeholder aktiv einzubinden, sollte eine Organisation ihre relevanten Stakeholder identifizieren und mit ihnen in einen regelmäßigen Dialog treten, um Erwartungshaltungen kennenzulernen und diese bei Entscheidungen zu berücksichtigen.

Die Berücksichtigung der Ansprüche der Stakeholder, die Langfristperspektive der Entscheidungen und der Umgang mit Risiken sind auch die Eckpfeiler des sogenannten Nachhaltigkeitsmanagements; dazu gibt es internationale Standards ISO 26000[58] und UN Global Compact,[59] die die Handlungsfelder benennen.

BMBF-Projekt: Leitfaden „Nachhaltigkeitsmanagement in außeruniversitären Forschungsorganisationen" (Fraunhofer-Gesellschaft, 2016)

Vor dem Hintergrund weitgreifender ökologischer, sozialer und ökonomischer Herausforderungen sehen Politik und Zivilgesellschaft die Forschung zunehmend in der Rolle, klare Handlungsoptionen für den Umgang mit den drängenden Fragen der gesellschaftlichen Entwicklung zu formulieren. Deshalb haben die Fraunhofer-Gesellschaft (Projektleitung), die Helmholtz-Gemeinschaft und die Leibniz-Gemeinschaft in einem BMBF-geförderten Projekt einen Leitfaden erstellt, der sich

---

58 ISO 26000: Norm als Leitfaden für Organisationen, um sich gesellschaftlich verantwortlich zu verhalten. Sie wurde 2010 veröffentlicht und die Anwendung ist freiwillig. Dabei werden folgende Aspekte tiefer adressiert: Organisationsführung, Menschenrechte, Arbeitspraktiken, Umwelt, faire Betriebs- und Geschäftspraktiken, Konsumentenanliegen und Einbindung und Entwicklung der Gemeinschaft.
59 UN Global Compact: Weltweit größte Initiative für verantwortungsvolle Unternehmensführung. Die Vision beruht auf folgenden Prinzipien:
- Unternehmen sollen den Schutz der internationalen Menschenrechte unterstützen und achten.
- Unternehmen sollen die Vereinigungsfreiheit und die wirksame Anerkennung des Rechts auf Kollektivverhandlungen wahren und für die Beseitigung aller Formen der Zwangsarbeit, die Abschaffung der Kinderarbeit und die Beseitigung von Diskriminierung bei Anstellung und Beschäftigung eintreten.
- Unternehmen sollen im Umgang mit Umweltproblemen einen vorsorgenden Ansatz unterstützen, Initiativen ergreifen, um ein größeres Verantwortungsbewusstsein für die Umwelt zu erzeugen.
- Unternehmen sollen gegen alle Arten der Korruption eintreten, einschließlich Erpressung und Bestechung.

an alle richtet, die sich mit dem Thema des Nachhaltigkeitsmanagements auf der Ebene von FuE-Organisationen beschäftigen.

Forschungseinrichtungen tragen nicht nur durch ihre wissenschaftlichen Ergebnisse zur Nachhaltigen Entwicklung bei. Als Elemente des Innovationssystems, Arbeitgeber und öffentlich (teil-) finanzierte Organisationen haben sie ebenso den gesellschaftlichen Auftrag, sich mit ihrer Verantwortung für Umwelt, Gesellschaft sowie für die Mitarbeiter in den eigenen Forschungs- und betrieblichen Prozessen auseinanderzusetzen. Neben dem Beitrag zur Lösung gesellschaftlicher Probleme spielt auch die Vermeidung von Risiken und möglichen Schäden durch die Forschungstätigkeit eine Rolle. Der Leitfaden adressiert folgende Handlungsfelder:

- Organisationsführung
    - Integrative Strategieplanung
    - Partizipative Organisationsentwicklung
    - Compliance
    - Transfer und Austausch
    - Forschung
    - Gute wissenschaftliche Praxis
    - Forschen in gesellschaftlicher Verantwortung
    - Beitrag zur Lösung gesellschaftlicher Herausforderungen

- Personal
    - Dienstleistung
    - Entwicklung und Gestaltung
    - Vernetzung und Kooperation:

- Gebäude und Infrastrukturen
    - Planung und bauliche Gestaltung
    - Bau und Modernisierung
    - Betrieb und Bewirtschaftung
    - Rückbau und Entsorgung

- Einkauf
    - Umweltverträgliche und sozial verantwortliche Beschaffung

Einen orientierenden Standard für die Erstellung von Nachhaltigkeitsberichten – in dem u. a. auch das dahinter liegende Nachhaltigkeitsmanagement beschrieben wird – liefert die Global Reporting Initiative (GRI). Dieser Leitfaden ist vornehmlich für Unternehmen konzipiert, kann aber für FuE-Organisationen angepasst werden.

Global Reporting Initiative 4.0 (Global Reporting Initiative, 2015); **Anleitung zur Erstellung eines Nachhaltigkeitsberichts**
Grundsätze zur Bestimmung der Berichtsinhalte:
- Einbeziehung von Stakeholdern: Die Organisation sollte ihre Stakeholder angeben und erläutern, inwiefern sie auf deren angemessene Erwartungen und Interessen eingegangen ist.
- Nachhaltigkeitskontext: Der Bericht sollte die Leistung der Organisation im größeren Zusammenhang einer nachhaltigen Entwicklung darstellen.

- Wesentlichkeit: Der Bericht sollte Aspekte abdecken, die die wesentlichen wirtschaftlichen, ökologischen und gesellschaftlichen Auswirkungen der Organisation wiedergeben bzw. die Beurteilungen und Entscheidungen der Stakeholder maßgeblich beeinflussen.
- Vollständigkeit: Der Bericht sollte alle wesentlichen Aspekte und deren Grenzen in dem Maße abdecken, dass sie die bedeutenden wirtschaftlichen, ökologischen und gesellschaftlichen Auswirkungen wiedergeben und die Stakeholder die Leistung der Organisation im Berichtszeitraum beurteilen können.

Grundsätze zur Bestimmung der Berichtsqualität:
- Ausgewogenheit
- Vergleichbarkeit
- Genauigkeit
- Aktualität
- Klarheit
- Verlässlichkeit

Mittlerweile gibt es eine Reihe von außeruniversitären FuE-Organisationen (z. B. Fraunhofer-Gesellschaft), FuE-Einrichtungen (z. B. DLR) sowie von Hochschulen (z. B. Universität Freiburg, Universität Bremen, Universität Lüneburg), die u. a. in Anlehnung an den GRI-Standard Nachhaltigkeitsberichte erstellt haben.

8 Der Forschungsmanager

– Wie sieht das Berufsbild eines Forschungsmanagers aus?
– Welche Ausbildung und Kompetenzen braucht ein Forschungsmanager?
– Welches sind typische Positionen eines Forschungsmanagers?

8.1 Berufsbeschreibung

Forschungsmanagement ist das professionelle „Organisieren von Forschung". Während es für produzierende oder dienstleistende Unternehmen selbstverständlich ist, dass neben der reinen Produktion der Güter (entsprechend bei FuE-Einrichtungen der reinen FuE-Tätigkeit) auch viele begleitende Geschäftsprozesse zu bearbeiten sind, z. B. die interne und externe Kommunikation, die Strategieplanung, die langfristige Finanzierung oder die Stakeholder-Einbindung, standen FuE-Organisationen in der Vergangenheit oftmals unter der (selbstorganisierten) Führung von Wissenschaftlern, die mehr in der Funktion eines „Spieler-Trainers" entsprechende Führungsfunktionen und Strategieaufgaben wahrnahmen. Das Management sollte nebenbei laufen und wurde teilweise als Behinderung der eigenen Forschungstätigkeit gesehen. Eine solche Haltung ist nicht mehr verträglich mit der stark vernetzten und im globalen Wettbewerb stehenden Wissenschaft und mit den hohen Erwartungen, die an sie gestellt werden: Den Institutionen der Wissenschaft und Forschung kommt eine zunehmend steigende Verantwortung für eine nachhaltige Entwicklung zu, deshalb bedürfen sie eines spezifischen und professionellen Managements. In dieser Konsequenz hat sich somit in den letzten Dekaden die Profession des Wissenschafts- und Forschungsmanagers als eigenes Berufsbild herausgebildet.

Entsprechend zu den Begriffen der Forschung und Wissenschaft werden auch die Bezeichnungen des Forschungs- bzw. des Wissenschaftsmanagers verwendet (vgl. Kap. 1.1). Eine konsequente Differenzierung zwischen diesen beiden Funktionen ist nicht möglich; während der Begriff des Wissenschaftsmanagements eher in den Hochschulen (unter Einbezug der Organisation der Lehre) und grundlagenorientierten Wissenschaftseinrichtungen benutzt wird, ist der des Forschungsmanagers eher in der außeruniversitären angewandten Forschung oder auch in den FuE-Abteilungen von Unternehmen anzutreffen. Es gibt natürlich diverse Unterschiede zwischen der Kultur bzw. der Organisation von Forschung in einer FuE-Abteilung eines Unternehmens im Vergleich zu der in einer Fakultät einer Universität, aber die Themenfelder für die Manager in beiden Bereichen sind stark überlappend. So wurde in diesem Buch nur der Begriff des Forschungsmanagements und des Forschungsmanagers verwendet, wobei damit natürlich auch die Wissenschaftseinrichtungen und ihre Wissenschaftsmanager angesprochen wurden.

DOI 10.1515/9783110517828-008

8.2 Ausbildung und Kompetenzen

Jeder einzelne Wissenschaftler ist neben seiner originären wissenschaftlichen Tätigkeit (im Labor oder am Computer) auch zugleich sein eigener Forschungsmanager, da er seine Forschungstätigkeit (bzw. sich selbst) zu einem Mindestmaß selbst organisieren muss. Der Forscher ist eingebettet in ein System von Mitforschenden, Vorgesetzten, Administratoren, Fördergebern und weiteren Stakeholdern mit denen entsprechende Wechselwirkungen stattfinden. Dazu gehören die Projektplanungen in Bezug auf Ressourcen wie Zeit, Finanzen, Räume sowie der Zugang zu Infrastrukturen und Geräten. Auch weitere persönliche Fähigkeiten wie Kommunikation und überzeugende Präsentation sind unverzichtbare Anforderungen an jeden einzelnen Forscher, weil auch der Transfer seiner Ergebnisse für ihn essenziell ist. Und da ein Forscher überwiegend innerhalb einer FuE-Organisation eingebunden ist, gehört auch seine eigene persönliche mittelfristige Ziel- und Karriereplanung, orientiert am Leitbild und den internen Strukturen der FuE-Einrichtung, zum (Selbst-)Forschungsmanagement.

Zu beobachten ist, dass mit der wissenschaftlichen Karriere eines Forschers (z. B. die eines Professors oder eines Institutsleiters) auch unvermeidlich dessen „Managementfunktionen" zunehmen und damit zu Lasten der eigenen aktiven Forschung gehen. In Führungspositionen nimmt der Anteil der Strategiebildung, Mitarbeiterführung, Finanzierungsplanung oder der Außenkommunikation stark zu und konsequenterweise forscht dann ein Leiter einer FuE-Einrichtung aktiv selbst kaum mehr. Aufgrund seiner langjährigen FuE-Erfahrung und der Überblickskompetenz übernimmt er zwar oftmals noch die (formale Betreuung) von akademischen Arbeiten (Master- oder Promotionsarbeiten), aber die Day-to-Day-Betreuung wird oft an andere, „aktivere" Wissenschaftler delegiert.

Das Aufgabenprofil eines „Vollzeit-Forschungsmanagers" unterscheidet sich von den rudimentären Managementtätigkeiten eines einzelnen Forschers insbesondere darin, dass sich der Forschungsmanager innerhalb eines spezifischen Managementbereichs spezialisiert. Durch die Besetzung in unterschiedlichen Positionen sorgen Forschungsmanager dafür, dass in einer FuE-Organisation effektiv und effizient geforscht werden kann, eine Vernetzung mit der Scientific Community stattfindet und die externen Stakeholdern berücksichtigt werden. Dabei unterstützt der Forschungsmanager sowohl die direkt Forschenden als auch die Leitung einer FuE-Organisation; dadurch sitzt er manchmal auch „zwischen den Stühlen", weil er bei seinen Tätigkeiten nicht immer den gleichen Stakeholder bzw. Kunden hat. Das ist üblicherweise nicht kritisch, aber manchmal muss er ggf. auch zwischen Ebenen bzw. OEs vermitteln (z. B. zwischen den dezentralen FuE-Einrichtungen und der „Zentrale"). Forschungsmanager sind an unterschiedlichen Stellen in der Organisation tätig und auf allen Hierarchieebenen anzutreffen (s. Abb. 8.1). Dabei ist zu unterscheiden zwischen spezialisierten Vollzeit-Forschungsmanagern auf „normaler" Wissenschaftlerebene (z. B. ein EU-Referent) und Forschungsmanagern auf höherer Hierarchie-Ebene (z. B. Präsident einer Universität oder Vorstandsmitglied einer FuE-Organisation); letztere haben sich oftmals durch ihre Karriere vom Wissenschaftler zum Vollzeit-Forschungsmanager entwickelt. Die Anforderungen an einen Präsidenten als Forschungsmanager sind (im Gegensatz zu einem Mitglied seines Stabs), dass der Präsident ein sehr viel breiteres Aufgabenspektrum überblicken sollte (prinzipiell sind für ihn alle Themen dieses Buches relevant), langjährige Erfahrung in spezifischen Teilen des Forschungsmanagements besitzen muss sowie in seinem „früheren Leben als Wissenschaftler" exzellente Forschung durchgeführt hat.

– Zielsetzungen, Strategiebildung,
  Leistungsmessung, Evaluationen
– Interne Governance
– Portfolioentwicklung, FuE-Foresight
– Risikomanagement
– Nachhaltigkeitsmanagement

Strategiebildung und -umsetzung

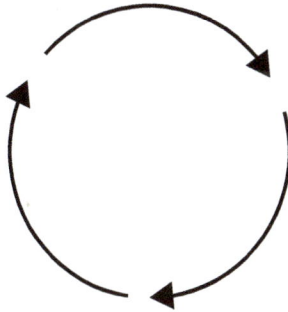

**Externe Wechselwirkungen
und Positionierung**

– FuE-Politik
– Gremienarbeit
– Transfer, Verwertung
– Stakeholder
– Wettbewerberanalyse
– Kooperationen
– Kommunikation, Public Relation

Qualitätssicherung

– Finanzierung
– Projekt- und Innovations-
  management
– Compliance
– Finanzierung
– FuE-Förderung
– Ausbildung, Betreuung

Abb. 8.1: Typische Aufgabenfelder eines Forschungsmanagers: Die drei aufgezeigten Bereiche sind eher als grobe Gruppierungen der Tätigkeiten von Forschungsmanagern zu verstehen und nicht als Abgrenzungen zu betrachten: Forschungsmanager sind im Allgemeinen breit vernetzt und haben einen Überblick über viele Management-Funktionen (eigene Darstellung).

Derzeit gibt es für die Ausbildung von Wissenschafts- bzw. Forschungsmanagern noch kein „Vollstudium". Einige Hochschulen bieten entsprechende MBA-Ausrichtungen an.[60] Mithin haben die heute (und auch noch in absehbarer Zukunft) tätigen Forschungsmanager alle ein „klassisches" Studium in einer Ingenieur-, Natur- oder Gesellschaftswissenschaft absolviert und sind oftmals auch eher „unbeabsichtigt"

---

60 Beispiele von Studiengängen zum Forschungsmanagement: Masterstudium Wissenschaftsmanagement am Zentrum für Wissenschaftsmanagement e. V., Speyer; Innovations- und Wissenschaftsmanagement an der Universität Ulm; Bildungs- und Wissenschaftsmanagement (MBA) an der Universität Oldenburg

oder zumindest ungeplant zu der Rolle eines Forschungsmanagers gekommen. Einige haben sich sukzessive in mehreren Schritten vom Wissenschaftler zum Manager entwickelt, andere wiederum haben ihre wissenschaftliche Karriere bewusst aufgegeben, um als Forschungsmanager zu wirken.

Für Forschungsmanager gelten – wie für (fast) alle Managementpositionen – dreierlei Arten von Kompetenzanforderungen: Fachkompetenz, Methodenkompetenz und Sozialkompetenz. Diese müssen jedoch je nach der Position des Forschungsmanagers unterschiedlich ausgeprägt sein. Im Folgenden wird auf die wesentlichen Ausprägungen der drei Kompetenzbereiche eingegangen, bevor Beispiele von sechs klassischen Positionen eines Forschungsmanagers in FuE-Einrichtungen näher ausgeführt werden.

8.2.1 Fachkompetenz

Unter Fachkompetenz versteht man die theoretischen Kenntnisse, das praktisch anwendbare Handlungswissen sowie die intellektuellen und handwerklichen Fähigkeiten, die zur Erfüllung der Aufgaben erforderlich sind. Üblicherweise werden diese in klassischen Ausbildungsformaten (Lehre, Studium etc.) erworben, um sie dann weiter zu spezialisieren und zu trainieren.

Bei der Fachkompetenz eines Forschungsmanagers stellt sich zunächst die Frage nach der geeigneten „Grundausbildung". Wie oben erwähnt, gibt es keine durchgängigen Curricula für eine Ausbildung zum Forschungsmanager. Fast alle heutigen Forschungsmanager sind „Quereinsteiger", d. h. sie sind üblicherweise in einem klassischen Studiengang ausgebildet und haben teilweise auch schon länger in ihrer originären Disziplin gearbeitet (Promotion und Berufstätigkeit) bevor sie dann in das Forschungsmanagement wechselten. Und mit diesem Wechsel haben sie faktisch die Brücken zu einer Fachkarriere hinter sich abgebrochen, weil ein Aussteiger mit ein paar Jahren Tätigkeiten im Forschungsmanagement kaum wieder zu seiner alten Scientific Community zurückfindet. Aus diesem Umstand (des Aussteigens) resultierte in der Vergangenheit oftmals auch die Sicht bei den noch „aktiven" Wissenschaftlern, dass Forschungsmanager eher gescheiterte Wissenschaftler seien, die in ihrer Disziplin nicht reüssiert und deshalb ihr Forschungsfeld aufgegeben haben. Erst in den letzten Jahren ist der Beruf des Forschungsmanagers auch innerhalb der „Scientific Community" zunehmend anerkannt und geschätzt.

Wenn es also keinen spezifischen Ausbildungsgang gibt, wie geht man vor, wenn man Forschungsmanager werden will? Hinsichtlich der Grundqualifikation stellt sich für den Forschungsmanager die Frage, ob er eher die fachliche Nähe zu den ihn umgebenden Wissenschaftlern suchen sollte (und dann auch „erstmal" deren Grunddisziplin studiert, z. B. Biologie für eine Position in einer Life Science orientierten FuE-Einrichtung) oder ob er sich eher schon auf die notwendigen Kompetenzen für seinen späteren spezifischen Aufgabenbereich konzentrieren sollte (z. B. Studium der Politikwissenschaften, um ein EU-Büro einer FuE-Organisation zu leiten). Diese Frage

stellt sich natürlich nicht, wenn man – wie oben erwähnt – einen solchen Berufs-
wunsch bei der Studienwahl noch gar nicht hegt.

Ein Forschungsmanager sollte auf jeden Fall eine „Anbindungskompetenz" für
die wissenschaftlichen Themen seiner FuE-Einrichtung haben. Er muss diskursfähig mit seinen wissenschaftlichen Kollegen sein; das gilt für einen EU-Referenten
genauso wie für den Koordinator der Strategieplanung oder den Marketingbeauftrag-
ten. Es wird derjenige Forschungsmanager von den Wissenschaftlern ernst genommen, der ihr Gebiet zumindest rudimentär versteht bzw. sich bemüht, es so tief wie
möglich zu verstehen. Die notwendige Tiefe des FuE-Verständnisses ist je nach Position, Tätigkeit und Projekt unterschiedlich: Forschungsmanager im Corporate Governance Bereich, die z. B. ein Leitbild für eine FuE-Organisation erstellen, müssen die
Organisation fachlich weniger tief verstehen als ein „Institutsbetreuer", der in einer
dezentralen FuE-Organisation für das strategische Controlling der FuE-Einrichtungen
zuständig ist. Allgemein gilt: Ein Forschungsmanager einer FuE-Organisation sollte
Freude daran haben, die „Produkte" seiner FuE-Einrichtung (nämlich die FuE-Kompetenzen seiner Kollegen und die FuE-Ergebnisse der Projekte) so tief und v. a. so breit
wie möglich zu verstehen. Dies fällt ihm natürlich leichter, wenn er die entsprechende
Disziplin studiert hat, aber es ist auch möglich, mit einer breiten natur- oder ingenieurwissenschaftlichen „Grundbildung" sich in die entsprechenden Themen schnell
einzuarbeiten (so kann z. B. ein Maschinenbauer auch die Funktion eines Lasers oder
die Grundprinzipien der Gentechnik verstehen).

Neben der wissenschaftlichen Anbindungskompetenz muss der Forschungsmanager natürlich auch die spezifischen Fachkompetenzen erlangen, die für seine
jeweilige Position erforderlich sind. Dabei kann es sich um Kompetenzen handeln, die
permanent für die Position notwendig sind (z. B. für einen EU-Referenten die Politik
und Organisation der Europäischen Union) oder temporär projektbezogen erworben
werden müssen (z. B. Kenntnisse über die Leistungsmessung in der Wissenschaft
für die Einführung eines Indikatorensystems in der FuE-Einrichtung). Insofern fällt
auch die Prüfung der fachlichen Eignung eines Forschungsmanagers (z. B. bei einem
Bewerbungsgespräch) schwer, weil oftmals die relevanten spezifischen Kompetenzen
für die FuE-Einrichtung i. d. R. erst erworben werden müssen. Beurteilbar ist lediglich
die Leistung in der meist klassischen wissenschaftlichen Disziplin (z. B. Physik) und
teilweise auch die Fähigkeit und Neigung, Managementaufgaben zu übernehmen.
Dazu hilft folgender Check (auch als Selbstcheck hinsichtlich einer Neigung zum Forschungsmanager anwendbar):

–   Kann der Kandidat überzeugend darstellen, warum er zu diesem Zeitpunkt aus
    seiner wissenschaftlichen Tätigkeit (bzw. bisherigen Position) aussteigt und eine
    Position im Forschungsmanagement anstrebt? Welches Bild hat der Kandidat von
    der Position?
–   Hat der Kandidat schon während seiner bisherigen Tätigkeiten über das übliche
    Maß hinaus aktiv im Forschungsmanagement mitgewirkt (z. B. Aufbau und
    Leitung von Netzwerken, Engagement in der Öffentlichkeitsarbeit etc.). Hat er

ggf. im privaten Bereich überdurchschnittliches gesellschaftliches Engagement gezeigt (z. B. Aufbau und Trainieren von Sportmannschaften, ehrenamtliche Tätigkeiten)?

– Kann der Kandidat darstellen, dass er die Beschäftigung mit einem prinzipiell sehr breiten FuE-Portfolio als inspirierende Herausforderung empfindet? Welche Nähe hatte er in der Vergangenheit zu anderen FuE-Disziplinen?

– Hat sich der Kandidat ausreichend über die FuE-Organisation und das ihn erwartende Jobprofil informiert? (Dieses ist zwar eine Standardanforderung für jedes Vorstellungsgespräch, aber für einen Forschungsmanager ist sie insofern auf der Metaebene essenziell, da sofort erkannt wird, wie stark konzeptionell der Kandidat arbeitet und Überzeugungsgespräche führen kann, die er üblicherweise später als Forschungsmanager oft führen muss.)

8.2.2 Methodenkompetenz

Die Methodenkompetenz steht für alle Kenntnisse, Fertigkeiten und Fähigkeiten, um die spezifischen Aufgaben der Position zu bewältigen, wobei unter Methode ein standardmäßiges, geplantes und systematisches Vorgehen verstanden wird. Dazu gehören Fähigkeiten wie problemlösendes Denken, abstraktes und vernetztes Denken, Analysefähigkeit oder die Informationsbeschaffung. Neben diesen prinzipiellen Fähigkeiten (die man auch nur in Grenzen konkret theoretisch erlernen kann, aber im Studium meist einige Grundlagen gelegt worden sind), eignet sich jeder Forschungsmanager im Laufe der Zeit praktische Kenntnisse für einige konkrete Methoden an; dazu gehören z. B. Kreativitätstechniken, Moderationstechniken oder das Management von FuE-Programmen.

Das Beherrschen des (klassischen) Projektmanagements ist eine der wichtigsten Methoden eines Forschungsmanagers – sowohl für die Durchführung seiner eigenen Projekte als auch um ggf. die Leiter von FuE-Projekten zu unterstützen. Ebenso wichtig ist die Fähigkeit, neues, projektspezifisches Sachwissen zielgerichtet aufzuarbeiten und anzuwenden. Wie oben dargestellt, muss der Forschungsmanager fähig sein, sich schnell in ein FuE-Thema (z. B. Autonomes Fahren) oder ein Organisationsthema (z. B.: Was ist ein Leitbild und wie erstelle ich es?) einzuarbeiten. Dieses muss effektiv und effizient geschehen. Dabei hilft die Anwendung des sogenannten Paretoprinzips.[61] Es ist wichtig abschätzen zu können, bis zu welcher

---

61 Paretoprinzip oder 80/20-Regel: Methode zum Zeitmanagement. Üblicherweise werden 80 % der Ergebnisse (hier Kenntnisse) mit 20 % des Gesamtaufwands (hier Zeit) erreicht, so dass entsprechend für die verbleibenden 20 % des Ergebnisses bis zu einem absoluten Resultat dann 80 % des Gesamtaufwands veranschlagt werden muss.

Tiefe man für eine bestimmte Aufgabe in ein (neues) Thema einsteigen muss. Dazu gehört auch die Fähigkeit, die Fülle der verfügbaren Informationen nach ihrer Wichtigkeit zu filtern. Moderne Arbeitsmittel und Methoden müssen genutzt werden, um sich innerhalb eines „optimalen" Zeitrahmens neues Fachwissen anzueignen: Steigt man zu oberflächlich ein, leidet die Qualität und man wird ggf. in Diskursen nicht ernst genommen; steigt man zu tief ein, vergeudet man eigene Ressourcen. Schnell muss bei einem spezifischen Projekt auch entschieden werden, ob man das Thema alleine bearbeiten kann, man interne Kollegen hinzuzieht oder auch auf externen Sachverstand angewiesen sein wird. Da ein Forschungsmanager oft an einer Vielzahl von Themen gleichzeitig arbeitet, ist diese Kompetenz der Selbstorganisation essenziell.

Eine weitere prinzipiell notwendige Methodenkompetenz für einen Forschungsmanager ist die Kenntnis der Organisationsstruktur und der charakteristischen Kommunikations- und Entscheidungswege innerhalb der eigenen OE. Um eigene Ideen zu vermitteln, Konzepte zu entwickeln, Kooperationen zu initiieren oder Netzwerke zu organisieren, ist es wichtig zu wissen, wie die eigene Einrichtung „tickt". Neben der offiziellen Hierarchie, die in einem Organigramm dargestellt ist, geht es darum zu wissen, wer mit wem kommuniziert, welche informellen Netzwerke es im Haus gibt und wie die Gepflogenheiten der Information, Kommunikation und Entscheidungen sind. So gibt es ggf. neben den offiziellen Entscheidungswegen (z. B. eine Vorstandssitzung) auch informelle Kommunikationen, die den offiziellen vorangehen, so dass die formalen Entscheidungen dann nur „pro forma" erfolgen. Ebenso sind Akteure zu identifizieren, die auch außerhalb der offiziellen Entscheidungswege faktisch großen Einfluss haben (z. B. Berater von Entscheidungsträger). Diese interne Kommunikations- und Entscheidungskultur einer Organisation muss von einem Forschungsmanager verstanden werden. Die Kenntnis nimmt zwar automatisch mit der Dauer der Zugehörigkeit zu der FuE-Organisation zu, gleichwohl sollte ein Forschungsmanager systematisch und aktiv diese Netzwerke überblicken und auch eigene aufbauen, sowohl im eigenen Haus als auch im Außenraum. Im Innenraum ist die Vernetzung notwendig, um Informationen breit über die verschiedenen Ebenen hinaus auszutauschen und somit Vertrauen bei Kollegen aufzubauen; Forschungsmanager setzen oft neue Konzepte in der FuE-Einrichtung um und brauchen dazu „wohlwollende Verbündete". Im Außenraum ist insbesondere ein lokales, regionales oder nationales Netzwerk[62] mit Forschungsmanagern anderer FuE-Einrichtungen nützlich. Auch hier geht es einerseits um den Austausch von Best Practice als auch um Informationen aus der FuE-Szene.

---

62 Nationales Netzwerk, Beispiel: Netzwerk Wissenschaftsmanagement e. V. Das 2011 gegründete Netzwerk betreibt die Professionalisierung der Berufe im Wissenschaftsmanagement mit einer großen Jahrestagung und eigenen Angeboten, um Best Practices von Institutionen zu verbreiten und die individuelle Karriere im Wissenschaftsmanagement zu unterstützen (Netzwerk Wissenschaftsmanagent, 2016).

Ist ein Forschungsmanager in verschiedenen internen Netzwerken etabliert und hat einen Kreis von vertrauten Kollegen, so hat er dadurch die Möglichkeit, eigene Konzepte mit unterschiedlichen Akteuren zu diskutieren und zu testen. So kann er neue (noch „unausgegorene") Ideen in einem kleinen, vertrauten Kollegenkreis diskutieren, wobei die Kollegen keine „Claqueure" sein dürfen, sondern vielmehr konsequent die Rolle eines Advocatus Diaboli[63] einnehmen müssen. Scheint die Idee nach einer solchen Prüfung immer noch überzeugend, sollte in einer nächsten, erweiterten informellen Stufe nochmals das Pro und Contra besprochen werden, bevor das Konzept in die offiziellen Entscheidungsprozesse eingebracht wird.

Eine für fast alle Positionen bei Stellenausschreibungen geforderte Kompetenz ist heutzutage „ein guter Ausdruck in Schrift und Sprache". Kaum jemand stellt das Kriterium für sich in Frage, doch die Anforderung ist nicht trivial. Neben einer präzisen Sprache und einer guten Präsentationsfähigkeit geht es dabei vor allem um das solide Formulieren schriftlicher Texte. Letztendlich werden alle formalen Angelegenheiten schriftlich kommuniziert: Vorlagen für eine Sitzung, die Idee für ein Projekt, das Positionspapier zu einem politischen Thema, das Protokoll der Vorstandssitzungen oder das Leitbild einer FuE-Organisation. Eine je nach Thema und Adressat angepasste Sprache ist für die schriftlichen Ausführungen unabdingbar, u. a. auch, um eigene Ideen klar zu kommunizieren und darzustellen. Dazu ist es hilfreich, dass man nicht mit der Sprache „kämpft", sondern sie beherrscht und das (eigene) Denken auszudrücken vermag. Die Sprachkompetenz ist auch nützlich, um den „ersten Aufschlag" bei wichtigen schriftlichen Entwürfen an sich ziehen, z. B. für White Paper zu einem forschungspolitischen Thema oder ein Protokoll einer wichtigen Sitzung (getreu dem Sprichwort: „Wer schreibt, der bleibt"). Durch das Entwerfen von Texten erhält man viele inhaltliche Gestaltungsmöglichkeiten. Es ist einfacher, einen „frischen Text" zu entwerfen als einen bereits vorliegenden Text zu verändern, weil man dann gegen diesen Text (und seinen Autor) argumentieren muss.

Eine besondere Methodenkompetenz ist die Medienkompetenz. Dazu gehören die Nutzung der modernen Informations- und Kommunikationstechnologien, das Managen von Wissen und das Beherrschen der verschiedenen sozialen Medien. Bezüglich letzterem geht es auch darum, dass sich Personen der Zivilgesellschaft in die Wissenschafts-Community einbringen können. Hierzu sollten allerdings in den Social Media geschulte Personen herangezogen werden, um derartige Plattformen aufzusetzen und zu betreuen.

---

63 Advocatus Diaboli (ursprünglich Kirchenanwalt zur Anfechtung der Heiligsprechung einer Person): Diskussion, bei der dem Advocatus Diaboli die Aufgabe zukommt, bewusst die Gegenposition zu einem Vorschlag einzunehmen. Dadurch wird die eigene Position im Hinblick auf mögliche Gegenargumente geschärft.

8.2.3 Sozialkompetenz

Mit der Sozial- oder auch Persönlichkeitskompetenz werden Kenntnisse und Fähigkeiten adressiert, um mit anderen Menschen – insbesondere Kollegen und Stakeholder – zu kommunizieren und zu interagieren. Dabei handelt es sich um Anforderungen, die auch in vielen anderen Stellenausschreibungen angesprochen werden: Man sollte teamfähig, kommunikationsfähig, kompromissfähig, konfliktfähig, partnerschaftlich und verantwortlich sein. Ebenso werden üblicherweise starke Persönlichkeiten mit einer souveränen Ausstrahlung gesucht, die entscheidungsstark sind. Diese Anforderungen gelten – je nach Position – prinzipiell auch für Forschungsmanager. Weitere spezifische Eigenschaften sind Empathie, Konzeptionsfähigkeit und die Kommunikationskompetenz.

Mit Empathie wird die Fähigkeit angesprochen, Motive und Persönlichkeitsmerkmale anderer Personen zu erkennen, zu verstehen und zu berücksichtigen, um dann adäquat handeln zu können. Um neue Ideen, Instrumente oder Konzepte umzusetzen muss man Entscheider überzeugen, sei es den Leiter einer OE zur Einführung eines Nachhaltigkeitsmanagements, den Kollegen einer Nachbarabteilung zur Kooperation in einem Projekt, den Präsidenten der FuE-Organisation zur Finanzierung eines neuen Förderprogramms oder den EU-Kommissar zur Unterstützung einer spezifischen europäischen FuE-Initiative. Dazu gehören nicht nur gute Argumente für die Sache an sich (die selbstverständlich sind), sondern auch die geeignete Art und Weise der Ansprache sowie der geeignete Zeitpunkt. Man muss stets die Win-win-Situation im Auge haben und sich fragen, was neben dem eigenen „Win" auch der „Win"-Aspekt des Anderen sein könnte. Diese Frage kann man nur beantworten, wenn man weiß, was den Entscheider aktuell mental gerade bewegt. Man muss in eine „Resonanz" zu dem Gegenüber kommen, d. h. der eigene Vorschlag muss in Harmonie zu dessen Themen stehen. Dazu sind manchmal nur ganz kurze – aber passende – Impulse notwendig (wie in der Physik muss man zur Resonanz auf der gleichen „Wellenlänge" liegen). Vor einer solchen Überzeugungsansprache sind mithin zwei Punkte zu beachten: „Was beschäftigt den Gesprächspartner derzeit?" und „Wie kann ich meine eigene Idee damit zu verknüpfen?" Ebenso ist auch die Form der Ansprache wichtig; sie muss so gewählt werden, dass der Entscheider den Vorschlag in einem geeigneten Umfeld zur Kenntnis nehmen kann. Dazu gehören situationsbezogen entweder schriftliche Formate (z. B. E-Mail, schriftliche Vorlagen) oder mündliche Ansprachen (vom Elevator Pitch[64] bis zum direkten Gesprächstermin).

---

64 Elevator Pitch (Fahrstuhl – Überzeugungsgespräch): Präsentation einer (Geschäfts-)Idee gegenüber einem Förderer/Vorgesetzten/Kunden während einer fiktiven Aufzugsfahrt. Nach max. 30 Sekunden sollte die Neugier des Gegenübers so geweckt sein, dass er einen Nachfolgetermin zulässt bzw. vereinbart. Ziel ist es nicht, vollständige Konzepte darzustellen, sondern in kürzester Zeit die Leistung und den Nutzen für den Vorgesetzten zu kommunizieren und damit dessen Neugier und Interesse zu wecken.

Die Konzeption und Umsetzung neuer Instrumente oder Prozesse in FuE-Einrichtungen gehören zum üblichen Aufgabenspektrum vieler Forschungsmanager. Und weil neue Themen oder Projekte nicht immer auf uneingeschränkte Akzeptanz bei allen Beteiligten stoßen, ist auch eine rudimentäre Kompetenz im Konfliktmanagement unverzichtbar. Für Konfliktlösungen ist es hilfreich, wenn offenkundig ist, um welche Art von Konflikten es sich bei den Beteiligten oder Betroffenen handelt, weil erst dann eine adäquate Konfliktbehandlung möglich ist. Mögliche Konfliktformen sind:

–   Wissens- und Wahrnehmungskonflikte: Die Wissensstände der Beteiligten oder Betroffenen sind unterschiedlich, unvollständig und zum Teil widersprüchlich.
–   Motiv- und Zielkonflikte: Der Weg der Umsetzung und die Zielsetzung werden nicht von allen Beteiligten geteilt.
–   Rollen- und Machtkonflikte: Die jeweilige Einbindung der Beteiligten wird als nicht passend oder gerecht wahrgenommen (sowohl in der Selbstwahrnehmung als auch in der Beurteilung von anderen); dies betrifft insbesondere Führungsrollen. Dazu gehören auch Kompetenzkonflikte, d. h. unterschiedliche Beteiligte fühlen sich für eine Aufgabe vorrangig kompetent und zuständig.
–   Beziehungskonflikte: Zwischen einigen Beteiligten gab es schon vor dem aktuellen Projekt zwischenmenschliche Spannungen aufgrund zurückliegender Ereignisse.

Weitere notwendige Sozialkompetenzen eines Forschungsmanagers sind Kreativität, Organisationsfähigkeit, Selbstständigkeit und Zuverlässigkeit. Anders als bei der Fachkompetenz oder der Methodenkompetenz ist die Sozialkompetenz von Menschen kaum vollständig neu erlernbar, denn der Erwerb dieser Fähigkeiten liegt grundlegend in der Kindheit und wird mit der Erziehung vermittelt; es gibt beim Erwachsenen kein „Nicht-Verhalten", sondern die spezifischen Reaktionsmuster auf Mitmenschen sind – in welcher Form auch immer – in der eigenen Persönlichkeit deutlich ausgeprägt (im Unterschied zu Fachkompetenzen, die man haben oder nicht haben kann). Gleichwohl werden viele Weiterbildungsmöglichkeiten angeboten, um in diesen Bereichen zusätzliche Fähigkeiten zu entwickeln (u. a. für Führungskräfte). Ein weiteres Dilemma bei diesen Weiterbildungsangeboten zur sozialen Kompetenz ist, dass man vorab ein entsprechendes Defizit bei sich selbst feststellen und akzeptieren muss; Führungskräfte können Mitarbeiter ggf. auf solche Defizite hinweisen, aber Führungskräfte selbst sehen sich oft hinsichtlich ihrer Qualifikation als „ausgereift" an.

8.3 Positionen eines Forschungsmanagers

Die Positionen von Forschungsmanagern sind nicht nur auf Universitäten und große FuE-Organisationen beschränkt. Letztlich haben mittlerweile alle Akteure im Forschungssystem Bedarf an Mitarbeitern, die Forschung und Wissenschaft verstehen und sich in der Forschungslandschaft „bewegen" können. Dazu gehören die relevanten Bundes- und Landesministerien, Stiftungen, Wirtschaftsförderorganisationen, Stadtverwaltungen, Verbände, unterstützende Akteure wie Unternehmensberater (für ihr zunehmend größer werdendes Geschäftsfeld „Wissenschaft und Bildung") und natürlich die Vielzahl der Unternehmen, die für ihre Technologievorausschau genauso wie für das Management ihrer FuE-Abteilungen kompetente Mitarbeiter suchen.

Beispiele für **Positionen von Forschungsmanagern** in FuE-Organisation:

Unternehmensstrategie
- Ziel: Einführung neuer Instrumente und Prozesse zur Steigerung der Leistungsfähigkeit der FuE-Organisation
- Beispielprojekte/-aufgaben: Erstellung eines Leitbilds; Aufbau eines Nachhaltigkeitsmanagements
- besondere Anforderungen: konzeptionelles Denken; Fähigkeit zur komplexen Umsetzung mit vielen Akteuren; souveränes Auftreten; sehr gute Kenntnis der FuE-Organisation; breites Netzwerk innerhalb der FuE-Organisation

Referent eines Präsidiums- bzw. Vorstandsmitglieds
- Ziele: Mitwirkung bei der Terminorganisation des Vorstands; persönliche Begleitung zu internen/externen Sitzungen mit inhaltlicher Vor- und Nachbereitung; Mitwirkung in Gremien; Vorbereitung von Vorträgen
- Beispielprojekte/-aufgaben: Vorbereiten und Protokollieren der Vorstandssitzungen; Akquirieren und Aufbereiten von Informationen für Treffen mit politischen Vertretern; Erstellen von Präsentationen
- besondere Anforderungen: hohe Loyalität und persönliche Bindung zum entsprechenden Vorstands-/Präsidiumsmitglied; breiter forschungspolitischer Überblick; Übersicht über die Strukturen und Prozesse in der eigenen FuE-Organisation und der nationalen Forschungslandschaft; hohe Kommunikationskompetenz in Wort und Schrift

Internationale Kooperation
- Ziel: Organisation der ausländischen Kontakte und Kooperationen
- Beispielprojekte/-aufgaben: Koordination der Gründung einer eigenen Einrichtung im Ausland; institutionelle Zusammenarbeit mit einer ausländischen FuE-Organisation
- besondere Anforderungen: kulturelles Verständnis; Sprachkompetenz; hohe Kommunikationskompetenz; Übersicht über das eigene FuE-Portfolio; enge Vernetzung mit den Fachabteilungen der Zentrale; Übersicht über die europäische Forschungslandschaft; Veranstaltungsmanagement

FuE-Portfolioentwicklung
- Ziel: Weiterentwicklung des FuE-Portfolios auf der zentralen Ebene einer FuE-Organisation
- Beispielprojekte/-aufgaben: Aufsetzen von thematischen internen Programmen zur Förderung der Kooperation; Koordination von institutsübergreifenden Themen
- besondere Anforderungen: breite Kenntnis der FuE-Trends und des eigenen FuE-Portfolios; schnelles und effektives Einarbeiten in spezifische FuE-Themen; Übersicht über die nationale und europäische Förderlandschaft; Kenntnisse des Programmmanagements

Dezentrales Institutsmanagement
- Ziel: auf der zentralen Ebene Betreuung und strategisches Controlling der einzelnen FuE-Einrichtungen (Institute) einer FuE-Organisation
- Beispielprojekte/-aufgaben: Berufungsverfahren für neue Institutsleiter; Qualitätssicherung der Strategieprozesse der FuE-Einrichtungen
- besondere Anforderungen: vertiefte Fachkompetenz hinsichtlich der FuE-Themen der betreuten FuE-Einrichtungen; enge Vernetzung mit den Fachabteilungen der Zentrale; Dienstleistung und Moderation für zentrale und dezentrale Akteure; souveränes Auftreten

Leitung einer „Vertretung" der eigenen FuE-Organisation im In- oder Ausland
- Ziel: Vertretung der FuE-Organisation (an einem anderen Ort als dem der Zentrale) gegenüber einem spezifischen Stakeholder; (z. B. Büro in Brüssel vs. EU-Kommission, Büro in Berlin vs. Bundesministerien, Büro im Ausland vs. Kooperationspartnern aus Wissenschaft und Wirtschaft)
- Beispielprojekte/-aufgaben: Erstellen von Positionspapieren zu aktuellen forschungspolitischen Themen; Vermittlung von Kontaktanfragen an eigene Institute; Informieren des Vorstands und der Institute über aktuelle forschungspolitische Diskussionen und Koordination der eigenen Reaktion
- besondere Anforderungen: gute Kenntnis des eigenen FuE-Portfolios und der Positionierung der eigenen FuE-Organisation innerhalb der deutschen, europäischen und globalen FuE-Landschaft; Politikkompetenz; breites persönliches Netzwerk; hohe Kommunikationskompetenzen; enge Vernetzung mit den Fachabteilungen der Zentrale

Die Anforderungen an einen Forschungsmanager sind vielfältig und unterschiedlich je nach seinem Aufgabengebiet. Er sollte in jedem Fall mit den Forschungsinhalten der Organisation sicher „umgehen" können (Fachkompetenz). Die Methodenkompetenz ist vielfach sehr aufgabenspezifisch und muss sich entsprechend „vor Ort" angeeignet werden; diese Kompetenz kann darin bestehen, Programmausschreibungen zu organisieren, Vorlagen für Gremien passgenau und überzeugend einzubringen oder neue Indikatoren zur Leistungsmessung einzuführen. Für alle Bereiche braucht man Erfahrungswissen, das mit der Zeit kumuliert (deshalb sind mittlerweile erfahrene Forschungsmanager sehr begehrt). Dabei sollte man auch nicht scheuen, externe Experten hinzuzuziehen. Ebenso ist auch ein Mindestgrad an Empathie als eine wesentliche soziale Kompetenz notwendig, um Neues einzuführen und Andere von eigenen Ideen zu überzeugen.

Ein Forschungsmanager ist ein Dienstleister. Dazu ist es notwendig, genau die jeweiligen „Kunden" zu identifizieren, denen man seine Leistungen anbietet. Ist es der direkte Vorgesetzte oder eher die Anzahl der Kollegen in den verschiedenen FuE-OEs? Je nach Projekt kann sich die Zielgruppe auch ändern. In diesem Zusammenhang ist auch die Frage nach den Leistungskriterien zu stellen: Wer bewertet den Forschungsmanager nach welchen Kriterien? Für die direkte Bewertung der persönlichen Arbeit von Forschungsmanagern können nicht die Indikatoren zur Bewertung der Wissenschaftler herangezogen werden. Aufgrund der Vielfältigkeit und der wechselnden Themen und Projekte ist ein allgemeiner Leistungsindikator schwer zu definieren. Ein allgemeines Kriterium wäre ggf. die Zufriedenheit der „Kunden". Diese wird allerdings üblicherweise nicht standardisiert abgefragt. Deshalb verbleibt im Allgemeinen zur Leistungsbewertung eine individuelle Zielvereinbarung mit dem Vorgesetzten.

Da die Positionen für Forschungsmanager zunehmen und mittlerweile auch in den Unternehmen gut bezahlt werden, muss auch mit einem Wechsel von Forschungsmanagern zwischen den FuE-Organisationen gerechnet werden, weil es sehr attraktiv ist, direkt erfahrene Forschungsmanager zu gewinnen und sie nicht erst ausbilden zu müssen (was sich bis zu zwei Jahren hinziehen kann). Mittlerweile zeichnen sich auch hier erste Karrieremodelle ab.

Abschließend sei nochmal ein Fazit gezogen zum Beruf (bzw. zur Berufung) des Forschungsmanagers:

Contra:
- keine standardisierten Curricula für die Ausbildung; notwendig ist das Verlassen des wissenschaftlichen Fachgebiets (ohne Rückkehrmöglichkeit)
- kaum etablierte Karrieremodelle
- keine aktive Forschung mehr, sondern Dienstleister für Forscher
- viele simultane Projekte mit eher kurzfristigen Planungshorizonten
- aufgrund der Stabsarbeit mit vielen Ad-hoc-Tätigkeiten wenig direkt zuordenbare Erfolgserlebnisse (im Gegensatz zu konkreten Projektergebnissen bei Wissenschaftlern).

Pro:
- weiterhin aktiv in einer dynamischen Forschungsszene
- Überblick über einen breiten Bereich des Forschungsportfolios (statt als Forscher nur ein sehr enges, spezifisches FuE-Feld zu kennen)
- Mitwirkung an unterschiedlichen Stellen am Erfolg der eigenen Organisation, u. a. auch an der Ausrichtung der Forschung
- hoher Grad an Selbstbestimmung, d. h. üblicherweise ein großer Freiraum zur Auswahl von Methoden und Konzepten, Möglichkeit des Einbringens eigener Ideen
- häufig wechselnde Teams (kann man als Pro oder Contra empfinden)
- keine Routinetätigkeiten, sondern stetig neue Herausforderungen
- Möglichkeiten, für eine nachhaltige Entwicklung beizutragen (u. a. durch das Mitwirken an der Portfoliogestaltung)
- gute Chancen beim Arbeitgeberwechsel (weil es noch nicht viele gut ausgebildete Forschungsmanager gibt)

Literaturverzeichnis

Academic Ranking of World Universities. (2015). *Shanghai Ranking*. Abgerufen am 05.08.2016 von http://www.shanghairanking.com/de/ARWU2015.html

Acatech. (2016). *Innovationsdialog zwischen Bundesregierung, Wirtschaft und Wissenschaft*. Abgerufen am 29.07.2016 von http://innovationsdialog.acatech.de/fileadmin/user_upload/ Baumstruktur_nach_Website/Acatech/root/Innovationsdialog/Der_Innovationsdialog_in_ Kuerze_02.pdf

AIF. (2016). *Zahlen, Daten, Fakten 2015*. Abgerufen am 29.07.2016 von http://www.aif.de/fileadmin/ user_upload/aif/aif/PDF/AiF_Zahlen_Daten_Fakten_2015.pdf

Allianz der Wissenschaftsorganisationen. (2016). Abgerufen am 29.07.2016 von https://www. leopoldina.org/de/ueber-uns/kooperationen/allianz-der-wissenschaftsorganisationen/

Arbeitsgemeinschaft industrieller Forschungsvereinigungen AIF. (2016). *AIF*. Abgerufen am 11.07.2016 von http://www.aif.de/aif.html

Axel Zweck, M. B. (2002). Foresight – Ein Blick in die Zukunft zwischen Anspruch und Partizipation. *Development and perspectives*, S. 48–64.

Beck, U. (1986). *Risikogesellschaft*. edition suhrkamp.

Beck, U. (04.06.1999). Die Ethik wird zur Fahrradbremse am Interkontinentalflugzeug. *Das Parlament*, S. 6.

Bill and Melinda Gates Foundation. (2016). *General Information Financials*. Abgerufen am 29.07.2016 von Audited Financial Statements 2015 (pdf): http://www.gatesfoundation.org/ Who-We-Are/General-Information/Financials

Budapest Open Access Initiative. (2002). *German Translation*. Abgerufen am 10.08.2016 von http:// www.budapestopenaccessinitiative.org/translations/german-translation

Bundesministerium für Bildung und Forschung. (kein Datum). Abgerufen am 12.07.2016 von https:// www.bmbf.de/files/T5_PDIR_LAENDER_EM.pdf

Bundesministerium für Bildung und Forschung. (2014a). *Horizon 2020 im Blick*.

Bundesministerium für Bildung und Forschung. (2014b). *MachWas*. Abgerufen am 05.08.2016 von https://www.ptj.de/lw_resource/datapool/_items/item_5369/merkblatt_fr_antragsteller_zur_ bmbf_machwas.pdf

Bundesministerium für Bildung und Forschung. (2015). *Bundesministerium für Bildung und Forschung*. Abgerufen am 05.08.2016 von Projektförderung BMBF nach Ländern: https://www. bmbf.de/files/T5_PDIR_LAENDER_EM.pdf

Bundesministerium für Bildung und Forschung. (2016). *Bundesbericht Forschung und Innovation*.

Bundesministerium für Bildung und Forschung. (2016). *Daten und fakten zum deutschen Innovati- onssystem, Ergänzungsband I*.

Bundesministerium für Bildung und Forschung. (2016). *Grundsatzpapier des BUndesministeriums für Bildung und Forschung zur Partizipation*. Abgerufen am 20.08.2016 von Zukunft verstehen: https://www.zukunft-verstehen.de/application/files/3614/6824/6051/grundsatzpapier_ partizipation_barrierefrei.pdf

Bundesministerium für Bildung und Forschung. (2016). Organisationen und Einrichtungen in Forschung und Wissenschaft (Ergänzungsband II).

Centrum für Hochschulentwicklung. (2016). *CHE Hochschulranking 2016/17*. Abgerufen am 05.08.2016 von http://ranking.zeit.de/che2016/de/

Decker, M. (2013). Technikfolgen. In A. Grunwald, *Handbuch Technikethik* (S. 33–38). Stuttgart: J.B. Metzler´sche Verlagsbuchhandlung.

Deutsche Forschungsgemeinschaft. (2012). Förderatlas 2012.

Deutsche Forschungsgemeinschaft. (2013). *Sicherung guter wissenschaftlicher Praxis*. Wiley-VCH.

Deutsche Forschungsgemeinschaft. (2015). Förderatlas.

Deutscher Bundestag. (2016). *Endlager-Kommission gibt Zeitplan auf.* Abgerufen am 30.09.2016 von https://www.bundestag.de/presse/hib/201606/-/425748

Deutscher Ethikrat. (2016). *Themen.* Abgerufen am 29.07.2016 von http://www.ethikrat.org/themen

Deutsches Marken- und Patentamt. (2015). *Jahresbericht 2015.*

Deutsches Patent- und Markenamt. (2014). *Patentanmeldungen im Jahr 2014.*

DFG. (2016). *Projektdatenbank GEPRIS.* Abgerufen am 27.07.2016

DFG und Leopoldina. (2014). Wissenschaftsfreiheit und Wissenschaftsverantwortung – Empfehlungen zum Umgang mit sicherheitsrelevanter Forschung.

Die Bundesregierung. (2009). *Nationaler Entwicklungsplan Elektrromobilität der Bundesregierung.* Abgerufen am 12.08.2016 von http://www.bmvi.de/SharedDocs/DE/Anlage/VerkehrUndMobilitaet/nationaler-entwicklungsplan-elektromobilitaet.pdf?__blob=publicationFile

Die Bundesregierung. (2016). *Energiewende.* Abgerufen am 20.08.2016 von https://www.bundesregierung.de/Webs/Breg/DE/Themen/Energiewende/Fragen-Antworten/1_Allgemeines/1_warum/_node.html

European Commission. (2015a). *Research Ethics.* Abgerufen am 10.08.2016 von http://ec.europa.eu/research/swafs/index.cfm?pg=policy&lib=ethics

European Commission. (2015b). *Responsible research & innovation.* Abgerufen am 10.08.2016 von https://ec.europa.eu/programmes/horizon2020/en/h2020-section/responsible-research-innovation

European Commission. (2015c). Strategic Foresight: Towards the 3rd Strategic Programme of Horizon 2020. Brussels

Frascati. (2015). Frascati Manual 2015 (Guidelines for Collecting and Reporting Data on Research and Experimental development). OECD.

Fraunhofer-Gesellschaft. (2012). In welcher Zukunft forschen wir? Das Fraunhofer Orientierungsszenario 2025. München.

Fraunhofer-Gesellschaft. (2016). *Leitbild.* Abgerufen am 29.07.2016 von https://www.fraunhofer.de/content/dam/zv/de/publikationen/broschueren/Leitbild_Fraunhofer.pdf

Fraunhofer-Gesellschaft. (2016). *Nachhaltigkeitsmanagement in außeruniversitären Forschungsorganisationen.* München.

Fraunhofer-Institut für Grenzflächen- und Bioverfahrenstechnik. (2016). *Gülle liefert Mineraldünger.* Abgerufen am 05.08.2016 von http://www.igb.fraunhofer.de/de/presse-medien/presseinformationen/2016/guelle-liefert-mineralduenger-und-bodenverbesserer.html

Gartner Inc., Jackie Fenn. (1995). *The Microsoft System Software Hype Cycle Strikes Again.*

Gaus, T. (1963). *Günter Gaus im Gespräch mit Edward Teller.* Abgerufen am 01.08.2016 von rbb24: http://www.rbb-online.de/zurperson/interview_archiv/teller_edward.html

Gemeinsame Wissenschaftskonferenz (GWK). (2015). *Pakt für Forschung und Innovation III (2016-2020).* Abgerufen am 29.07.2016 von http://www.gwk-bonn.de/fileadmin/Papers/PFI-III-2016-2020.pdf

Gemeinsame Wissenschaftskonferenz GWK. (2015). *Pakt für Forschung und Innovation, Monitoringbericht.*

Global Reporting Initiative. (2015). *G4 – Leitlinien zur Nachhaltigkeitsberichterstattung.* Abgerufen am 01.08.2016 von https://www.globalreporting.org/resourcelibrary/German-G4-Part-One.pdf

Grunwald, A. (2009). Wovon ist die Zukunftsforschung eine Wissenschaft? In P. (Hrsg.), *Zukunftsforschung und Zukunftsgestaltung* (S. 25–36). Heidelberg: Springer.

Grunwald, A. (2013). *Handbuch Technikethik.* Stuttgart, Weimar: J.B. Metzler.

Helmholtz-Gemeinschaft. (2016). *Zahlen und Fakten.* Abgerufen am 29.07.2016 von https://www.helmholtz.de/ueber_uns/die_gemeinschaft/zahlen_und_fakten/

Hightech-Forum. (2016). *Themen und Auftrag.* Abgerufen am 29.07.2016 von http://www.hightech-forum.de/themen/

Hochschulrektorenkonferenz. (2015). *Statistische Daten zu Studienangeboten an Hochschulen in Deutschland.*

Institut für Demoskopie Allensbach. (2008/2009). *Umfrage 5241, Umfrage 10025.*

Internationale Expertenkommission zur Evaluation der Exzellenzinitiative. (2016). *Imboden-Bericht.* Abgerufen am 04.08.2016 von http://www.gwk-bonn.de/fileadmin/Papers/Imboden-Bericht-2016.pdf

Jonas, H. (2003). *Das Prinzip Verantwortung.* suhrkamp taschenbuch.

Josef Binder, P. P. (2012). Innovation durch Interdisziplinarität: Beispiele aus der industriellen Automatisierung. Brlin Heidelberg: Springer-Verlag.

K. Rosing, M. F. (2011). Explaining heterogeneity of the leadership-innovation relationship: Ambidextrous leadership. *The leadership Quaterly,* S. S. 956–974.

Kaplan, N. (2005). The Balanced Scorecard: Measures that drive Performance. *Harvard Budsiness Review.*

Karssing, E. (kein Datum). *A Six-Step Model for Dealing with Ethical Dilemmas at Work.* Nyenrode Business Universiteit.

Kondratjew, N. D. (1926). *Die langen Wellen der Konjunktur.* Archiv für Sozialwissenschaft und Sozialpolitik. Band 56 S. 573–609.

Konferenz der Vereinten Nationen über Umwelt und Entwicklung (UNCED). (1992). *Vorsorgeprinzip.* Abgerufen am 10.08.2016 von http://www.un.org/Depts/german/conf/agenda21/rio.pdf

Leibniz-Gemeinschaft. (2016). *Über uns.* Abgerufen am 29.07.2016 von http://www.leibniz-gemeinschaft.de/ueber-uns/

manager magazin. (2015). *Wie VW-Ingenieure CO2-Werte manipulieren.* Abgerufen am 10.08.2016 von http://www.manager-magazin.de/unternehmen/autoindustrie/volkswagen-ingenieure-raeumen-co2-manipulationen-ein-a-1061701.html

Max-Planck-Gesellschaft. (2016). *Zahlen und Fakten.* Abgerufen am 29.07.2016 von https://www.mpg.de/zahlen_fakten

Max Planck Institut für Plasmaphysik. (2015). *Kernfusion Stand und perspektiven.* Abgerufen am 04.08.2016 von http://www.ipp.mpg.de/46293/fusion_d.pdf

Netzwerk Wissenschaftsmanagent. (2016). Abgerufen am 10.08.2016 von https://www.netzwerk-wissenschaftsmanagement.de/

Oppenheimer, R. (2015). *atomicarchive.* Abgerufen am 01.08.2016 von http://www.atomicarchive.com/Movies/Movie8.shtml

Projektmanagement Studien GPM und PA-Consulting Group. (2016). *ProVi-Consult Projektmanagement.* Abgerufen am 30.08.2016 von http://images.google.de/imgres?imgurl=http%3A%2F%2Fwww.provi-consult.com%2Findex_htm_files%2F293.png&imgrefurl=http%3A%2F%2Fwww.provi-consult.com%2Fprojektmanagement.htm&h=557&w=747&tbnid=hS1xfOmKayZ3_M%3A&docid=BmryKbJsBgBBLM&ei=Mn3FV5SjJMamaObAhtAE&tbm=

Rust, H. (2008). *Zukunftsillusionen.* VS Verlag für Sozialwissenschaften.

Schumpeter, J. A. (1961). *Konjunkturzyklen. Eine theoretische, historische und statistische Analyse des kapitalistischen Prozesses.* Göttingen: Vandenhoeck & Ruprecht.

Science (kein Datum). Hwang et al. and Stem Cell Issues. Abgerufen am 16.11.2016 von Hwang et al. Controversy – Committee Report, Response and Background: http://www.sciencemag.org/site/feature/misc/webfeat/hwang2005/

SCIJOURNAL.ORG. (2014/2015). *Impact Factor List.* Abgerufen am 09.08.2016 von http://www.scijournal.org/

Stifterverband für die deutsche Wissenschaft e. V. (2014). *Forschung und Entwicklung in der deutschen Wirtschaft.* Bonn: SV Wissenschaftsstatistik e. V.

Stifterverband, Heinz Nixdorf Stiftung. (2012). *Jenseits der Fakultäten.* Essen: Edition Stifterverband.

TAB beim Bundestag. (2016). *laufende Untersuchungen*. Abgerufen am 29.07.2016 von http://www.
     tab-beim-bundestag.de/de/untersuchungen/laufende-untersuchungen.html
Times Higher Education. (2016). *World University Rankings*. Abgerufen am 05.08.2016 von https://
     www.timeshighereducation.com/world-university-rankings/2016/world-ranking#!/page/1/
     length/25/sort_by/rank_label/sort_order/asc/cols/rank_only
United Nations. (2016). *Sustainable Development Goals*. Abgerufen am 12.07.2016 von https://
     sustainabledevelopment.un.org/topics/sustainabledevelopmentgoals
Universum. (2016). *Germany's Most Attractive Employers*. Abgerufen am 30.07.2016 von http://
     universumglobal.com/rankings/germany/student/2016/natural-sciences/
VDI Technologiezentrum, Fraunhofer ISI. (2014a). *BMBF-Foresight-Zyklus II – Gesellschaftliche
     Herausforderungen 2030*.
VDI Technologiezentrum, Fraunhofer ISI. (2014b). *BMBF-Foresight-Zyklus II, Forschungs- und Techno-
     logieperspektiven 2030*.
Verein Deutscher Ingenieure. (2002). *Ethische Grundsätze des Ingenieurberufs*. Düseldorf: VDI.
Volkswagenstiftung. (2016a). *Förderstatistik*. Abgerufen am 27.07.2016 von https://www.volkswa-
     genstiftung.de/foerderung/foerderstatistik.html
Volkswagenstiftung. (2016b). *Freigeist-Fellowship*. Abgerufen am 30.07.2016 von https://www.
     volkswagenstiftung.de/nc/freigeist-fellowships.html
Volkswagenstiftung. (2016c). *Geschichte*. Abgerufen am 16.08.2016 von https://www.volkswagen-
     stiftung.de/stiftung/geschichte.html
Waldrop, M. (09.02.2016). The chips are down for Moore's law. *nature*.
Wissenschaft im Dialog/TNS Emnid. (kein Datum). *CC BY-ND 4.0*.
Wissenschaftsrat. (2011). *Empfehlungen zur Bewertung und Steuerung von Forschungsleistung*.
Wissenschaftsrat. (2014). *Perspektiven des deutschen Wissenschaftssystems*.
Wissenschaftsrat. (2015). *Empfehlungen zu wissenschaftlicher Integrität – Positionspapier*.
Wissenschaftsrat. (kein Datum). *Aufgaben*. Abgerufen am 10.07.2016 von http://www.wissen-
     schaftsrat.de/ueber-uns/aufgaben.html
Wissenschaftsrat. (kein Datum). *Veröffentlichungen*. Abgerufen am 10.07.2016 von http://www.
     wissenschaftsrat.de/nc/veroeffentlichungen/veroeffentlichungen-ab-1980.html

www.ingramcontent.com/pod-product-compliance
Lightning Source LLC
Chambersburg PA
CBHW081101220326

41598CB00038B/7188